U0898052

中等职业教育“十一五”规划教材

数控加工技术与项目实训

（机床操作、项目实训篇）

主　编　赵慧曜
参　编　张亚力　刘春玲
　　　　韩庆国　张　晗
主　审　于凤丽

机械工业出版社

《数控加工技术与项目实训》由基础知识、编程篇和机床操作、项目实训篇构成，本教材为机床操作、项目实训篇，由机床操作篇和项目实训篇组成。

机床操作篇以实用为原则，主要讲述了常见数控系统的基本操作，其中，第十一章讲述了数控机床的安全操作与保养规范；第十二章讲述了华中 HNC—21T 数控车床的基本操作；第十三章讲述了 Siemens 802D 数控铣床的基本操作；第十四章讲述了 Fanuc 0i—MA 加工中心的基本操作。

项目实训篇以“项目实施”为主线，采取“一项目多方案”的对比教学方法，分别讲述了数控车床、数控铣床、加工中心、计算机建模与编程的项目实施环节和思想体系，其中，第十五章基于华中 HNC—21T 数控系统，讲述了数控车床项目实施的环节和“最佳方案”的选择；第十六章基于 Siemens 802D 数控系统，讲述了数控铣床项目实施的环节和“最佳方案”的选择；第十七章基于 Fanuc 0i—MA 数控系统，讲述了加工中心项目实施的环节和“最佳方案”的选择；第十八章分别讲述了 CAXA 制造工程师、MasterCAM 9.0 计算机建模与编程加工的基本思想体系。

本教材内容广泛，图文并茂，突出教法，实例充分，不仅可作为机械制造与自动化专业、数控专业、模具设计与制造专业的教材，也可作为数控技能考证的实训指导书。

机械工业出版社（北京市百万庄大街 22 号　邮政编码 100037）
策划编辑：崔占军　王海峰
责任编辑：崔占军　王海峰　章承林　版式设计：霍永明
责任校对：吴美英　责任印制：乔　宇
北京京丰印刷厂印刷
2010 年 2 月第 1 版 · 第 2 次印刷
184mm × 260mm · 29.5 印张 · 716 千字
3 001—6 000 册
标准书号：ISBN 978 - 7 - 111 - 24729 - 6
定价：46.00 元（上下册）

凡购本书，如有缺页、倒页、脱页，由本社发行部调换

电话服务
社服务中心：(010) 88361066
销 售 一 部：(010) 68326294
销 售 二 部：(010) 88379649
读者服务部：(010) 68993821

网络服务
门户网：http：//www.cmpbook.com
教材网：http：//www.cmpedu.com

前　言

《数控加工技术与项目实训》是中等职业教育“十一五”规划教材，是根据教育部数控技能型紧缺人才培训培养方案，参照最新的数控专业教学计划，本着“理论教学以技能需要为原则、技能培养以项目实施为主线”而编写的。

《数控加工技术与项目实训》由基础知识、编程篇和机床操作、项目实训篇构成。

基础知识篇讲述了技能型数控人才所必须掌握的有关数控机床、数控系统、数控刀具、夹具、数控加工工艺、数控加工质量等方面的基础知识。

编程篇以功能为导向，对比讲解了华中 HNC—21T/M、Fanuc 0i—TB/MA、Siemens 802D 数控系统常用指令的格式及用法。本篇不仅使读者掌握三种常见数控系统的基本指令和用法，更主要的是掌握“如何学习数控系统”的方法，因为数控系统很多，学无止境。

机床操作篇以实用为原则，分别讲述了华中 HNC—21T 数控车床、Siemens 802D 数控铣床、Fanuc 0i—MA 加工中心的基本操作。

项目实训篇以“一项目多方案”的教学方法，以“项目实施”为主线，以“对比分析不同加工方案→优化所用方案→确定‘最佳’方案”的教学模式，旨在培养读者提出问题→分析问题→解决问题的项目实施能力。

本教材由浙江科技工程学校赵慧曜任主编，沈阳铁路机械学校于凤丽任主审。参与本教材编写的还有河北张家口北方机电工业学校张亚力、河南南阳工业学校刘春玲、吉林航空工程学校韩庆国、吉林航空工程学校张晗。其中，第一章、第三章、第八章由赵慧曜和刘春玲联合编写；第二章由赵慧曜、刘春玲、韩庆国联合编写；第七章由赵慧曜、刘春玲、张晗联合编写；第四章至第六章、第十章、第十八章项目二由赵慧曜和张亚力联合编写；第九章、第十一章至第十七章、第十八章项目一由赵慧曜编写。

在教材编写和出版过程中，各位参编教师和出版社工作人员皆付出了艰辛的劳动，提出了许多宝贵意见。在此，谨向他们表示衷心的感谢！限于编者水平有限和时间仓促，书中难免有错误和不妥之处，敬请读者批评指正。

本教材学时安排，见表 I-1。

表 I-1 教材学时安排参考表

序 号	课 程 内 容	学 时
	基础知识篇 数控加工的基本知识	**26**
1	第一章 数控机床知识	4
2	第二章 数控系统知识	4
3	第三章 数控刀具知识	6
4	第四章 夹具知识	2
5	第五章 数控加工工艺知识	8
6	第六章 数控加工质量	2
	编程篇 数控编程的思想与指令体系	**28**
7	第七章 编程基础	2
8	第八章 编程指令	10
9	第九章 MasterCAM 自动编程	8
10	第十章 CAXA 制造工程师 2004 自动编程	8
	机床操作篇 典型数控系统的基本操作	**14**
11	第十一章 数控机床安全操作规程与保养规范	2
12	第十二章 华中 HNC—21T/M 数控系统操作	4
13	第十三章 Siemens 802D 数控铣床操作	4
14	第十四章 Fanuc 0i—MA 立式加工中心操作	4
	项目实训篇 数控加工的项目实训	**46**
	第十五章 华中 HNC—21T 数控车床项目实训	23
15	项目一 阶梯轴加工程序的编制	4
16	项目二 外圆锥面加工程序的编制	4
17	项目三 槽与切断加工程序的编制	4
18	项目四 螺纹加工程序的编制	4
19	项目五 数控车床综合样件加工	7
	第十六章 Siemens 802D 数控铣床项目实训	8
20	项目一 数控铣床基本样件加工	4
21	项目二 泵体端盖底板加工	4
	第十七章 Fanuc 0i—MA 加工中心项目实训	7
22	项目 Fanuc 0i—MA 型腔薄壁球岛件加工	7
	第十八章 CAD、CAM 项目实训	8
23	项目一 MasterCAM 9.0 计算机编程	4
24	项目二 CAXA 制造工程师 CAM 编程	4
合计		114
机动		2
总计		116

编 者

目　录

机床操作篇

典型数控系统的基本操作

第十一章　数控机床安全操作规程与保养规范

学习目的： 通过本章学习，指导操作者养成文明生产的良好工作习惯和严谨的工作作风，培养良好的职业素质、责任心和合作精神。

学习重点： 理解和掌握数控机床的安全操作规程；熟悉数控机床日常的维护保养措施。

第一节　数控机床安全操作规程

一、安全操作基本注意事项

1）操作人员必须熟悉数控机床使用说明书和数控机床的一般性能、结构，应按数控机床操作手册的要求正确操作，尽量避免因操作不当而引起的故障，严禁超性能使用。

2）操作机床时应穿紧身工作服、安全鞋，袖口扎紧，戴好工作帽，高速铣削时要戴防护镜，铣削铸铁件时应戴口罩，严禁戴手套操作，以防将手卷入旋转刀具和工件之间。

3）不要移动或损坏安装在机床上的警告标牌。

4）保持数控机床周围环境的清洁,不要在机床周围放置障碍物,应使工作空间足够大。

5）按动各按键时用力应适度，不得用力拍打键盘、按键和显示屏，严禁敲打中心架、顶尖、刀架、导轨。

6）不允许采用压缩空气清洗机床、电气柜及 NC 单元。

7）工作台面不许放置其他物品，安放分度头、台虎钳或较重夹具时，要轻取轻放，以免碰伤台面。

8）操作者离开机床、变换速度、更换刀具、测量尺寸、调整工件时，都应停车。

9）某一项工作如需要两人或多人共同完成时，应注意相互间的协调一致。

10）严格遵守岗位责任制，机床由专人使用，不得擅自调用机床。

二、开机前的注意事项

1）开机前应按设备点检卡规定检查机床各部件是否完整、正常，机床的安全防护装置是否牢靠；检查设备的电气元、部件安全可靠程度是否良好，有无接线脱落；检查各开关、手柄是否在规定位置上。

2）开机前按润滑图表规定加油，检查油标、油量、油质及油路是否正常，保持润滑系统清洁，油箱、油眼不得敞开；起动液压泵调整系统压力、工作压力、夹紧压力、回转刀架压力。

3）检查机床可动部分是否处于可正常工作状态。

4）检查工作台是否有越位、超极限状态。

5）检查机床接地线是否和车间地线可靠连接（初次开机特别重要）。

6）检查完全通过后，合上机床总电源开关。

三、开机注意事项

1）严格按机床说明书中的开、关机顺序进行操作：先开机床，再开数控系统；先关数控系统，再关机床。

2）一般情况下，开机后必须先进行返回机床参考点的操作，以建立机床坐标系。

3）点动移动 X 轴、Y 轴、Z 轴，检查限位报警系统。

4）机床工作前一般要有预热：对于数控车床，起动主电动机，低速空转 3～5min 后，以高速的 1/3～1/2 速度，运转 25～30min；对于数控铣床或加工中心，一般让机床空运转 25～30min，以使机床达到热平衡状态。预热时认真检查润滑系统工作是否正常，如机床长时间未开动，可先采用手动方式向各部分供油润滑。

5）关机后必须等待 5min 以上才可进行再次开机，没有特殊情况不得随意频繁进行开机或关机操作。

四、程序调试注意事项

1）手动连续进给操作时，必须检查各种开关所选择的位置是否正确，确定正负方向，然后再进行操作。

2）手动操作数控车床时，必须先移动 X 轴至安全位置，然后再移动 Z 轴；手动操作数控铣床或加工中心时，沿 X、Y 轴方向移动工作台，必须先使 Z 轴处于安全高度位置，移动时应注意观察刀具移动是否正常。

3）按工艺要求安装、调试好夹具，并清除各定位面的铁屑和杂物，检查卡盘夹紧工作的状态，并检查夹具是否妨碍刀具运动。

4）按定位要求装夹好工件，确保定位正确可靠，避免在加工过程中发生工件有松动现象。

5）装卸工件时，应将工作台退到安全位置，使用扳手紧固工件时，用力方向应避开刀具，以防扳手打滑时撞到刀具或工夹具。

6）安装好所要用的刀具，若是加工中心，则要注意刀库上的刀位号与程序中的刀号并非严格一致。

7）装拆铣刀时要用专用衬垫垫好，不要用手直接握住铣刀。

8）使用的刀具应与机床允许的规格相符，检查刀具的完好程度，有严重破损的刀具要及时更换。

9）正确对刀，确定工件坐标系原点的位置，建立工件坐标系。若用多把刀具，则分别对各把刀具进行长度补偿或刀具（刀尖）半径补偿。

10）刀具补偿值输入后，要对刀补号、补偿值、正负号、小数点进行认真核对。刃磨刀具和更换刀具后，要重新测量刀长并修改刀补值和刀补号。

11）检查刀具表内刀具是否与程序内刀具信息一致。

12）确认切削液输出通畅，流量充足。

13）检查程序与工件或毛坯是否一致。

14）检查工件坐标系与程序坐标系是否相符。

15）检查程序是否正确、切削用量的选择是否合理。

16）确定机床状态及各开关位置（进给倍率开关应为 0）。

17）必须在确认工件夹紧后才能起动机床。

18）运行程序，观察机床动作及进给方向与程序是否相符。

19）当工件坐标、刀具位置、剩余量三者相符后，逐渐加大进给倍率开关。

20）程序修改后，对修改部分要仔细计算和认真核对。

21）试切进刀时，进给倍率必须打到低档。在刀具运行至工件表面30~50mm处，必须在进给保持下，验证*Z*轴剩余坐标值和*X*、*Y*轴坐标值与加工程序数据是否一致。

22）按工艺规程要求使用刀具、夹具、程序。程序调试好后，在正式切削加工前，再检查一次程序、刀具、夹具、工件、参数等是否正确，然后进行程序试运行，防止加工中刀具与工件碰撞，损害机床和刀具。

23）在正式切削加工前，检查是否有工具、刀具或其他物品遗忘在机床内。

24）机床开动前，必须关好机床防护门。

五、程序执行中的注意事项

1）禁止用手接触刀尖和铁屑，也不要用嘴吹，铁屑必须要用铁钩子或毛刷来清理，以防切屑损伤皮肤和眼睛。

2）禁止用手或其他任何方式接触正在旋转的主轴、工件或其他运动部位。

3）禁止加工过程中测量尺寸、变速、调整工件、改变润滑方式，更不能用棉丝擦拭工件、也不能清扫机床，以防手触及刀具碰伤手指。

4）自动加工中，操作者必须自始至终监视运转状态，严禁离开岗位。机床因报警而停机时，应先清除报警信息，将主轴安全移出加工位置，确定排除警报故障后，恢复加工；机床发生故障或不正常现象等紧急情况时，应立即按下红色急停按钮，终止机床所有运动和操作，根据报警信号查明原因，待故障排除后，方可重新操作机床、执行程序。

5）卸刀时应先用手握住刀柄，再按换刀开关；装刀时应在确认刀柄完全到位后再松手。换刀过程中禁止运转主轴。

6）经常检查轴承温度，过高时应找有关人员进行检查。

7）定时对工件进行检验，确定刀具是否磨损等情况。

8）在加工过程中，不允许打开机床防护门。

9）在刀具旋转尚未完全停止前，不能用手去制动。

10）当正常加工时，需要暂停程序前，应先将倍率开关缓慢关至0位。

11）中断程序后恢复加工时，应缓慢进给至原加工位置，再逐渐恢复到正常切削速率。

12）在机动快速进给时，要把手轮离合器脱开，以防手轮快速旋转伤人。

六、加工完成后的注意事项

1）将*X*、*Y*、*Z*轴移动到行程中间的位置，并将主轴速度和进给速度倍率开关都拨至低档位，防止因误操作而使机床产生错误的动作。

2）清除切屑、擦拭机床，使机床和环境保持清洁状态，做好工作记录。

3）检查润滑油、切削液的状态，及时添加或更换。

4）依次关掉机床操作面板上的电源和总电源。

5）妥善保管机床附件。

第二节 数控机床维护及保养

数控机床的使用精度和寿命，很大程度上取决于它的正确使用和日常维护。正确的使用和维护能防止设备的非正常磨损，使设备保持良好的技术状态，延长设备的使用寿命，降低设备的维修费用。

数控机床维护与保养主要包括数控系统及电气控制部件、润滑及液压气动部件、机械部件及机床精度的维护与保养。

一、数控机床的环境要求

1. 稳定的电源

数控机床对电源电压有较高的要求，通常允许在电压额定值的 +10% ~ -15% 范围内波动，如果超出此范围会直接影响数控系统的正常工作，甚至会损坏数控系统内的电子部件。对于电源电压波动大而频繁的工作环境，应设置稳压电源，通过滤波去除瞬间干扰信号。

2. 适宜的场地

数控机床中含有大量的电子元器件和机械部件，其安装位置应远离强的振动源；避免阳光直射和热辐射的影响，过高的温度和湿度将使灰尘粘结在集成电路板上，导致控制系统元件寿命降低或短路，特别干燥的环境也能使线路因静电干扰而出现故障。因此数控机床应安装在一个干燥、恒温、无腐蚀、无振动的场地。

二、数控系统及电气控制部件的维护与保养

每台数控系统使用一定时间之后，某些元器件或机械部件总要损坏。为了延长元器件的寿命和零部件的磨损周期，防止各种故障，特别是恶性事故的发生，延长整台数控系统的使用寿命，必须对数控系统进行日常维护。数控系统的日常维护与保养，在该系统的使用、维修说明书中一般都有明确的规定。实际操作时还应注意以下几个方面：

1. 应尽量少开数控柜和电气柜的门

因为机加工车间空气一般都含有油雾、飘浮的灰尘甚至金属粉末，它们落在数控装置内的印制电路板或电子器件上，容易引起元器件间绝缘电阻下降，并导致元器件及印制电路板的损坏。

2. 定时清理数控柜和电气柜的散热通风系统

操作人员应每天检查数控装置上各冷却风扇工作是否正常。视工作环境的状况，每半年或每季度检查一次风道过滤网是否有堵塞现象，如过滤网上灰尘积聚过多，需及时清理，否则将会引起数控装置内温度过高（一般温度范围为 55 ~ 60℃），致使数控系统不能可靠工作，甚至发生过热报警现象。

3. 适时对各坐标轴进行超程限位试验

超程限位平时主要靠软件限位起保护作用，硬件限位为备用的二重保护，但如果硬件限位开关由于切削液锈蚀等原因在关键时刻不起作用，那就会发生碰撞，甚至损坏滚珠丝杠，严重影响其机械精度。试验超程限位时只要用手按一下限位开关，看是否出现超程警报或检查相应的 I/O 接口输入信号是否变化。

4. 定期检查和更换直流电动机电刷和换向器

若换向器表面脏，应用白布沾酒精予以清洗；若表面粗糙，用细金相砂纸予以修整；若电刷长度为 10mm 以下时，予以更换。

5. 定期检查电气部件

检查各插头、插座、电缆、各继电器的触点是否接触良好，检查各印制电路板是否干净，电路板上太脏或受湿，可能发生短路现象，因此必要时对各个电路板、电气元器件采用吸尘法进行卫生清扫等。

6. 定期更换存储器用电池

经济型数控系统中，系统参数及用户加工程序多由带有掉电保护的 CMOS RAM 存储器器件保存，系统关机后内存中的内容由可充电电池供电保持。因此，经常检查电池的工作状态并及时更换显得非常重要，一般情况下，即使电池尚未失效，也应每年更换一次，以确保系统能正常工作。值得注意的是：电池的更换应在数控装置通电状态下进行，以防系统软件、参数及用户程序等的丢失。

7. 备用印制电路板的维护

印制电路板长期不用是很容易出故障的，因此对于已购置的备用印制电路板应定期装到数控装置上通电运行一段时间，以防损坏。

8. 数控系统经常不用时的维护

数控机床长期闲置时，要定期通电，并进行机床功能试验程序的完整运行。一般要求每 1~3 周通电运行一次，尤其是在环境湿度较大的霉雨季节，应增加通电次数，每次空运行 1h 左右，这样可利用电器元件本身的发热来驱散数控装置内的潮气，使电子部件不致受潮，保证其性能的稳定可靠。同时，也能及时发现有无电池报警发生，以防系统软件、参数的丢失等。如果数控机床的进给轴和主轴采用直流电动机来驱动，应将电刷从直流电动机中取出，以免由于化学腐蚀作用使换向器表面腐蚀，引起换向性能变化，甚至损坏电动机。

三、润滑及液压气动部件的维护与保养

数控机床润滑及液压气动部件的日常维护，根据设备的型号不同，其维护与保养的内容和要求不完全一样，主要包括以下几个方面：

1. 保持良好的润滑状态

定期检查、清洗自动润滑系统，添加或更换油脂油液，按照工作情况适时调整导轨的润滑参数设置，使丝杠、导轨等各运动部件始终保持良好的润滑状态，减少机械磨损速度；定期检查空压系统中油雾器的供油量，保证气动元件的润滑，防止生锈；定期更换滚珠丝杠螺母副润滑脂；定期对润滑系统的过滤器或过滤网进行清洗或更换。

2. 定期检查液压、气压、冷却系统

对液压系统定期进行油质化验检查或更换液压油，定期对液压系统的过滤器或过滤网进行清洗或更换，每天检查液压系统的泄漏、噪声、振动、压力、温度是否正常，定期检查液压系统元器件的工作情况；对气压系统要注意及时对空气过滤器定期检查及调整压缩空气压力，清洁或更换过滤器或过滤网；定期检查主轴拉刀液（气）压缸活塞的移动位置；根据工作情况及时调整主轴冷却系统的温度设定值。

四、机械部件及机床精度的维护与保养

机械部件及机床精度的日常维护与保养，根据设备的型号不同，其维护与保养的内容和要求不完全一样，主要包括以下几个方面：

1. 修调机械部件

定期对设备的一些运动部件进行调整，减少运动部件之间的位置偏差，如定期检查主轴传动或进给传动用同步齿形带的松紧和磨损；定期检查和调整主轴箱平衡系统；定期检查滚珠丝杠螺母副的连接和支撑；开机后运转刀库，检查换刀动作是否正常，如有异常及时调整。

2. 保持机床精度

数控设备为高精密装置，机床本身的精度是加工高精度产品的前提，必须根据机床性能参数合理使用数控机床并定期对设备进行精度检查及调整。机械精度的校正方法有软硬两种，其软方法主要是通过系统参数补偿，如丝杠反向间隙补偿、各坐标定位精度定点补偿、机床回参考点位置校正等；其硬方法主要是减少各部件之间的形状和位置偏差，如当机床撞车、移动后必须进行精度检查；根据地基情况定期检查并调整机床水平；定期检查并调整滚珠丝杠螺母副的轴向间隙；定期检查并修刮导轨等。

3. 做好清洁工作

设备太脏，粉尘太多，均可以影响机床的正常运行：电路板太脏，可能产生短路现象；油水过滤网、空气过滤网等太脏，会发生压力不够、散热不好，造成故障；运动部件表面积灰过多，会造成运动部件运动阻力增加，以及加剧部件的磨损等，所以必须及时进行卫生清扫。

复习思考题

11-1 安全操作应注意哪些事项？

11-2 开机前和开机时应注意哪些事项？

11-3 程序调试和执行过程中应注意哪些事项？

11-4 数控机床有哪些环境要求？

11-5 如何维护与保养数控系统及电气控制部件？

11-6 如何维护与保养润滑及液压气动部件？

11-7 如何维护与保养机械部件及机床精度？

第十二章　华中 HNC—21T/M 数控系统操作

学习目的： 熟悉华中 HNC—21T/M 的面板及手动操作方法；掌握数控车床的对刀方法及刀具补偿参数的录入；掌握程序的输入、编辑及运行方法；掌握 MDI 方式操作。

学习重点： 数控车床的对刀方法及参数的录入；程序的输入、编辑及运行方法。

第一节　华中 HNC—21T/M 操作面板

一、华中 HNC—21T/M 数控系统简介

华中世纪星 HNC—21T/M，是武汉华中数控股份有限公司在华中 I 型（HNC—1T）高性能数控装置的基础上，为满足市场需求，而开发的高性能经济型数控装置。HNC—21T/M 是一种基于 PC 的开放式数控装置，它采用内装式 PLC，可与多种伺服驱动单元配套使用，具有开放性好、结构紧凑、集成度高、可靠性好、性能价格比高、操作维护方便等的特点，是我国八五、九五科技攻关的重大科技成果。

二、华中 HNC—21T/M 面板功能介绍

华中数控车 HNC—21T 和数控铣 HNC—21M 的操作面板分别如图 12-1a、b 所示，由图可知：两操作面板除了进给轴的操作按键数有差异以外，其他基本相同，皆由液晶显示屏、F1 ~ F10 功能软键、急停按钮、MDI 键盘和机床操作按键组成。

华中 HNC—21T/M 的操作面板，大致可以分为两部分：液晶显示屏、NC 键盘（包括 F1 ~ F10 功能软键和 MDI 键盘）称为数控系统操作面板；机床操作按键和急停按钮称为机床操作面板。

（一）数控系统操作面板

1. 液晶显示屏

位于操作台左上部，为 7.5in 彩色液晶显示器，用于显示机床工作时的各种状态信息以及各种参数的交互输入，如显示机床参考点坐标、机床指令位置、工件坐标零点以及加工轨迹的图形仿真和故障报警的显示等。

2. NC 键盘

NC 键盘包括 F1 ~ F10 功能软键和精简型 MDI 键盘。

（1）F1 ~ F10 功能软键　F1 ~ F10 功能软键，如图 12-2 所示，位于液晶显示屏的正下方，用于级联功能菜单的调入，其常用键构成菜单的层次，如图 12-3 所示。

（2）MDI 键盘　MDI 键盘，为精简型键盘，如图 12-4 所示，各键大部分具有上档功能，内容涉及了 26 个英文字母、10 个阿拉伯数字和一些常用的功能、符号键，用于零件程序的编制、参数的输入、MDI 操作及系统管理操作等。

现将常用键位的功能介绍如下：

Esc：取消键，用于退出当前窗口。

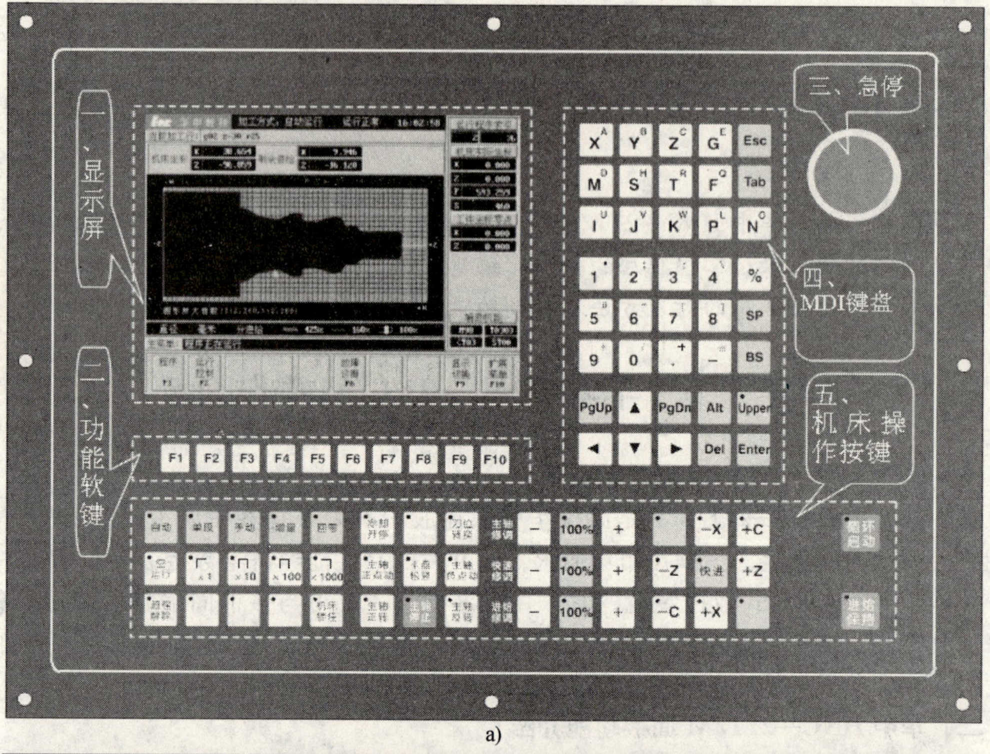

a)

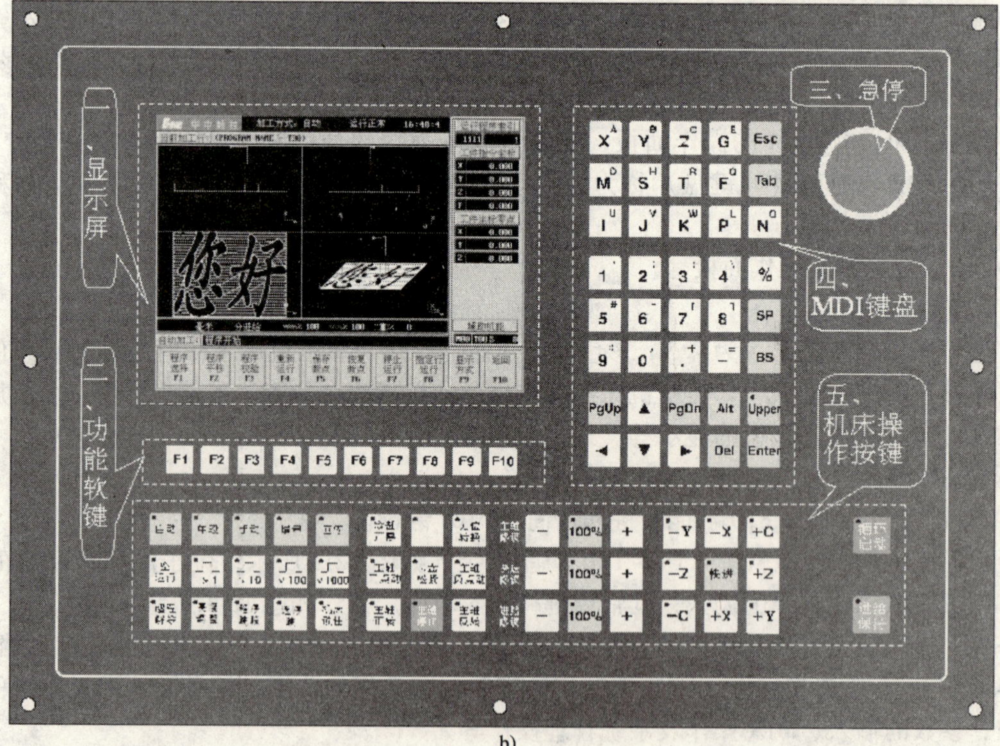

b)

图 12-1 华中数控系统的操作面板

a）华中 HNC—21T 数控车床系统的操作面板 b）华中 HNC—21M 数控铣床系统的操作面板

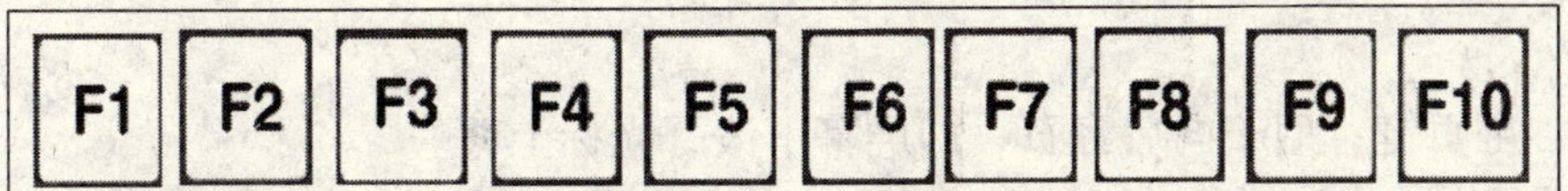

图 12-2　华中数控系统的 F1～F10 功能软键

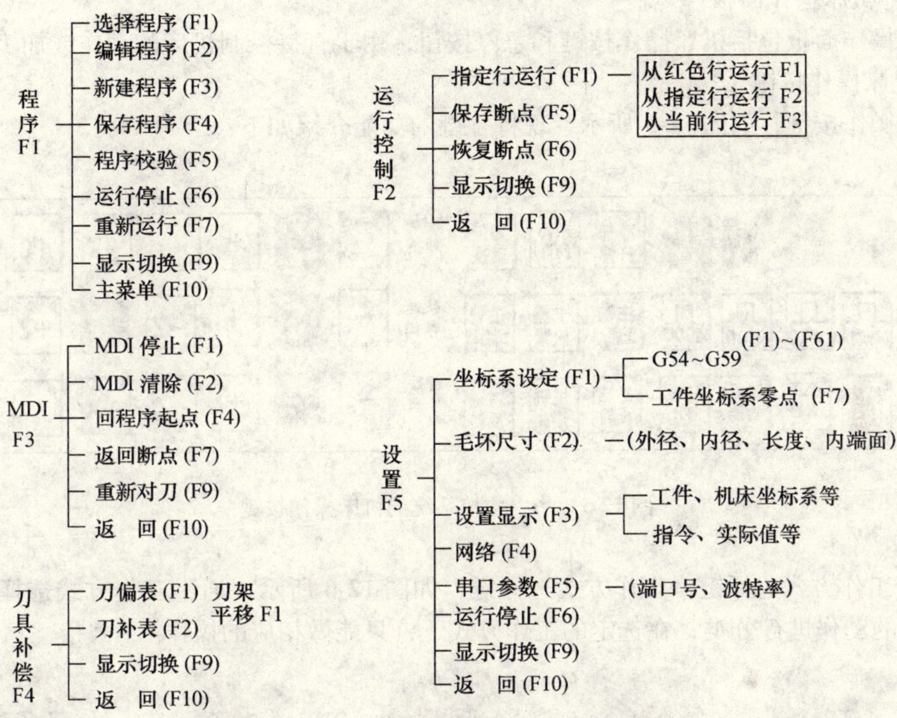

图 12-3　华中数控系统 F1～F5 功能软键层次

Tab：制表键，用于快速移动光标，按一下右移 4 个字符位。

SP：空格键，用于光标向后移并插入一空格。

BS：退格键，用于光标向前移并删除前面字符。

Upper：上档键，用于转换输入方式为上档有效（绿灯亮），而输入各键位的上档符号。

Enter：回车键，编辑程序时，用于换行；程序调试时，用于确认并输入信息。

Alt：组合功能键，用于执行一些调试机床的特殊功能，如 Alt + X 是退出当前界面，进入 DOS 调试状态。建议初学者不要轻易使用此键，以免激发一些不知的功能。

Del：删除键，用于删除光标后面的当前字符。

PgUp：翻页键，用于向前翻页，即屏幕上滚，光标下

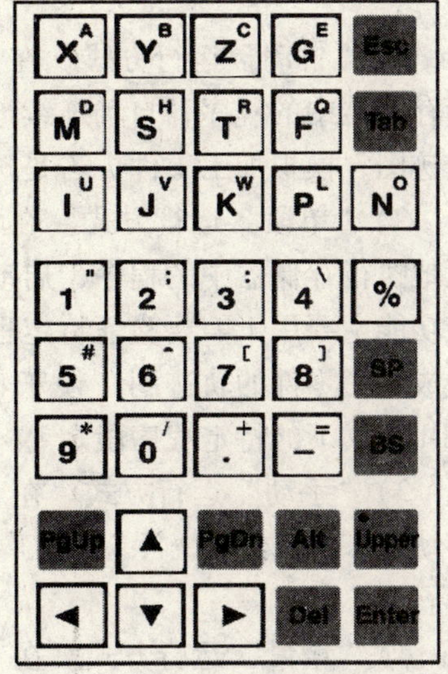

图 12-4　华中数控系统 MDI 键盘

移。

PgDn：翻页键，用于向后翻页，即屏幕下滚，光标上移。

▲ ◀ ▼ ▶：移动光标键，用于上、下、左、右移动光标。

（二）机床操作面板

机床操作面板包括机床操作按键和急停按钮，用于直接控制机床的动作或加工过程。

1. 机床操作按键

机床操作按键，如图 12-5 所示，现将各键的功能介绍如下：

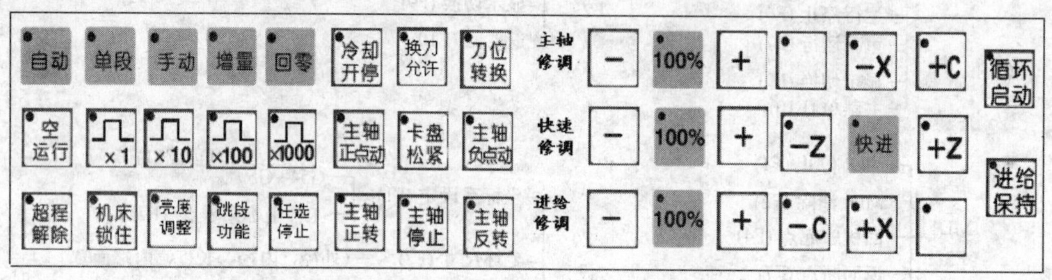

图 12-5 华中数控系统的机床操作按键

（1）工作方式选择键 工作方式选择键，如图 12-6 所示，通过工作方式选择键，可对操作机床的动作进行分类，在选定的工作方式下，只能做相应的操作。

图 12-6 华中数控系统的机床工作方式选择键

1）“自动”运行方式。在“自动”运行方式下，若是选择了“重新运行”，机床则执行存储器中的程序，自动连续地加工工件；若是选择了“程序校验”，则可生成加工零件的轨迹图，模拟加工工件；若是选择了“MDI”，则可在 MDI 模式下运行特定段指令。

2）“单段”运行方式。在“单段”运行方式下，若是选择了“重新运行”，机床则逐段地执行存储器中的程序，启动下段程序，必须按“循环起动”键，零件的加工是断续的，该功能主要用于需要验证特定程序段执行结果的场合；若是选择了“程序校验”，则逐段地生成加工零件的轨迹图，便于特定程序段执行轨迹的验证；若是选择了“MDI”，则执行 MDI 模式下的特定程序段。

3）“手动”运行方式。在“手动”运行方式下，通过机床操作键可手动慢速或快速地移动机床各进给轴、手动换刀、起动主轴正、反转或停止主轴、手动松紧卡爪、伸缩尾座等。

4）“增量”运行方式。在“增量”工作方式下，可以定量移动机床坐标轴，控制机床精确定位，但不连续，移动距离由倍率调整，倍率选择键（×1、×10、×100、×1000），如图 12-7 所示；当手持盒打开后，“增量”方式变为“手摇”方式，如图 12-8 所示，转动手摇脉冲发生器手轮，可连续精确控制机床溜板沿指定进给轴（X、Z 轴）移动，可选择三种倍率（×1、×10、×100）控制机床溜板移动量，机床进给速度受操作者手动速度和倍率控制。

5）“回零”方式。在“回零”工作方式下，点动“+X、+Z”，分别使机床溜板沿 X、Z 轴返回参考点，直至对应的 X 轴、Z 轴回零指示灯亮，便建立了机床坐标系。回零移动的速度由“快速修调”按钮控制。机床开机后应首先进行回参考点操作。

（2）增量倍率选择键　在“增量”工作方式下，移动的最小单位由倍率调整，如图 12-7 所示，其中倍率 ×1、×10、×100、×1000，分别对应 1μm、10μm、100μm、1000μm 的进给量。

图 12-7　增量方式倍率选择键

（3）手摇脉冲发生器　手摇脉冲发生器，通常被称为手轮，如图 12-8a 所示。在手轮方式下，选择手轮 X 轴进给，如图 12-8b 所示，手轮顺时针转动一格，溜板沿 X 轴正向移动一个增量值，手轮逆时针转动一格，溜板沿 X 轴负向移动一个增量值；选择手轮 Z 轴进给，如图 12-8c 所示，手轮顺时针转动一格，溜板沿 Z 轴正向移动一个增量值，手轮逆时针转动一格，溜板沿 Z 轴负向移动一个增量值。

a)

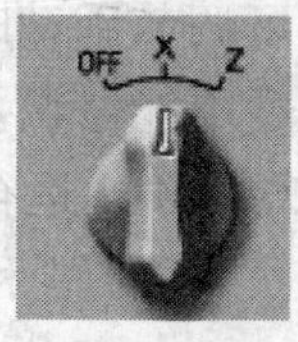

b)

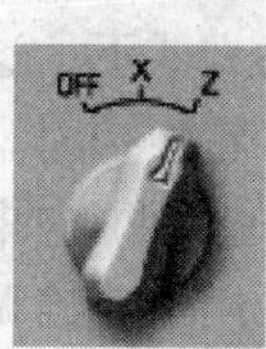

c)

图 12-8　手摇方式的手轮

a）手轮概貌　b）X 轴进给选择　c）Z 轴进给选择

坐标轴移动的最小增量值由手脉倍率旋钮（×1、×10、×100）控制。

（4）手动操作键　手动操作按键，如图 12-9 所示。该类按键在“手动”、“增量”和“回零”工作方式下有效。通过该类按键，可手动控制刀具或工作台移动：“手动”时，确定机床移动的轴和方向；“增量”时，确定机床定量移动的轴和方向；“回零”时，确定回参考点的轴和方向。移动速度由系统最大加工速度和进给速度修调按键共同确定。

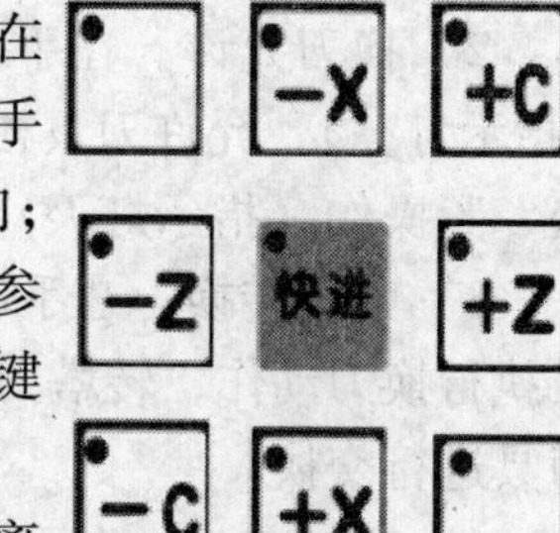

图 12-9　手动操作按键

1）X 轴移动。点动“+X”键，将使机床溜板沿 X 轴正向（远离工件）移动；点动“−X”键，将使机床溜板沿 X 轴负向（移向工件）移动。

2）Z 轴移动。点动“+Z”键，将使机床溜板沿 Z 轴正向（远离工件）移动；点动“-Z”键，将使机床溜板沿 Z 轴负向（移向工件）移动。

3）C 轴转动。点动“+C”键，将使刀具以 Z 轴为回转轴逆时针旋转；点动“-C”键，将使刀具以 Z 轴为回转轴顺时针旋转。该功能主要用于车削中心。

4）“快进”键。按下一个方向轴（+X、-X、+Z、-Z）的同时，按下“快进”键，机床溜板将以系统设定最大加工速度移动。该功能主要用于快速移动机床溜板，以便节约时间。

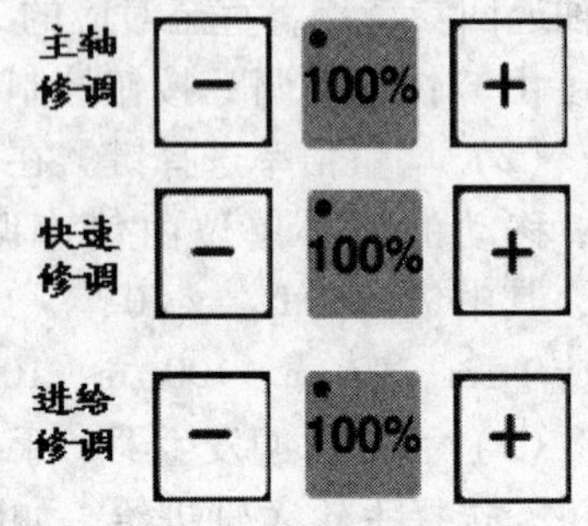

图 12-10 速度修调按键

（5）速度修调 速度修调按键，如图 12-10 所示。通过这类按键可以修调主轴（S 代码）、快速移动（GOO 代码）和进给移动（F 代码）的速度。

修调方法：按下“100%”按键（指示灯亮），相应项的修调倍率将被置为 100%；按一下“+”按键，相应项的修调倍率递增 5%；按一下“-”按键，相应项的修调倍率递减 5%。

1）主轴修调。在自动方式或 MDI 运行方式下，当 S 代码编程的主轴速度偏高或偏低时，可用主轴修调右侧的“100%”和“+”、“-”按键，修调程序中编制的主轴速度。

在手动方式下，这些按键可调节手动时的主轴速度。

机械齿轮换档时，主轴速度不能修调。

2）快速修调。在自动方式或 MDI 运行方式下，当 G00 代码对应的快速移动速度偏高或偏低时，可用快速修调右侧的“100%”和“+”、“-”按键，修调系统参数“最高快移速度”设置的速度。

在手动连续进给方式下，这些按键可调节手动快移速度。

3）进给修调。在自动方式或 MDI 运行方式下，当 F 代码编程的进给速度偏高或偏低时，可用进给修调右侧的“100%”和“+”、“-”按键，修调程序中编制的进给速度。

在手动连续进给方式下，这些按键可调节手动进给速度。

图 12-11 机床动作手动控制按键

（6）机床动作手动控制 机床动作手动控制键，如图 12-11 所示。

1）冷却开停。在手动方式下，按一下“冷却开停”，冷却液打开（默认为冷却液关），再按一下又为冷却液关，如此循环。

2）换刀允许。在手动方式下，按一下“换刀允许”按键（指示灯亮），允许刀具松、紧操作，再按一下又为不允许刀具松、紧操作（指示灯灭），如此循环。

3）刀位转换。在手动方式下，按一下“刀位转换”按键，将执行换刀动作，转塔刀架转动一个刀位，把当前刀具与目标刀具进行交换。

4）主轴点动。在手动方式下，可用“主轴正点动”、“主轴负点动”按键，点动转动主轴：按压按键（指示灯亮），主轴将产生正向或负向连续转动；松开按键（指示灯灭），主轴即减速停止。

5）卡盘松紧。在手动方式下，按一下“卡盘松紧”按键，松开工件（默认值为夹紧），可以进行更换工件操作；再按一下又为夹紧工件，可以进行加工工件操作，如此循环。该功能仅对具有液压卡盘等装置的机床有效。

6）主轴控制。在手动方式下，按一下“主轴正转”按键（指示灯亮），主轴电动机以机床参数设定的转速乘以主轴修调率得到的转速正转；按一下“主轴反转”按键（指示灯亮），主轴电动机以机床参数设定的转速乘以主轴修调率得到的转速反转；按一下“主轴停止”按键（指示灯亮），主轴电动机停止运转。

（7）机床操作功能选择键

1）空运行。在自动方式下，按一下“空运行”键（指示灯亮），CNC 处于空运行状态。空运行不做实际切削，在于检查工件加工程序切削路径。空运行时程序中编制的 F 进给速度无效，机床溜板移动的速度由最大快移速度和进给修调率共同确定。安装工件毛坯后，不建议使用此功能，否则可能会造成危险。此功能对螺纹切削无效。

2）超程解除。为了防止进给轴超出其运动范围而发生碰撞，在每个进给轴行程的两端各装有一个极限开关，每当进给轴碰到行程极限开关时，系统视其状况为紧急停止而出现急停报警，同时“超程解除”指示灯亮。要退出超程状态，需进行如下操作：

①按下“急停”按钮，清除急停报警。

②松开“急停”按钮，选择工作方式为“手动”或“增量”。

③左手一直按压着“超程解除”键，右手（手动或手摇）使超程轴向相反方向移动（注意移动速率，以免发生撞机）。

④当显示屏状态栏上的“出错”报警变为“运行正常”时，左手松开“超程解除”键，右手停止超程轴反向移动，系统恢复正常。

3）机床锁住。该功能主要用于调试、校验程序。当“机床锁住”键被按下时（指示灯亮），无论是手动操作还是自动运行程序，机床都将不输出伺服轴的移动指令，也即只有显示屏上的坐标轴位置变化信息，而无机床的实际动作。该功能使用时，需注意以下几点：

①手动操作或自动运行程序时，机床辅助功能 M、S、T 仍然有效。

②在自动运行程序时，无法对“机床锁住”键进行操作。

③此功能使用完后，为了保持电气坐标系和机床坐标系的同步性，必须进行“回零”操作。

4）亮度调节。该键用于液晶显示器亮度的双向调节：亮度较暗时，不断点按，可使亮度增强；亮度较亮时，不断点按，可使亮度减弱。

5）跳段功能。该功能在自动运行时有效。按下“跳段功能”键（指示灯亮），当程序执行到前有“/”斜线符号的程序段时，该程序段将被跳过而不执行。

6）任选停止。在自动运行或 MDI 运行时，按下“任选停止”键（指示灯亮），程序执行完 M01 指令后，程序暂停运行，且机床主轴停转、切削液关闭。若要继续执行下面的程序，须按“循环启动”键。

（8）自动运行操作键

1）循环起动。在自动、单段或 MDI 运行方式下，按“循环起动”键（指示灯亮），程序或命令将开始执行。

2）进给保持。在自动运行方式下，按一下“进给保持”键（指示灯亮），程序执行暂停，进给轴减速停止。

2. 急停按钮

机床在手动操作或自动运行过程中，若发生危险或紧急情况，按下“急停”按钮，电气柜中的进给驱动电源被切断，伺服进给及主轴转动立即停止。待故障排除后，顺时针方向转动“急停”按钮，即可弹起恢复工作。

注意：解除“急停”按钮后，要再次进行“回零”操作，方可执行程序。

第二节 华中 HNC—21T/M 基本操作

一、开机、关机操作

（一）开机前的检查

1）检查电气柜内的电气和线路是否正常（专业人员进行）。

2）检查电气柜门是否锁好。

3）检查电源电压是否符合要求，接线是否正确。

4）检查润滑油面是否在正常位置。

（二）开机

机床开机遵照如下顺序：

1. 上电

上电，即逆时针旋合电气柜上的机床主电源开关。电源接通后，系统软件开始自动运行，直至液晶显示器显示如图 12-1 所示的软件操作界面，此时报警显示“急停”。

2. 复位

上电后，机床处于“急停”状态，为控制系统运行，并接通伺服电源，需左旋并拔起“急停”按钮，使系统复位，系统默认进入“回参考点”方式，“回零”工作方式指示灯亮。

3. 回零

控制机床运动的前提是建立机床坐标系。系统复位后，首先应进行机床各轴回参考点操作。步骤如下：

1）如果系统当前的工作方式不是“回零”方式，按“回零”键，将工作方式切换为“回零”方式。

2）在 HNC—21T 车床中，依次点按“+X”、“+Z”；在 HNC—21M 铣床中，依次点按“+X”、“+Y”、“+Z”，各坐标轴即开始回参考点运动，直至“+X”、“+Y”、“+Z”键的指示灯全亮为止，即完成了“回零”，建立了机床坐标系。

（三）开机后的检查

1）检查自动润滑系统是否正常起动润滑。

2）在手动或 MDI 工作方式下，检查换刀系统是否正常。

3）在手动或 MDI 工作方式下，检查冷却系统是否正常。

4）在手动或 MDI 工作方式下，检查主轴转速是否正常。

5）在增量工作方式下，检查手摇脉冲发生器是否正常，机床的位置坐标是否有丢步现象。

（四）关机

1）清扫加工废屑，用棉纱擦干净导轨、刀架等处的切削液，并用油壶向导轨、丝杠等处喷射润滑油，以防机床生锈。

2）在手动工作方式下，将机床溜板沿各进给轴移至机床中部，这样可防止机床日久变形。

3）按下“急停”按钮，断开伺服电源，这样可减少开关设备的电冲击。

4）断开机床总电源。

二、机床手动操作

在“自动”工作方式下，机床执行程序，对工件加工的操作过程是自动完成的；而在以下情况，要用手动操作机床。

（一）坐标轴移动

手动移动机床坐标轴，有三种方法：

1. 点动进给

按一下“手动”键（指示灯亮），系统即处于点动运行方式。

（1）连续进给运动　在该方式下，即可单独点动机床各坐标轴，也可同时连续移动机床各坐标轴。操作方法：

1）单独按压“+X”或“-X”（指示灯亮），*X* 轴将产生正向或负向连续移动，松开按键，机床将停止所选择 *X* 轴向的移动；同样，单独按压“+Z”或“-Z”（指示灯亮），*Z* 轴将产生正向或负向连续移动，松开按键，机床将停止所选择 *Z* 轴向的移动。

2）同时按压 *X* 和 *Z* 的方向轴，*X* 和 *Z* 轴将沿相应轴向同时连续移动。

（2）快速进给运动　在机床换刀或手动操作等情况下，若要求刀具快速接近或离开工件，可在按压所选择轴向键时，同时按压“快进”键，则产生相应轴的正向或负向快速运动。

2. 增量进给

按一下“增量”键（指示灯亮），并将手摇脉冲发生器的坐标轴选择波段开关拨至“OFF”档，如图 12-12 所示，系统即处于增量进给方式。

（1）增量进给运动　在该方式下，机床坐标轴以不连续的数字增量方式，即可单独移动，也可同时移动。操作方法：

1）单独按一下“+X”或“-X”（指示灯亮），*X* 轴将产生正向或负向移动一个增量值，松开按键，机床将停止所选择 *X* 轴向的移动；同样，单独按一下“+Z”或“-Z”（指示灯亮），*Z* 轴将产生正向或负向移动一个增量值，松开按键，机床将停止所选择 *Z* 轴向的移动。

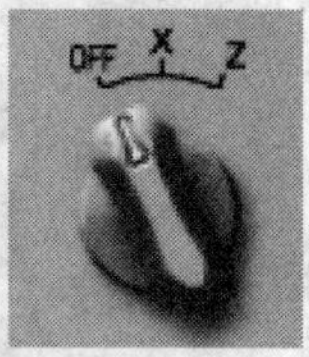

图 12-12　增量进给方式

2）同时按一下 *X* 和 *Z* 的方向轴，*X* 和 *Z* 轴将沿相应轴向同时移动一个增量值。

（2）增量值选择　增量进给移动的最小增量值由四个增量倍率按键（×1、×10、×100、×1000）控制，如图 12-7 所示，其中倍率 ×1、×10、×100、×1000，分别对应 1μm、10μm、100μm、1000μm 的进给量。这几个按键互锁，即其中一个按键有效（指示灯亮），其他按键将无效。

3. 手摇进给

按一下“增量”键（指示灯亮），并将手摇脉冲发生器的坐标轴选择波段开关拨至

"X"或"Z"档（铣床 HNC—21M 有"X"、"Y"、"Z"、"4TH"四档），如图 12-8 所示，系统即处于手摇进给方式。

在手摇进给方式下，每次只能增量进给一个坐标轴。

（二）手动数据输入（MDI）运行

1. 进入 MDI 操作界面

在如图 12-13 所示的 HNC—21T 主界面中，按 F3 键进入 MDI 操作界面，如图 12-14 所示。注意：自动运行程序时，不能进入 MDI 运行方式，可在进给保持后进入。

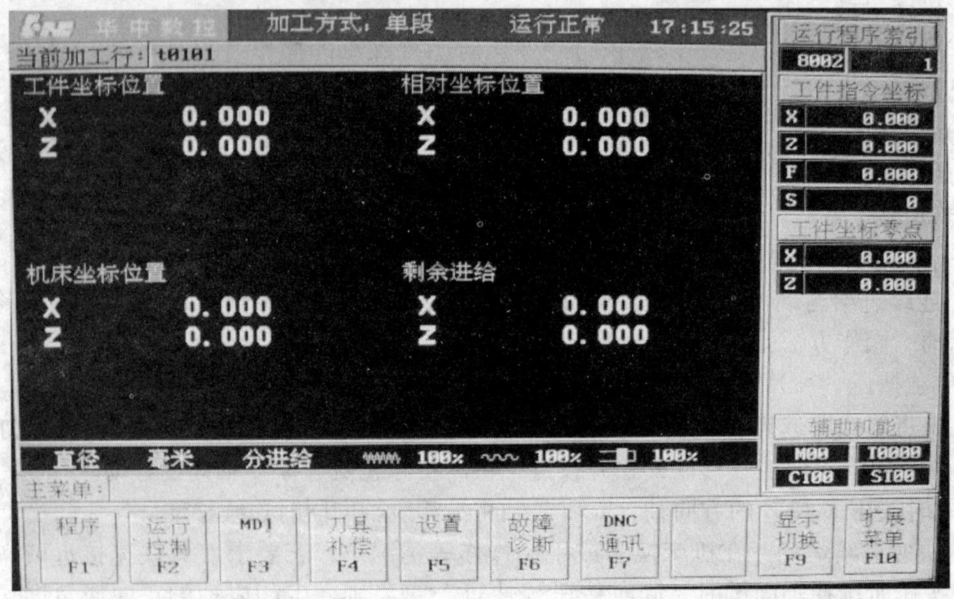

图 12-13　HNC—21T 主界面

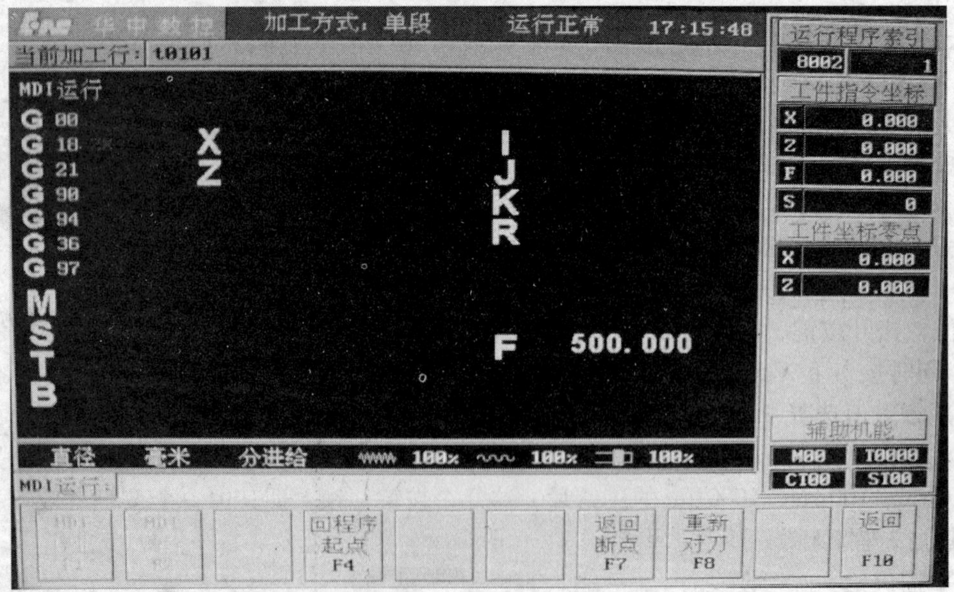

图 12-14　MDI 操作界面

如图 12-14 所示，进入 MDI 运行方式后，命令行的底色变成了白色，并且有光标在闪烁，这时便可输入所要执行的程序段。

2. 输入 MDI 指令段

MDI 输入的最小单位是一个有效指令字。现以输入“M03 S600 G01 X50 Z－34.23”程序段为例，介绍输入一个 MDI 程序段的两种方法：

（1）一次输入　该法即一次输入多个指令字的信息，如图 12-15a 所示，直接输入“M03 S600 G01 X50 Z－34.23”，然后按 Enter 键，显示窗口内关键字 M、S、G、X、Z 的值分别变为 3、600、01、50、－34.23，如图 12-15b 所示。

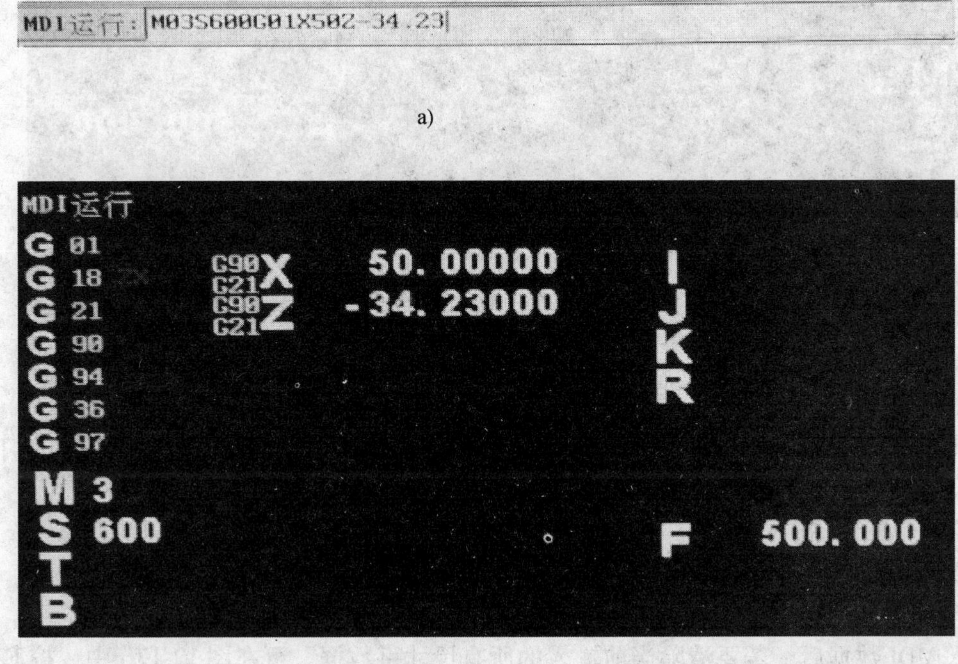

b)

图 12-15　一次输入 MDI 指令段

a）一次输入多个 MDI 指令字　b）一次输入的 Enter 结果

（2）多次输入　该法即每次输入一个指令字的信息，如图 12-16a 所示，先输入“M03”并按 Enter 键，显示窗口内关键字 M 的值将变为 3，如图 12-16b 所示；再输入“S600”并按 Enter 键；输入“G01”并按 Enter 键；……，直至所有的指令字输完，如图 12-15b 所示。

采用以上两种方法输入指令字，按 Enter 键后，系统若发现输入错误，会提示相应的错误信息，此时只要输入正确的信息便可。

3. 修改 MDI 指令段

在运行 MDI 指令段之前，如果要修改输入的某一指令字，可直接在命令行上输入相应的指令字符及数值，如图 12-17a 所示，若想把“X50”改为“X45.5”，可在命令行上直接输入“X45.5”并按 Enter 键，修改结果如图 12-17b 所示。

MDI运行：M03

a)

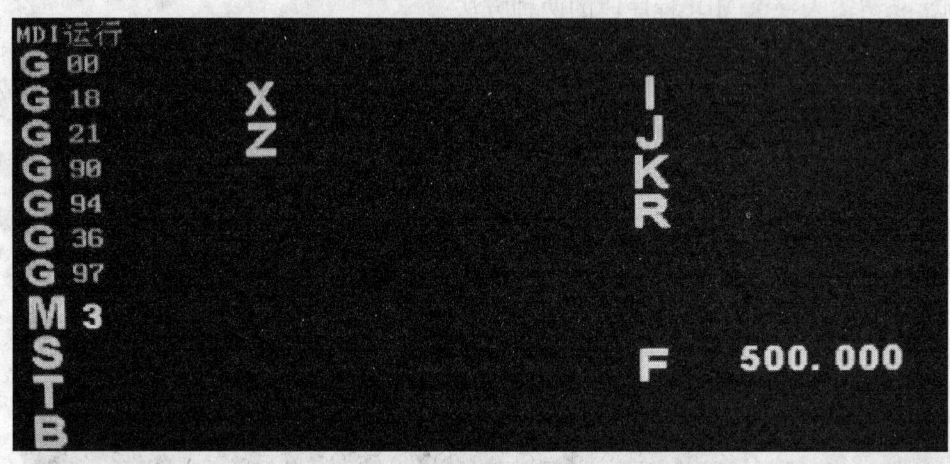

b)

图 12-16 多次输入 MDI 指令段

a）输入第一个指令字 b）输入第一指令字的 Enter 结果

4. 运行 MDI 指令段

MDI 指令段输入完后，置工作方式为“手动”、“自动”或“单段”，然后按一下“循环启动”键，系统即开始运行所输入的 MDI 指令。

5. 停止 MDI 运行

若要停止正在运行的 MDI 指令，在如图 12-17b 所示中，按 F1 键即可。

6. 清除 MDI 指令段

输入 MDI 数据后，若要清除当前输入的所有尺寸字数据，可在图 12-17b 中，按 F2 键即可，显示窗口内 M、S、X、Z、I、K、R 等字符后面的数据全部消失，如图 12-18 所示，此时可重新输入新的数据。

（三）主轴控制

1. 主轴手动变速

若机床主轴为机械式手动变速，则在编写程序时需注意：在需要主轴变速时，先使程序暂停（M00 或 M01），并使主轴停止转动（M05），主轴停稳后，手动机械变速，然后按“循环启动”键，继续执行程序（程序中需重新起动主轴）。

2. 主轴手动控制

主轴手动控制包括主轴正转、主轴反转、主轴停止、主轴点动和主轴速度修调，其相关内容的介绍，见本章第一节。

（四）机床锁住

“机床锁住”键有效（指示灯亮）时，数控系统只产生坐标轴的位置变化信息，并不输出伺服轴的移动指令，因此机床各进给轴没有运动。

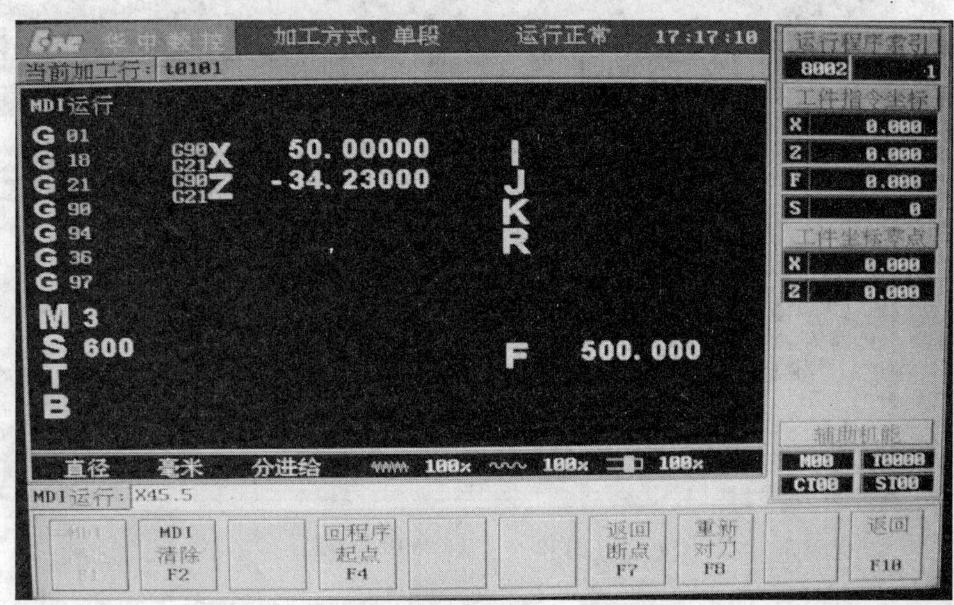

a)

b)

图 12-17　修改 MDI 指令段

a）修改前 MDI 界面　b）修改后 MDI 界面

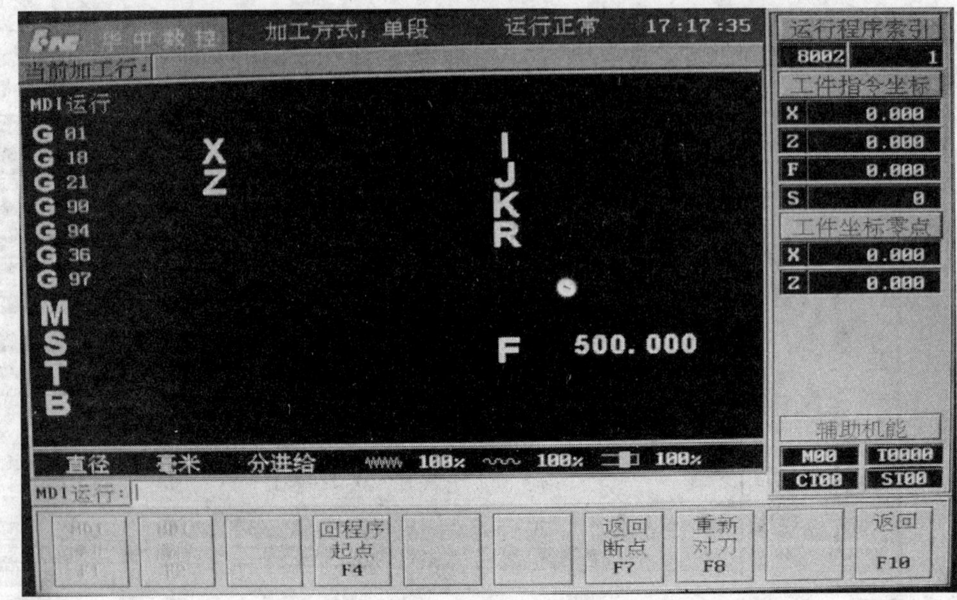

图 12-18 清除 MDI 指令段

（五）手动刀架操作

装卸和测量刀具及对刀时，都需要手动实现刀架的转位。刀架转位分两步骤：第一是“刀具选择”；第二是“刀位转换”，其内容的相关介绍见本章第一节。

三、对刀及数据设置

（一）对刀的意义

对刀的作用有两个：其一，通过对刀确定零件的加工原点，从而建立迎合零件特点和工艺要求的工件坐标系，为程序的执行确定基准；其二，通过对刀可以消除刀具之间形状和位置的不同给加工带来的影响，使不同刀具的刀位点重合，从而使加工程序不因刀具而改变。

（二）对刀方法

常见的对刀方法有三种：机外对刀仪对刀、自动对刀和手工试切对刀。

1. 机外对刀仪对刀

机外对刀的本质是测量出刀具刀位点到刀具台基准之间的 X、Z 向偏置距离。利用机外对刀仪对刀，需先通过对刀仪求出刀具的偏置值，然后将偏置值输入到机床刀补参数中相应于刀具的补偿号即可。

2. 自动对刀

自动对刀是通过刀尖检测系统实现的，刀尖以设定的速度向接触式传感器接近，当刀尖与传感器接触并发出信号，数控系统立即记下该瞬间的坐标值，并自动修正刀具补偿值。

3. 手工试切对刀

手工试切对刀是用所选的刀具试切零件的端面和外圆，然后经过测量和计算得到零件端面中心点坐标值的方法。

手工试切对刀的方法有多种，自动设置坐标系法是其中比较简单快速的一种，该法采用的是在刀偏表中设定试切直径和试切长度，数控系统自动计算出工件端面中心点在机床坐标系中的坐标值的思路。

（三）华中 HNC—21T 对刀操作及参数设置

现以自动设置坐标系法为例，说明华中系统 HNC—21T 手工试切对刀的常见步骤：

1）装好刀具后对刀前，若机床未进行过回参考点操作，则先点按“回零”按钮，进行回零操作。

2）点按“手动”按钮，切换到“手动”方式，利用操作面板上的按钮 -X、+X、-Z、+Z，使刀具移动到可切削零件的大致位置，如图 12-19 所示。

图 12-19　对刀初始位置

3）点按“主轴正转”按钮，使主轴转动；点按“增量”按钮，利用手轮负向移动 Z 轴，用所选刀具试切工件外圆，如图 12-20a 所示，切出一定长度（以便于直径测量工具测量为原则）后，沿 Z 轴正向退刀至未切削零件的位置（不得移动 X 轴），如图 12-20b 所示；点按“主轴停止”按钮，使主轴停止转动；使用游标卡尺或千分尺测量试切后工件的直径值（X）。

a)

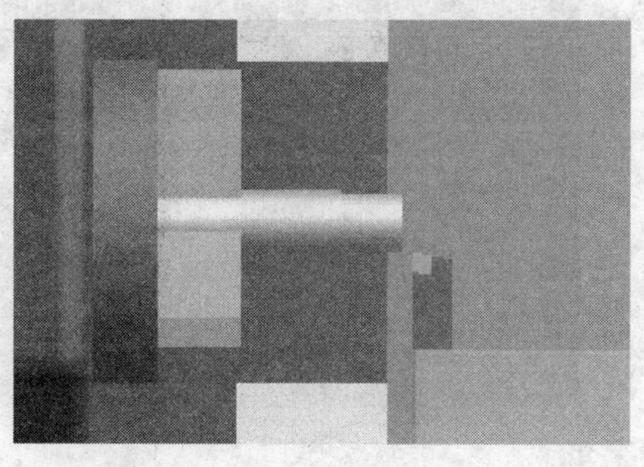

b)

图 12-20　试切工件外圆

a）外圆切削　b）退刀至未切削零件的位置

注意：试切零件外圆后，未向刀偏表中输入试切直径前，不得移动 X 轴。

4）在 HNC—21T 主界面中，点按“刀具补偿 F4”软键，在弹出的下级子菜单中按“刀偏表 F1”软键，进入刀偏数据设置页面，如图 12-21a 所示；用方位键 ▲、▼、◀、▶ 将亮条移动到与当前刀具（1 号）对应行（#0001）的“试切直径”列，并按 Enter 键，可输入数据时，将测得的工件直径值（36.874）填入刀偏表的“试切直径”栏，并按 Enter 键，系统将自动计算出当前刀

具的 X 偏置值（-388.941），如图 12-21b 所示。

刀偏号	X偏置	Z偏置	X磨损	Z磨损	试切直径	试切长度
#0001	0.000	0.000	0.000	0.000	0.000	0.000
#0002	0.000	0.000	0.000	0.000	0.000	0.000
#0003	0.000	0.000	0.000	0.000	0.000	0.000
#0004	0.000	0.000	0.000	0.000	0.000	0.000
#0005	0.000	0.000	0.000	0.000	0.000	0.000
#0006	0.000	0.000	0.000	0.000	0.000	0.000
#0007	0.000	0.000	0.000	0.000	0.000	0.000
#0008	0.000	0.000	0.000	0.000	0.000	0.000
#0009	0.000	0.000	0.000	0.000	0.000	0.000
#0010	0.000	0.000	0.000	0.000	0.000	0.000
#0011	0.000	0.000	0.000	0.000	0.000	0.000
#0012	0.000	0.000	0.000	0.000	0.000	0.000
#0013	0.000	0.000	0.000	0.000	0.000	0.000

a)

刀偏号	X偏置	Z偏置	X磨损	Z磨损	试切直径	试切长度
#0001	-388.941	0.000	0.000	0.000	36.874	0.000
#0002	0.000	0.000	0.000	0.000	0.000	0.000
#0003	0.000	0.000	0.000	0.000	0.000	0.000
#0004	0.000	0.000	0.000	0.000	0.000	0.000
#0005	0.000	0.000	0.000	0.000	0.000	0.000
#0006	0.000	0.000	0.000	0.000	0.000	0.000
#0007	0.000	0.000	0.000	0.000	0.000	0.000
#0008	0.000	0.000	0.000	0.000	0.000	0.000
#0009	0.000	0.000	0.000	0.000	0.000	0.000
#0010	0.000	0.000	0.000	0.000	0.000	0.000
#0011	0.000	0.000	0.000	0.000	0.000	0.000
#0012	0.000	0.000	0.000	0.000	0.000	0.000
#0013	0.000	0.000	0.000	0.000	0.000	0.000

b)

图 12-21 刀具 X 偏置值的设置

a）刀偏数据设置页面 b）刀偏表中填入工件直径值

注意：采用自动设置坐标系对刀后，华中系统可根据刀偏表中输入的“试切直径”和“试切长度”，自动计算确定工件坐标系的坐标原点，该坐标原点在程序中通过 T 指令的执行产生作用。

5）点按 -Z 按钮，将刀具移至如图 12-22a 所示位置；点击 -X 按钮，试切工件端面至一定深度，如图 12-22b 所示；点按 +X 按钮，沿 X 轴正向，退刀至未切削位置（不得移动 Z 轴）。

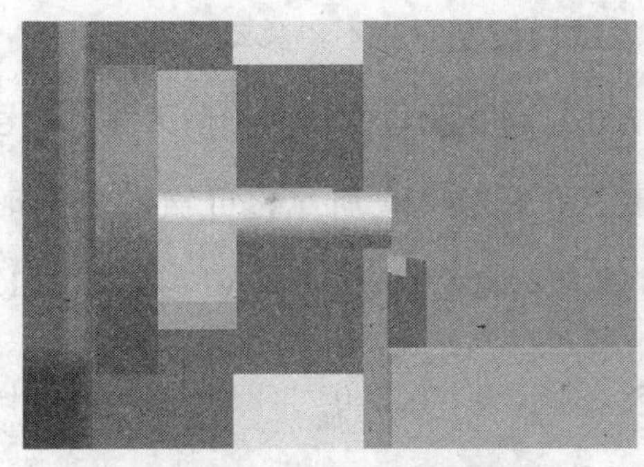

a)

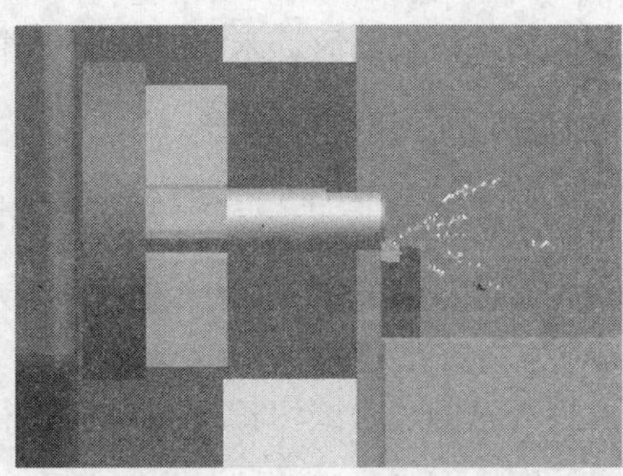

b)

图 12-22　试切工件端面

a）工件端面试切初始位置　b）端面试切至中心位置

刀偏号	X偏置	Z偏置	X磨损	Z磨损	试切直径	试切长度
#0001	-388.941	0.000	0.000	0.000	36.874	0.000
#0002	0.000	0.000	0.000	0.000	0.000	0.000
#0003	0.000	0.000	0.000	0.000	0.000	0.000
#0004	0.000	0.000	0.000	0.000	0.000	0.000
#0005	0.000	0.000	0.000	0.000	0.000	0.000
#0006	0.000	0.000	0.000	0.000	0.000	0.000
#0007	0.000	0.000	0.000	0.000	0.000	0.000
#0008	0.000	0.000	0.000	0.000	0.000	0.000
#0009	0.000	0.000	0.000	0.000	0.000	0.000
#0010	0.000	0.000	0.000	0.000	0.000	0.000
#0011	0.000	0.000	0.000	0.000	0.000	0.000
#0012	0.000	0.000	0.000	0.000	0.000	0.000
#0013	0.000	0.000	0.000	0.000	0.000	0.000

a)

刀偏号	X偏置	Z偏置	X磨损	Z磨损	试切直径	试切长度
#0001	-388.941	-865.617	0.000	0.000	36.874	0.000
#0002	0.000	0.000	0.000	0.000	0.000	0.000
#0003	0.000	0.000	0.000	0.000	0.000	0.000
#0004	0.000	0.000	0.000	0.000	0.000	0.000
#0005	0.000	0.000	0.000	0.000	0.000	0.000
#0006	0.000	0.000	0.000	0.000	0.000	0.000
#0007	0.000	0.000	0.000	0.000	0.000	0.000
#0008	0.000	0.000	0.000	0.000	0.000	0.000
#0009	0.000	0.000	0.000	0.000	0.000	0.000
#0010	0.000	0.000	0.000	0.000	0.000	0.000
#0011	0.000	0.000	0.000	0.000	0.000	0.000
#0012	0.000	0.000	0.000	0.000	0.000	0.000
#0013	0.000	0.000	0.000	0.000	0.000	0.000

b)

图 12-23　刀具 Z 偏置值的设置

a）试切长度值输入前刀偏表界面　b）试切长度值输入后刀偏表界面

注意：试切工件端面后，未向刀偏表中输入试切长度前，不得移动 Z 轴。

6）在刀偏表中，用方位键▲、▼、◀、▶将亮条移动到与当前刀具（1 号）对应行（#0001）的“试切长度”栏，并按Enter键，如图 12-23a 所示；可输入数据时，输入“0.0”，并按Enter键，系统将自动计算出当前刀具的 Z 偏置值（-865.617），如图 12-23b 所示。

注意：打开刀偏表时试切长度和试切直径均显示为“0.000”，即使实际的试切长度或试切直径也为零，仍然必须手动输入“0.000”，并按Enter键确认。

7）在 HNC—21T 主界面中，点按刀具补偿F4软键，在弹出的下级子菜单中按刀补表F2软键，进入刀

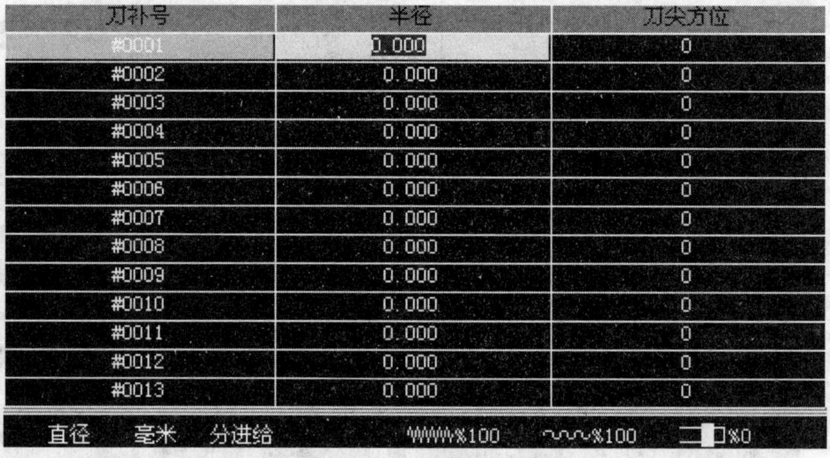

刀补号	半径	刀尖方位
#0001	0.000	0
#0002	0.000	0
#0003	0.000	0
#0004	0.000	0
#0005	0.000	0
#0006	0.000	0
#0007	0.000	0
#0008	0.000	0
#0009	0.000	0
#0010	0.000	0
#0011	0.000	0
#0012	0.000	0
#0013	0.000	0

直径 毫米 分进给 WWW%100 ~~~%100 %0

a)

刀补号	半径	刀尖方位
#0001	0.800	3
#0002	0.000	0
#0003	0.000	0
#0004	0.000	0
#0005	0.000	0
#0006	0.000	0
#0007	0.000	0
#0008	0.000	0
#0009	0.000	0
#0010	0.000	0
#0011	0.000	0
#0012	0.000	0
#0013	0.000	0

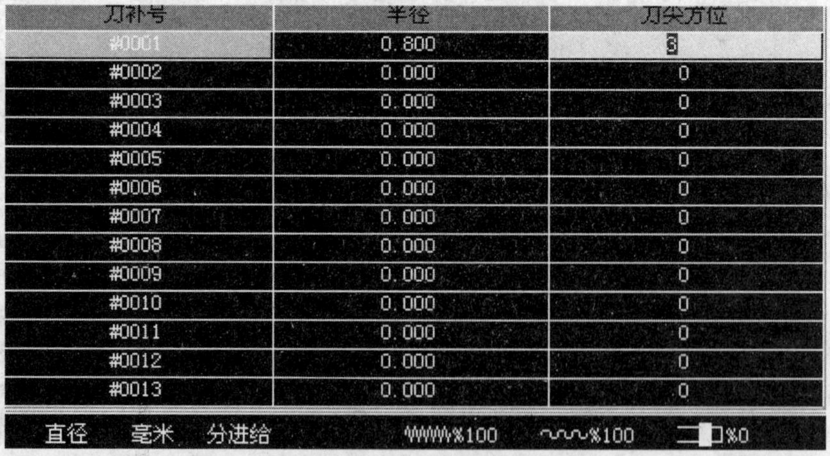

直径 毫米 分进给 WWW%100 ~~~%100 %0

b)

图 12-24 刀具参数的设置

a）刀具参数设置前刀偏表界面 b）刀具参数设置后刀偏表界面

具参数设置页面，如图 12-24a 所示；用方位键▲、▼、◀、▶将亮条移动到与当前刀具（1 号）对应行（#0001）的“半径”列，并按Enter键，可输入数据时，输入当前刀具的半径值（0.8），并按Enter键；用方位键▶将亮条移动到“刀尖方位”列，并按Enter键，可输入数据时，输入加工时的刀尖方位代号（3），并按Enter键，如图 12-24b 所示。

8）至此，第一把刀（1 号）完成了对刀及参数设置，若还有其他刀具（2 号、3 号、……），可用同样方法完成其他刀具的对刀及参数设置，需注意的是参数设置行应为#0002、#0003、……。

四、程序的建立、调试与运行

现以图 12-25 所示的加工图为例，讲述华中 HNC—21T 系统程序编辑、调试与运行的方法。

华中 HNC—21T 系统参考程序，见表 12-1。

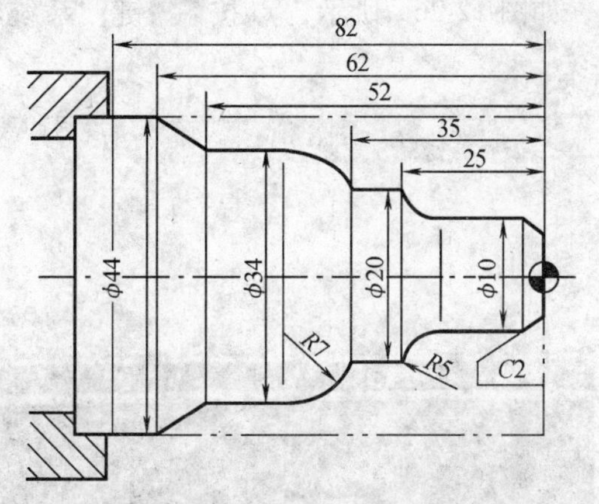

图 12-25　程序编辑、调试与运行示例

表 12-1　程序的建立、调试与运行示例程序

程　序	说　明
%5643	程序名
N10　M43	采用高速档
N20　T0101	选择 1 号刀，并采用 1 号刀补
N30　M03　S600	起动主轴
N40　G95	采用每转进给
N50　G00　X46	定位于起刀点
N60　Z2	
N70　G71　U1.5　R1　P80　Q170　X0.5　Z0.1　F0.15	调用毛坯加工循环
N75　S1000	精加工转速
N80　G01　G42　X2　F0.08	精加工程序起始行
N90　X10　Z-2	加工倒角
N100　Z-20	加工 φ10mm
N110　G02　X20　W-5　R5	*R*5mm 圆弧加工
N120　G01　Z-35	加工 φ20mm
N130　G03　X34　W-7　R7	*R*7mm 圆弧加工
N140　G01　Z-52	加工 φ34mm
N150　X44　Z-62	锥面加工
N160　Z-82	加工 φ44mm
N170　G40　X46	精加工程序结束行
N180　G00　X80	*X* 退刀
N190　Z80	*Z* 退刀
N200　M05	停止主轴
N210　M30	主程序结束

（一）程序的建立

在华中 HNC—21T 主界面中，点按 程序 F1 按钮，在出现的级联菜单中点按 编辑程序 F2 按钮，然后在出现的级联菜单中再点按 新建程序 F3 按钮，系统将要求输入程序名，程序名输入完成后（如 O5643），如图 12-26a 所示，点按 Enter 键，系统将出现编辑程序的界面，如图 12-26b 所示。

输入新建文件名：o5643

a)

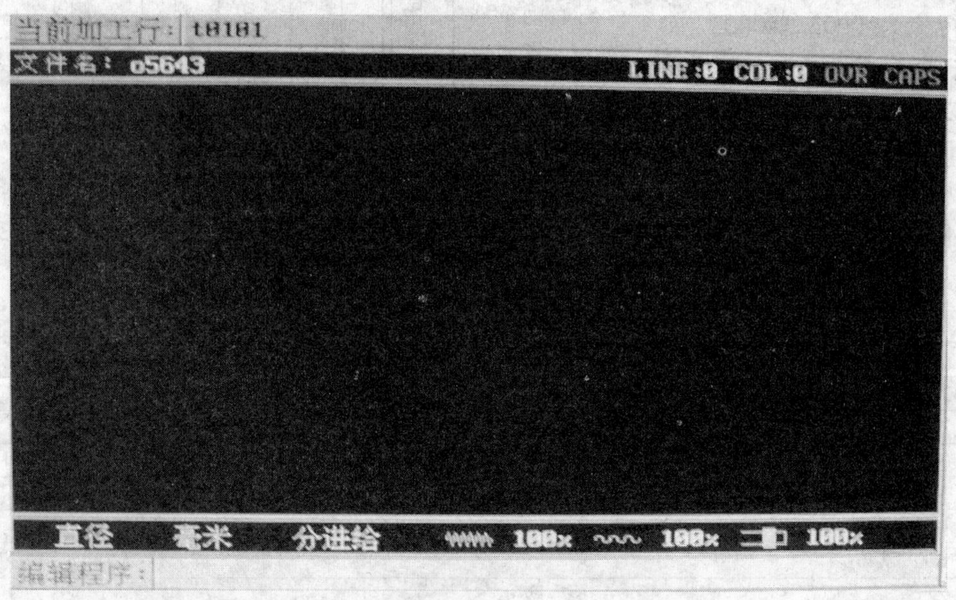

b)

图 12-26 程序的建立

a）输入程序名界面 b）编辑程序的界面

（二）程序的编辑

利用图 12-4 所示的 MDI 键盘，输入并编辑程序，完成后点按 保存程序 F4 按钮，保存所编辑的程序。以下为编辑程序时的几点操作方法：

1. 移动光标

点击方位键▲、▼、◀、▶，使光标移动到所需的位置。

2. 插入字符

将光标移到所需位置，点击 MDI 键盘中的所需字符，即可将所需字符插在光标所在位置。

3. 删除字符

在光标停留处，点击 BS 按钮，可删除光标前的一个字符；点击 Del 按钮，可删除光标后的一个字符。

（三）程序的校验

编辑完数控程序后，可以通过程序校验查看程序轨迹是否正确，语法有无错误。程序校验用于对调入加工缓冲区的零件程序进行校验。其操作步骤如下：

1. 方式选择

在工作方式选择键区，点按 自动（连续执行）或 单段（单段执行）按钮，进入自动或单段加工模式。程序校验时，为了避免发生意外，最好再点按 机床锁住 按钮（指示灯亮），锁定机床。

2. 显示模式选择

在华中 HNC—21T 主界面中，连续点按 显示切换 F9 按钮，直至校验程序图形界面出现，如图 12-27 所示。

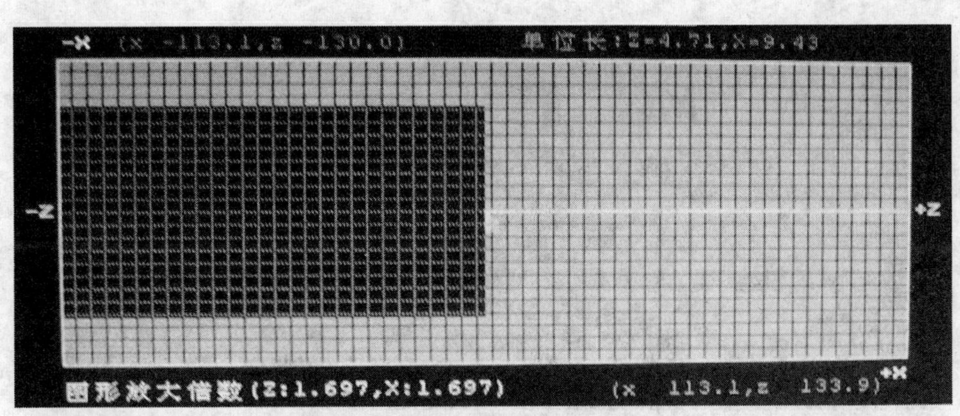

图 12-27　校验程序图形界面

3. 功能菜单选择

在华中 HNC—21T 主界面中，点按 程序 F1 按钮，在级联菜单中点按 程序校验 F5 软键，进入程序校验模式。

4. 起动程序校验

在机床操作面板中，点按运行控制 循环启动 按钮，开始程序的校验。如果发生错误提示，根据提示修改相关错误，直至校验通过，校验结果如图 12-28 所示。

（四）程序的空运行

1）选择程序。在华中 HNC—21T 主界面中，点按 程序 F1 按钮，在级联菜单中点按 选择程序 F1 软键，进入选择程序界面，如图 12-29 所示；利用方位键 ▲、▼，将光标移动到所要选择的

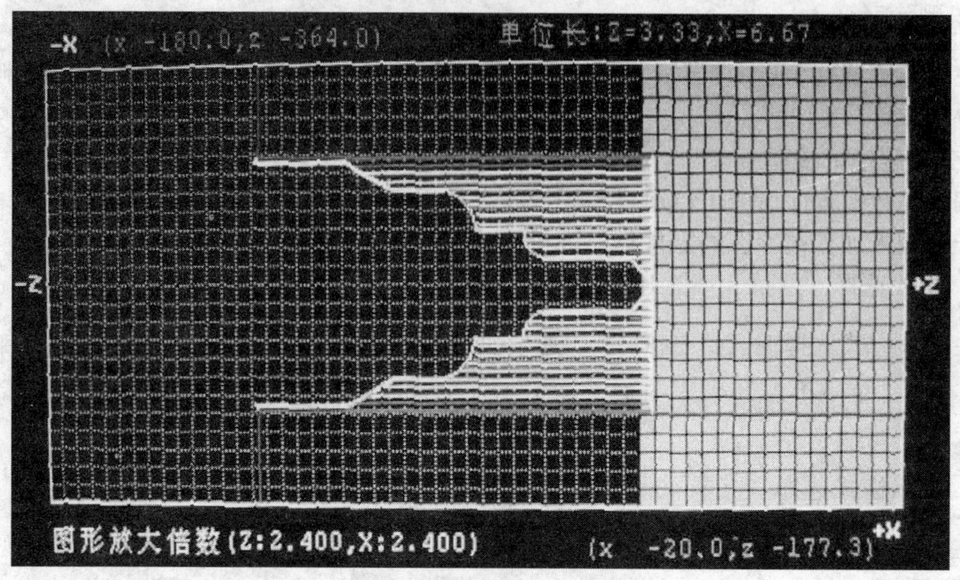

图 12-28 示例程序校验结果

当前加工行: N10 M43

当前存储器:	电子盘	DNC	软驱

文件名	大 小	日 期
O0001	1K	2005-01-11
O0002	1K	2005-02-25
O0003	1K	2001-10-18
O0005	1K	2001-10-18
O0009	2K	2001-10-18
O0555	2K	2005-01-19
O0556	1K	2005-01-19
O0G82	1K	2004-08-31
O1211	1K	2005-08-02
O5643	1K	2006-11-18
O5643.TXT	1K	2006-11-18
O9201	1K	2004-09-01
OBYJ	1088K	2001-10-23

直径 毫米 分进给 100% 100% 100%

图 12-29 选择程序界面

程序（如 O5643），并按 Enter 键。

2）点按 机床锁住 键（指示灯灭），取消机床锁住功能，使机床各部件可以协同进给，以便验证程序刀路的合理性。

3）点按 回零 键（指示灯亮），机床处于回零状态，分别点按 +X 、+Z 按钮，两进给轴开始回零运动，直至 +X 和 +Z 按钮的指示灯亮。

4）在工作方式选择键区，点按自动键（指示灯亮）；在自动方式下，点按空运行键（指示灯亮），CNC 即处于空运行状态。

5）在华中 HNC—21T 主界面中，点按程序 F1 按钮，在级联菜单中点按重新运行 F7 软键，并在“是否重新开始执行 Y/N？（Y）”的提示信息下，键入“Y”或按 Enter 键；点按循环启动键，机床即开始以最大快移速度和进给修调率共同确定的速度运动。

注意：由于空运行的速度较快，在安装毛坯的情况下，为了安全，建议利用坐标系偏置功能偏置坐标系，待空运行完成后，取消偏置功能即可按程序要求运行。

（五）程序的运行

程序经过空运行后，点按空运行键（指示灯灭），CNC 即离开空运行状态，机床将以程序中设定的工艺参数乘相应修调率设定的倍率而确定的参数值执行程序。

1. 单段运行

1）确定当前程序为所要执行的程序，否则重新选择程序。

2）确定工作方式为单段键（指示灯亮），否则选择单段方式。

3）确定机床已进行过回零操作，否则进行回零操作。

4）依次设定主轴修调率、快速修调率、进给修调率为 100%、6%、100%。

5）在华中 HNC—21T 主界面中，点按程序 F1 按钮，在级联菜单中点按重新运行 F7 软键，并在“是否重新开始执行 Y/N？（Y）”的提示信息下，键入“Y”或按 Enter 键。

6）按一下机床操作面板上的循环启动键，系统将执行一条程序段，……，程序的执行是间断的。

注意：单段运行主要用于个别程序段的执行，当确认执行过程与要求一致时，即可取消该方式而改为自动运行方式。

2. 自动运行

1）确定当前程序为所要执行的程序，否则重新选择程序。

2）确定工作方式为自动键（指示灯亮），否则选择自动方式。

3）确定机床已进行过回零操作，否则进行回零操作。

4）依次设定主轴修调率、快速修调率、进给修调率为 100%、6%、100%。

5）在华中 HNC—21T 主界面中，点按程序 F1 按钮，在级联菜单中点按重新运行 F7 软键，并在“是否重新开始执行 Y/N？（Y）”的提示信息下，键入“Y”或按 Enter 键。

6）点按循环启动键，机床即开始自动连续地执行程序。

3. 暂停运行与再起动

在程序执行过程中，若需暂停，可点按机床操作面板上的进给保持键；若需继续执行，点按机床操作面板上的循环启动键即可。

4. 终止运行

在程序执行过程中，若需终止，可在华中 HNC—21T 主界面的程序（F1）级联菜单中点按 停止运行F6 软键，系统将终止当前程序的执行。

5. 重新运行

在程序执行过程中，或是在程序执行完毕后，若需从程序头开始，重新运行程序，可按以下步骤操作：

1）将刀具移到起刀的安全位置，并将机床设置为自动或单段运行的状态。

2）在华中 HNC—21T 主界面中，点按 程序F1 按钮，在级联菜单中点按 重新运行F7 软键，并在“是否重新开始执行 Y/N？（Y）”的提示信息下，键入“Y”或按 Enter 键，光标将自动返回程序首行。

3）点按 循环启动 键，机床即从头开始重新执行程序。

6. 从任意行开始运行

在程序执行过程中，若需跳过一些程序段，而从特定的位置开始执行程序，可按以下步骤操作。

1）点按 单段 键（指示灯亮），设置运行方式为单段运行状态。

2）待当前程序段执行完毕，机床暂停运行时，点按 显示切换F9 按钮，直至编辑程序界面出现；并利用翻页键 PgUp、PgDn 和方位键 ▲、▼，移动红色亮条到需要开始执行的程序段（如 S1000），如图 12-30 所示。

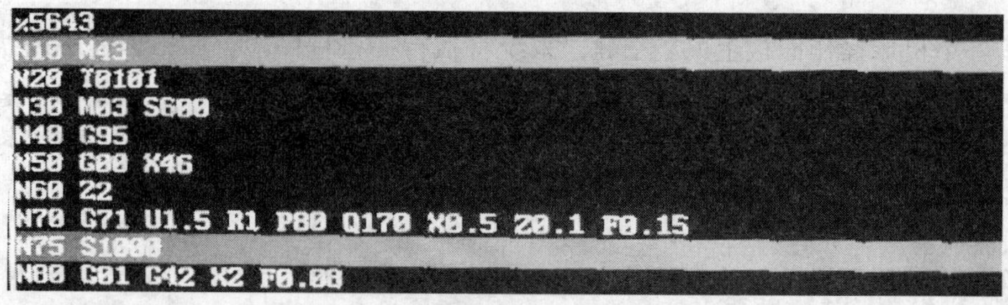

图 12-30 移动红色亮条到需要开始执行的程序段

3）在华中 HNC—21T 主界面中，点按 运行控制F2 按钮，在级联菜单中点按 指定行运行F1 软键，弹出如图 12-31 所示的对话框。

从红色行开始运行 F1
从指定行开始运行 F2
从当前行开始运行 F3

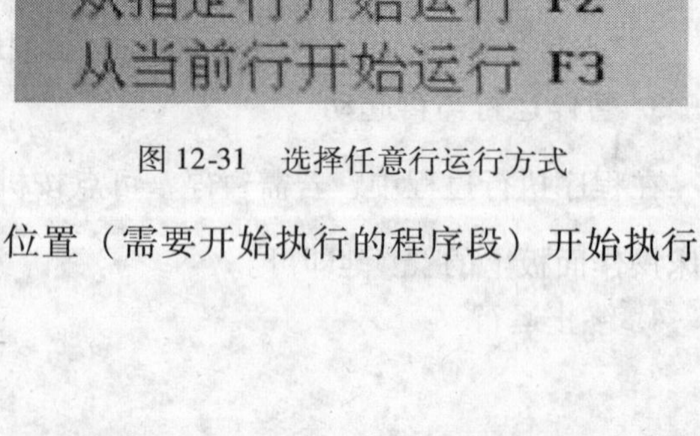

图 12-31 选择任意行运行方式

4）利用方位键 ▲、▼ 选择“从红色行开始运行”选项，并按 Enter 键，蓝色亮条移至刚才红色亮条所在的位置（需要开始执行的程序段），如图 12-32 所示。

5）点按 循环启动 键，程序将从蓝色亮条所在的位置（需要开始执行的程序段）开始执行程序。

6）确认程序的执行符合要求时，点按自动键（指示灯亮），设置运行方式为自动运行。

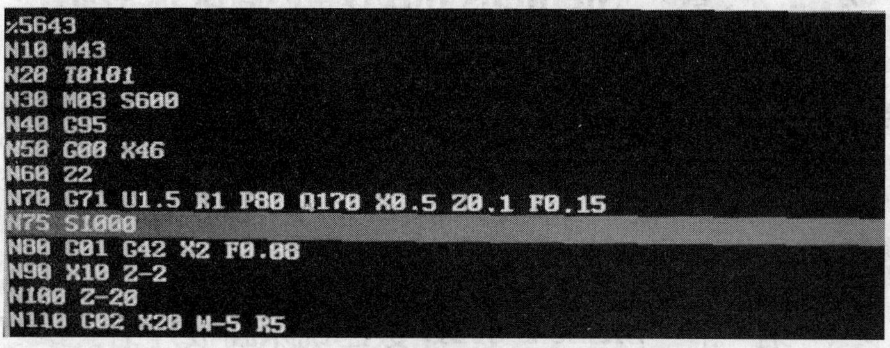

```
%5643
N10 M43
N20 T0101
N30 M03 S600
N40 G95
N50 G00 X46
N60 Z2
N70 G71 U1.5 R1 P80 Q170 X0.5 Z0.1 F0.15
N75 S1000
N80 G01 G42 X2 F0.08
N90 X10 Z-2
N100 Z-20
N110 G02 X20 W-5 R5
```

图 12-32　蓝色亮条移到需要开始执行的程序段

复习思考题

12-1　说明华中 HNC—21T/M 数控系统各种工作方式的特点。

12-2　华中 HNC—21T/M 数控系统的速度修调包括哪些内容？

12-3　华中 HNC—21T/M 数控系统的机床手动控制包括哪些内容？

12-4　华中 HNC—21T/M 数控系统的开机、关机应注意哪些内容？

12-5　如何进行华中 HNC—21T/M 数控系统的手动数据输入（MDI）运行？

12-6　如何进行华中 HNC—21T 数控车床的对刀？

12-7　如何在华中 HNC—21T/M 数控系统上校验和运行程序？

第十三章　Siemens 802D 数控铣床操作

学习目的： 熟悉 Siemens 802D 数控系统面板及手动操作方法；掌握数控铣床的对刀方法及刀具补偿参数的录入；掌握程序的输入、编辑及运行方法；掌握 Siemens 802D 数控系统 MDA 方式操作。

学习重点： Siemens 802D 铣床的对刀及参数输入；程序的输入、编辑与调试运行。

第一节　Siemens 802D 数控铣床面板介绍

一、Siemens 802D 数控系统操作面板介绍

（一）屏幕简介

Siemens 802D 数控系统的屏幕由状态区、应用区、说明及软键区 3 部分组成，如图 13-1 所示。

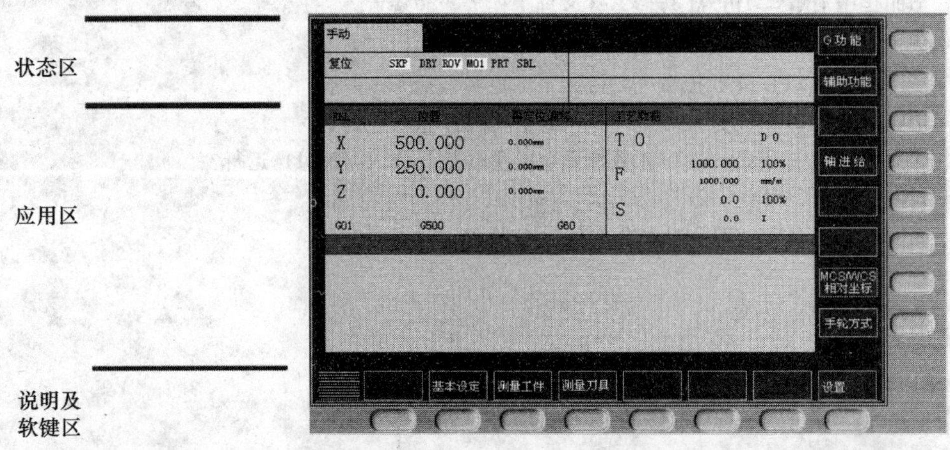

图 13-1　Siemens 802D 屏幕

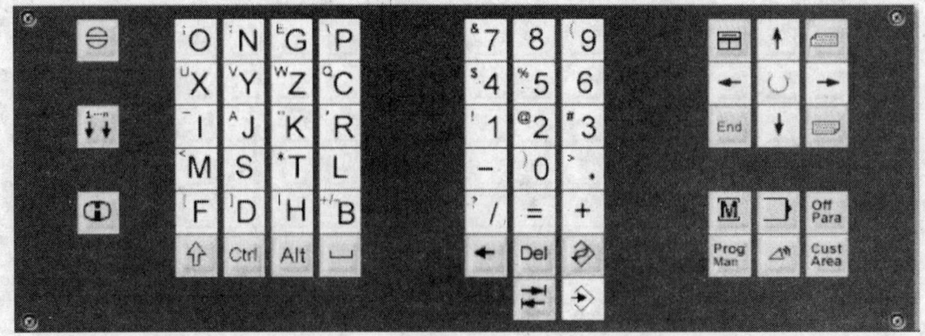

图 13-2　Siemens 802D 的 NC 键盘

（二）NC 面板及功能

Siemens 802D 数控系统的 NC 面板，如图 13-2 所示，主要用于程序的编辑和参数的设置等操作。

NC 面板常用按键的名称和功能，见表 13-1。

表 13-1　Siemens 802D 的 NC 面板各按键名称和功能

按　钮	名　称	功　能　简　介
	报警应答键	用于应答各种报警信息
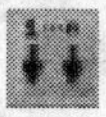	通道转换键	用于通道转换
	信息键	用于调用机床帮助信息
	上档键	对键上的两种功能进行转换，以 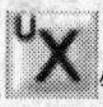 UX 键为例说明如下：用了上档键，按下该键时，输入的是上位字符 U；未用上档键，按下该键时，输入的是下位字符 X
 Ctrl	Ctrl 控制键	主要用于和其他键组合实现特定控制操作，如：Ctrl 结合 C，实现拷贝；Ctrl 结合 B，实现选择；Ctrl 结合 X，实现剪切；Ctrl 结合 V，实现粘贴
 Alt	Alt 功能键	主要用于和其他键组合实现特定功能，如：Alt 结合 S，可以打开/关闭中文编辑器；Alt 结合 L，用于转换大小写字符；Alt 结合 H，调出帮助文本
	空格键	按下该键将输入空格
	退格删除键	删除光标左边的字符
 Del	删除键	删除光标右边的字符
	取消键	撤消当前所输入的内容
	制表键	快速移动光标
	回车/输入键	1）接受一个编辑值 2）打开、关闭一个文件目录 3）打开文件
	向上翻页键	按此键，光标将快速移至上一页

（续）

按 钮	名 称	功 能 简 介
	向下翻页键	按此键，光标将快速移至下一页
M	加工操作键	按此键，进入机床加工操作方式
	程序操作键	按此键，进入程序编辑方式
Orr Para	偏移量、参数操作键	按此键，进入设定补偿值和参数值方式
Prog Man	程序管理键	按此键，进入程序管理操作方式
	报警/系统操作键	按此键，进入报警信息和信息表方式；结合⇧键，进入系统诊断和调试方式
	选择/转换键	一般用于单选、多选操作

二、Siemens 802D 机床操作面板介绍

Siemens 802D 机床操作面板，如图 13-3 所示，主要用于控制机床运行状态，它由模式选择按钮、主轴控制按钮、进给动作按钮、程序运行控制按钮和速度控制旋钮等组成。

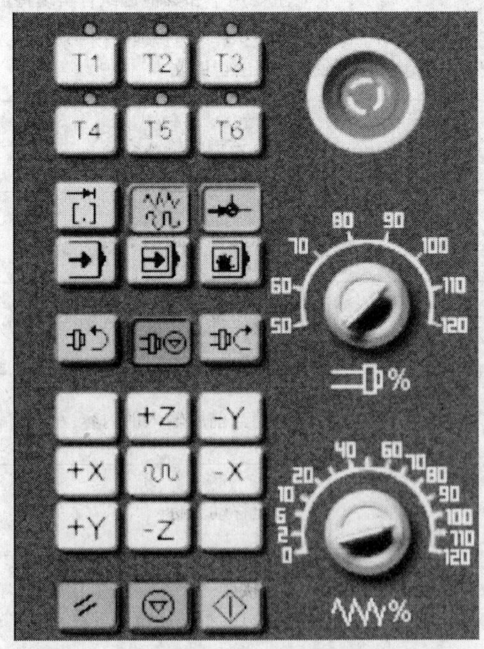

图 13-3 Siemens 802D 数控铣床操作面板

机床操作面板常用按键的名称和功能，见表 13-2。

表 13-2 Siemens 802D 的机床操作面板各按键名称和功能

按 钮	名 称	功 能 简 介
	紧急停止	按下急停按钮，机床移动立即停止，并且所有的输出，如主轴的转动等都会关闭
	增量选择按钮（VAR）	在单段或手轮方式下，用于选择点动距离的最小单位
	手动方式（Jog）	按此键，进入手动操作机床的方式
	回零方式（Ref Pot）	按此键，进入机床回零的方式。机床必须首先执行回零操作，然后才可以运行
	自动方式（Auto）	按此键，进入自动执行程序的加工方式
	单段方式（Single block）	按下此键运行程序时，每按一下按钮，系统只执行一条数控指令
	手动数据输入方式（MDA）	按下此键，进入以程序段（一条或几条语句）的方式操作机床
	主轴正转（Spindle Left）	按下此键，主轴正（逆时针）转
	主轴停止（Spindle Stop）	按下此键，主轴停止转动
	主轴反转（Spindle Right）	按下此键，主轴反（顺时针）转
	快速按钮（Rapid）	在手动方式下，按下此按钮后，再按 + X、 - X、 + Y、 - Y、 + Z、 - Z移动按钮，则可以快速移动机床
+Z -Z +Y -Y +X -X	移动按钮	分别沿横向（ + X 或 - X）、纵向（ + Y 或 - Y）和垂向（ + Z 或 - Z）移动机床
	复位按钮（Reset）	按下此键，复位 CNC 系统，包括取消报警、主轴故障复位、中途退出自动操作循环和输入、输出过程等
	进给保持按钮（Cycle Stop）	在程序运行过程中，按下此键，程序将暂停执行，直至按键后，恢复运行
	循环启动按钮（Cycle Star）	在自动或单段运行方式下，按下此键，程序运行开始
50 60 70 80 90 100 110 120 %	主轴倍率修调	旋转该旋钮可调节主轴转速倍率，主轴转速值 = 程序指定值 × 主轴转速倍率
0 2 6 10 20 40 60 70 80 90 100 110 120 %	进给倍率修调	旋转该旋钮可调节进给轴的进给速度倍率，进给速度值 = 程序指定值 × 进给速度的倍率

第二节 Siemens 802D 数控铣床基本操作

一、开机及回零操作

（一）开机

Siemens 802D 数控铣床开机操作步骤：

1）合上车间里控制数控铣床的总电源。

2）将铣床电源钥匙插入电柜箱，并旋合解除铣床电源的锁定，然后旋合铣床电源至“1”位置。

3）在机床操作面板上，点按“电源 ON”按钮，给数控系统上电。

4）待数控系统起动结束，而出现报警声时，点按复位按钮，解除报警声。

5）检查急停按钮是否松开至状态，若未松开，点击急停按钮，将其松开。

6）点按“总使能”按钮，然后点按“主轴开”按钮。

经过以上操作后，系统进入手动 REF 模式，出现“回参考点”窗口，如图 13-4 所示。

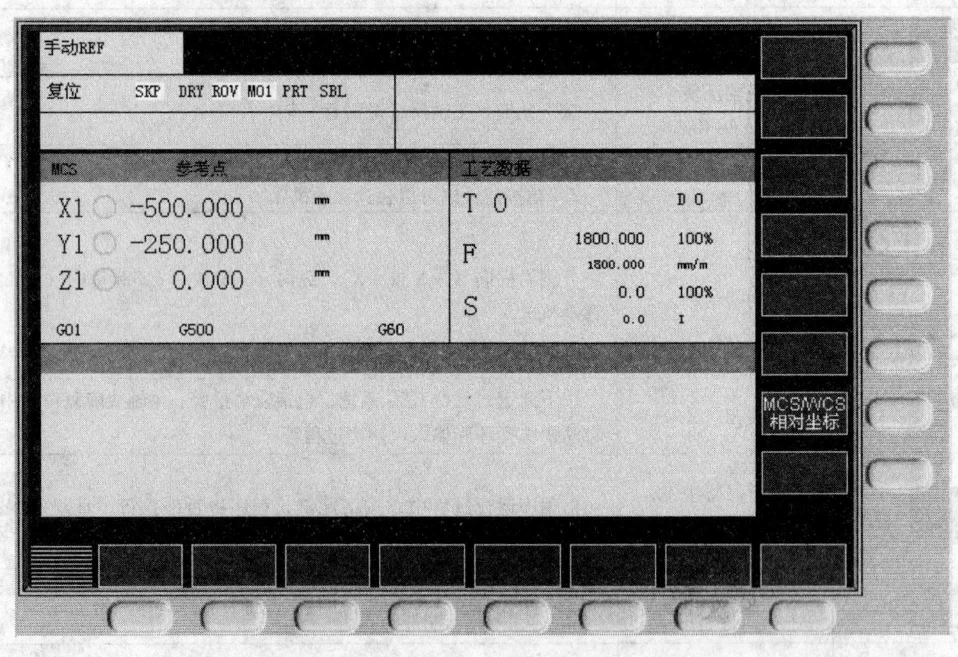

图 13-4 Siemens 802D 数控铣床回参考点窗口

（二）回零

1. 进入回参考点模式

系统起动之后，机床将自动处于“回参考点”模式；在其他模式下，依次点击按钮Jog和Ref Pot进入“回参考点”模式。

注意：“回参考点”只有在“JOG”模式下可以进行。

2. 回参考点操作步骤

（1）*X* 轴回参考点　按住按钮 +X 不放，*X* 轴将进行回参考点操作，回到参考点之后，*X* 轴的回零灯将从变为。

（2）*Y* 轴回参考点　按住按钮 +Y 不放，*Y* 轴将进行回参考点操作，回到参考点之后，*Y* 轴的回零灯将从变为。

（3）*Z* 轴回参考点　按住按钮 +Z 不放，*Z* 轴将进行回参考点操作，回到参考点之后，*Z* 轴的回零灯将从变为。

回参考点后的界面，如图 13-5 所示。

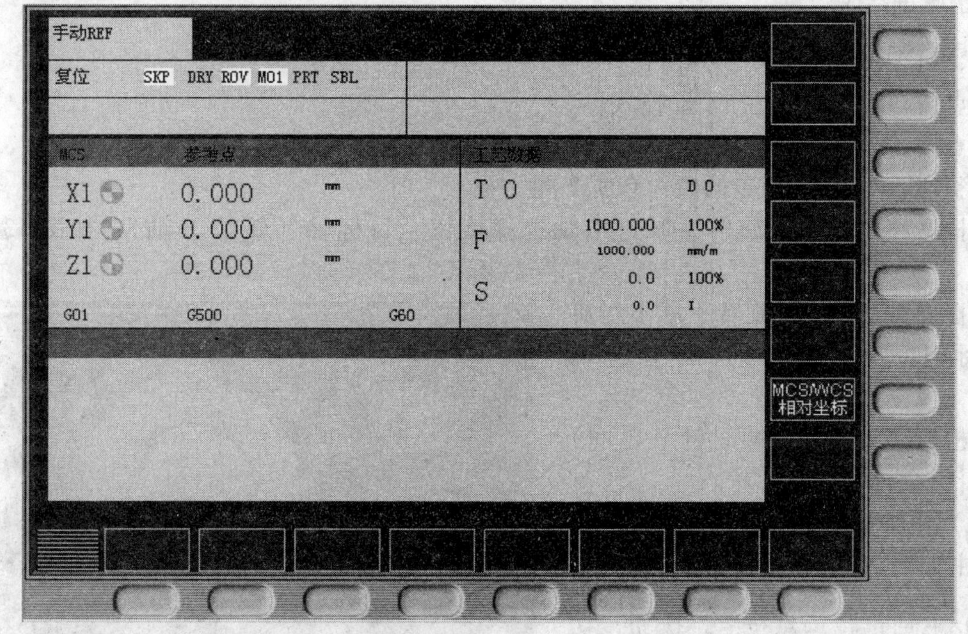

图 13-5　Siemens 802D 数控铣床回参考点后的窗口

（三）复位

在各种方式下，点按复位键，可将机床置于复位状态。

二、机床手动操作

（一）坐标轴移动

1. 点动进给

操作步骤：

1）点按 Jog 按钮，选择手动模式。

2）根据移动方向，点按方向键 +X、-X、+Y、-Y、+Z、-Z 移动三轴至目标位置，移动的速度可由进给旋钮控制；如想快速移动各轴；在点按方向键的同时按住 Rapid 键，则三轴快速移动至目标位置。

2. 增量进给

操作步骤：

1）点按[Jog]按钮，选择手动模式。

2）连续点按[VAR]键，在显示屏幕左上方显示增量的最小距离（1INC、10INC、100INC、1000INC），根据需要（1INC =0.001mm）选定其中一值。

3）根据移动方向，点按方向键+X、-X、+Y、-Y、+Z、-Z移动三轴至目标位置。

注意：各轴是以数字增量的方式动作的。

3. 手脉进给

操作步骤：

1）点按[Jog]按钮，选择手动模式。

2）点按“外挂手轮”按钮，切换至手脉模式。

注意：机床不同，该步的操作有所不同。

3）根据移动轴向，旋转手脉进给轴选择旋钮至目标轴（例如 *Y* 轴），如图 13-6 所示。

4）根据移动速度，旋转手脉步增旋钮至目标档位（例如 ×10）见（图 13-6）。

5）根据移动方向，顺时针（正向）或逆时针（负向）转动手轮。

图 13-6 Siemens 802D 数控铣床手脉选择

（二）主轴控制

1. 主轴手动控制

（1）主轴正转 点按[Jog]按钮，切换至手动模式，然后点按主轴正转按钮，主轴逆时针转动。

（2）主轴反转 点按[Jog]按钮，切换至手动模式，然后点按主轴反转按钮，主轴顺时针转动。

（3）主轴停止 在主轴正转或反转状态下，点按主轴停止按钮，主轴停止转动。

2. 主轴手动变速

在主轴正转或反转状态下，旋转主轴倍率修调旋钮，可调节主轴转速。

（三）手动数据输入（MDA）运行

1. 进入 MDA 操作界面

点按[MDA]按钮，机床切换到 MDA 运行方式，如图 13-7 所示，图中左上角显示当前操作模式“MDA”。

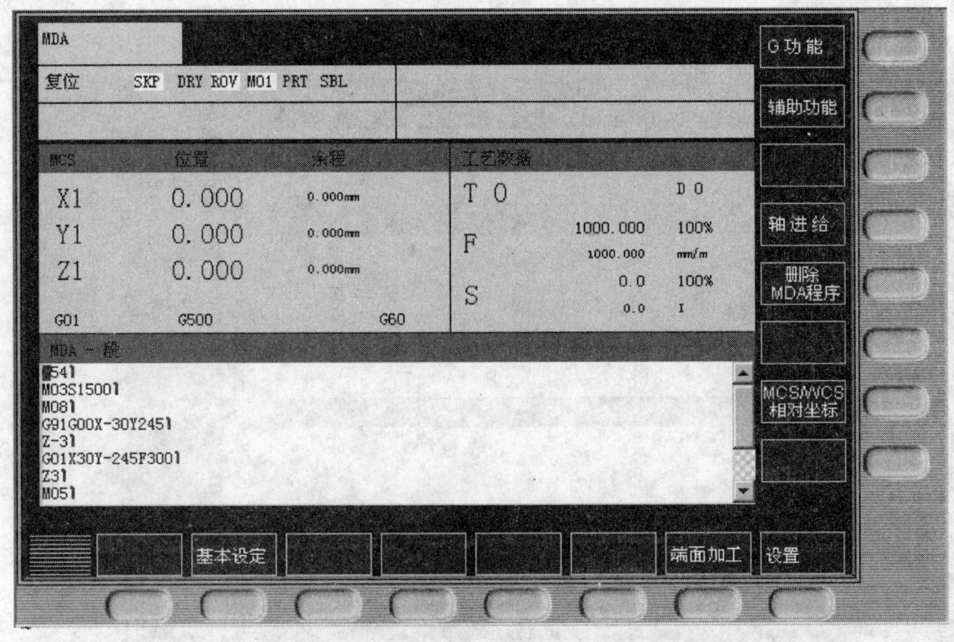

图 13-7 Siemens 802D 数控铣床 MDA 模式

2. 输入 MDA 指令段

利用系统操作面板输入程序段，输入完后点按复位键，将光标定位到程序头。

3. 修改 MDA 指令段

1）在程序运行以前，或“复位”状态下，按照编辑方法可对程序的任意位置进行修改。

2）在程序执行过程中，若要修改程序，则必须点按复位键，终止程序执行，修改完成后，点按循环启动键，重新执行程序。

4. 运行 MDA 指令段

点按机床操作面板上的循环启动键，将连续执行程序；如果要单段执行程序，可先按单段键，然后点按循环启动键，将逐条地执行输入的程序段。

5. 中断 MDA 运行

1）在程序执行过程中，若要暂停程序执行，点按进给保持键，继续执行，点按循环启动键。

2）在程序执行过程中，若要终止程序执行，点按复位键。

（四）坐标系切换

1. 相对坐标系

1）点按按钮，切换至手动模式。

2）点按加工操作键 M ，切换到加工操作方式，如图 13-8 所示。

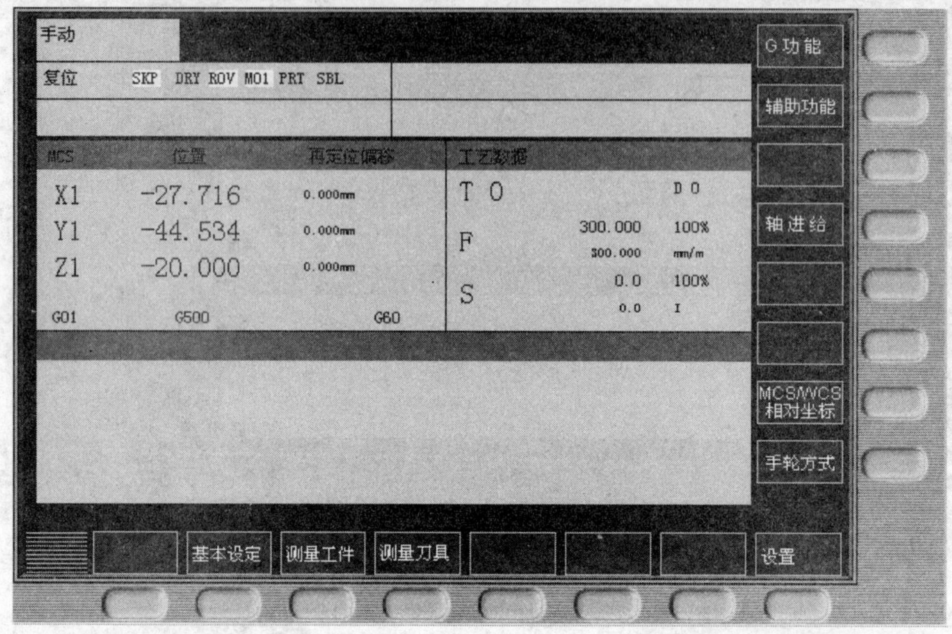

图 13-8 Siemens 802D 数控铣床加工操作方式

3）在图 13-8 中，点按软键 MCS/WCS 相对坐标，系统出现如图 13-9 所示的界面。

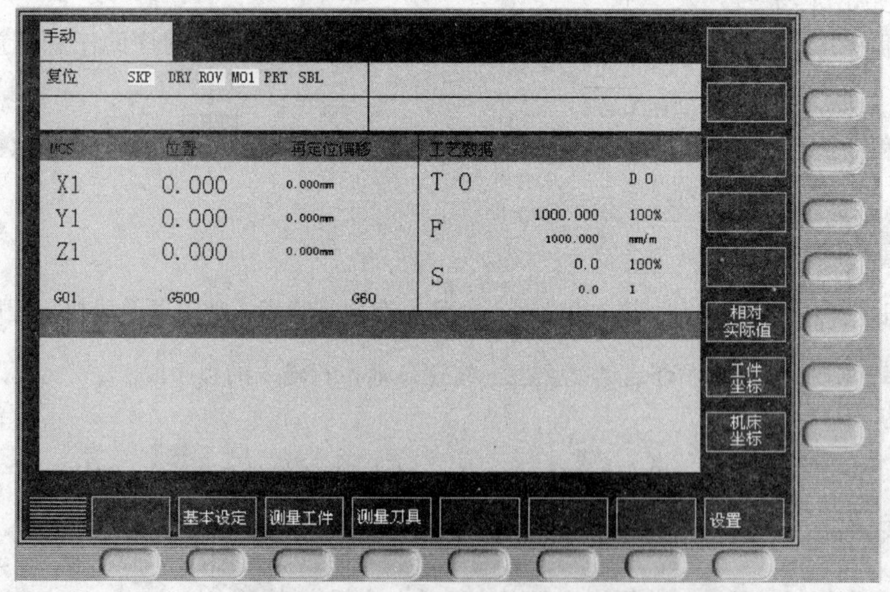

图 13-9 Siemens 802D 数控铣床坐标系选择界面

4）在图 13-9 中，点击软键 相对 实际值，即将系统坐标系切换为相对坐标系，如图 13-10 所

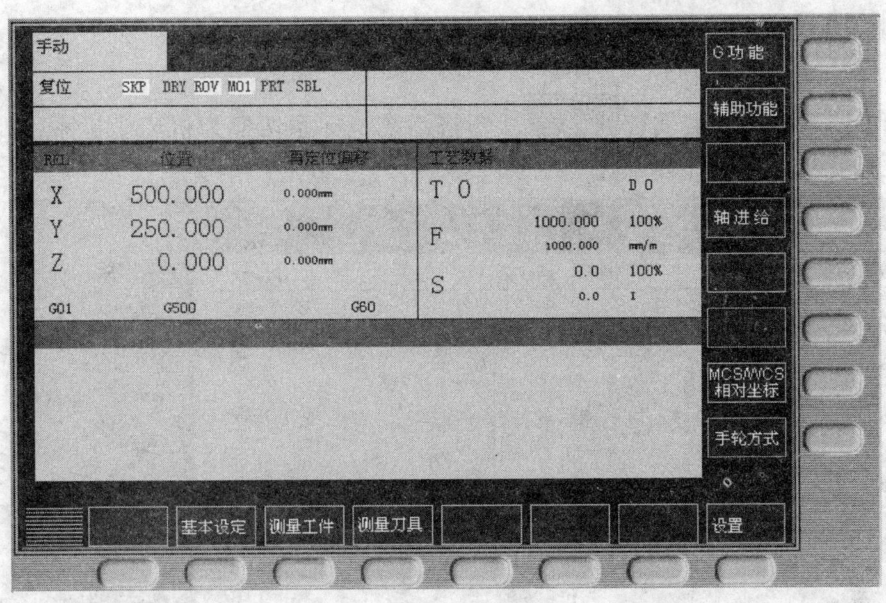

图 13-10　Siemens 802D 数控铣床相对坐标系界面

示，左上角显示“REL”标识。

2. 工件坐标系

步骤 1)、2)、3）同相对坐标系。

4）在图 13-9 中，点击软键 工件坐标，即将系统坐标系切换为工件坐标系，如图 13-11 所示，左上角显示“WCS”标识。

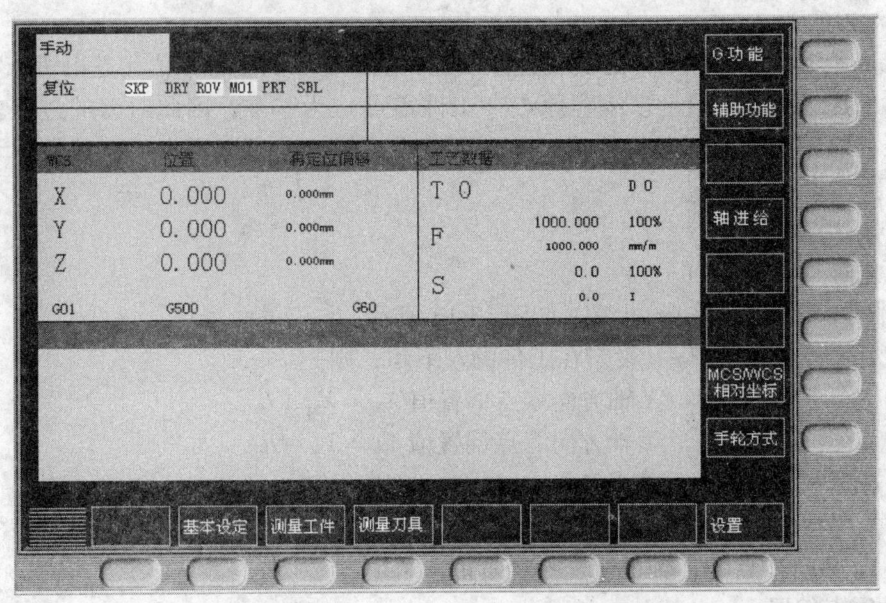

图 13-11　Siemens 802D 数控铣床工件坐标系界面

3. 机床坐标系

步骤1)、2)、3)同相对坐标系。

4)在图13-9中，点击软键 机床坐标，即将系统坐标系切换为机床坐标系，如图13-12所示，左上角显示“MCS”标识。

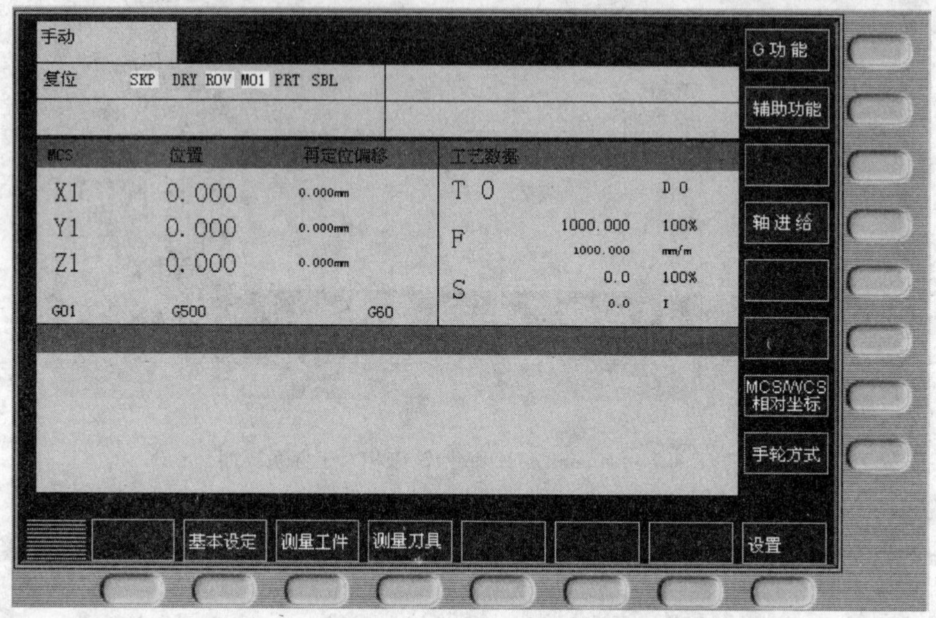

图13-12 Siemens 802D数控铣床机床坐标系界面

三、对刀及数据设置

（一）对刀的意义

在机床回参考点后，存储器的电气坐标系值和机床显示的坐标系值均是以机床零点为基准，而工件的加工程序一般是以编程原点（工件零点）为基准，因此对刀的过程就是建立工件坐标系与机床坐标系之间关系的过程。工件零点相对于机床零点的偏移量称为零点偏值。

（二）对刀的原理

1. X、Y轴零点偏置

X、Y轴方向零点偏置值的计算，如图13-13所示，

假定工件零点（X_W，Y_W）设定在工件的左下角，则

$$X\text{轴方向零点偏置值 } X_W = X_M + R$$

$$Y\text{轴方向零点偏置值 } Y_W = Y_M + R$$

其中，R为对刀所用刀具的半径值；

X_M为对刀点的X轴机床坐标显示值；

Y_M为对刀点的Y轴机床坐标显示值。

2. Z轴零点偏置

Z轴方向零点偏置值的计算，如图13-14所示，

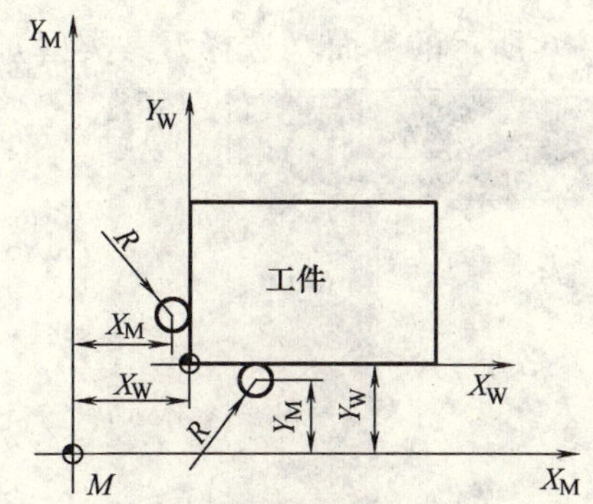

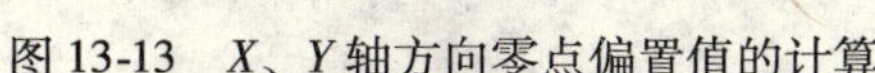
图 13-13　X、Y 轴方向零点偏置值的计算

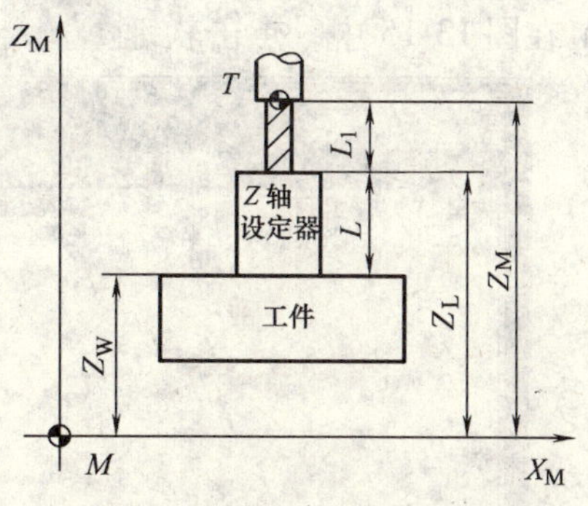

图 13-14　Z 轴方向零点偏置值的计算

假定 Z 轴方向的工件零点设定在工件的上表面，则，

$$Z\text{ 轴方向零点偏置值 } Z_W = Z_M - L_1 - L = Z_L - L$$

其中，Z_M 为刀具参考点的坐标值；

L_1 为刀具相对于刀具参考点的长度；

Z_L 为刀位点的 Z 轴机床坐标显示值（多采用此值）；

L 为 Z 轴设定器或塞尺的厚度；

Z_W 为刀具 Z 轴方向零点偏置值。

（三）对刀操作及参数设置

1. 建立新刀具

操作步骤：

1）在数控系统操作面板上，点按偏移量/参数操作键 Off Para，显示如图 13-15 所示的界面。

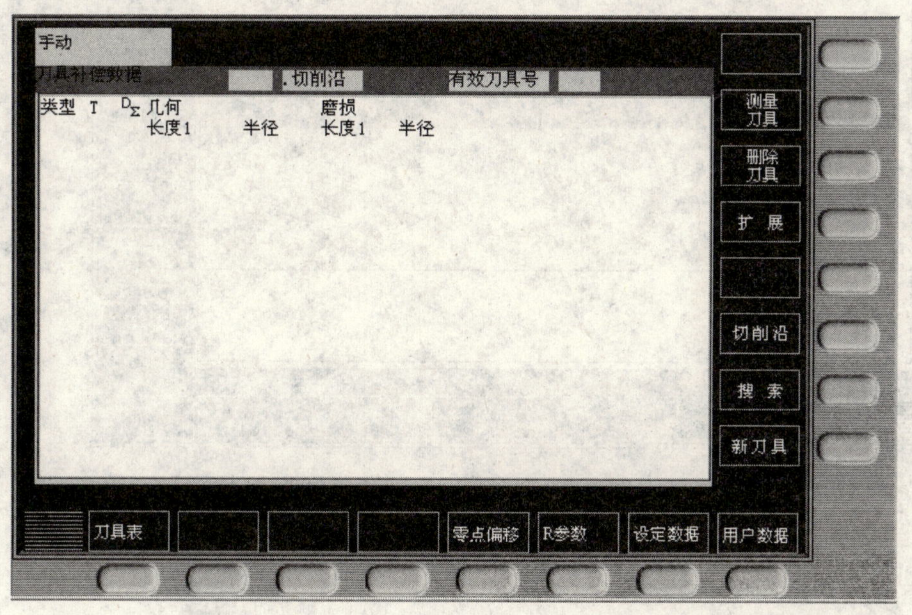

图 13-15　偏移量/参数操作键界面

2）在图 13-15 中，点击软键 新刀具 ，显示如图 13-16 所示的界面（选择刀具类型）。

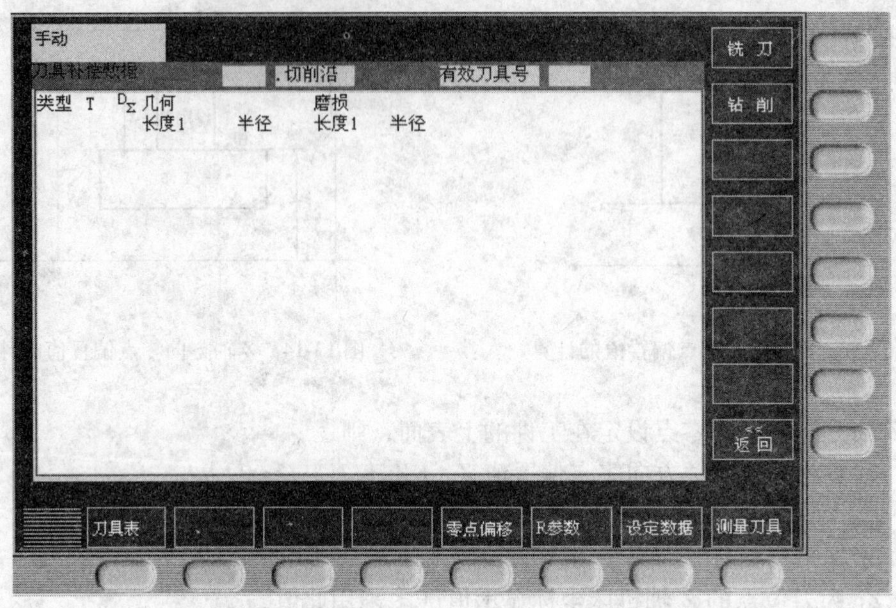

图 13-16 铣刀类型选择界面

3）在图 13-16 中，点击软键 铣 刀 ，显示如图 13-17 所示的界面。

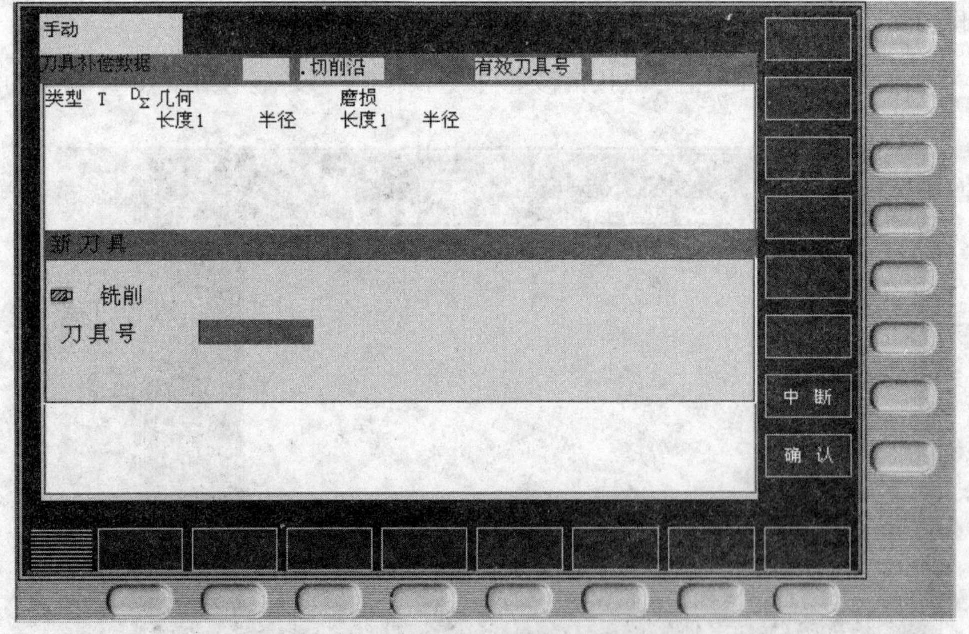

图 13-17 刀具号输入界面

4）在图 13-17 中，键入数字“1”（刀号），然后点击软键 确 认 ，显示如图 13-18 所示的界面。

注意：点击软键 中 断 ，返回“刀具表”界面，不创建任何刀具。

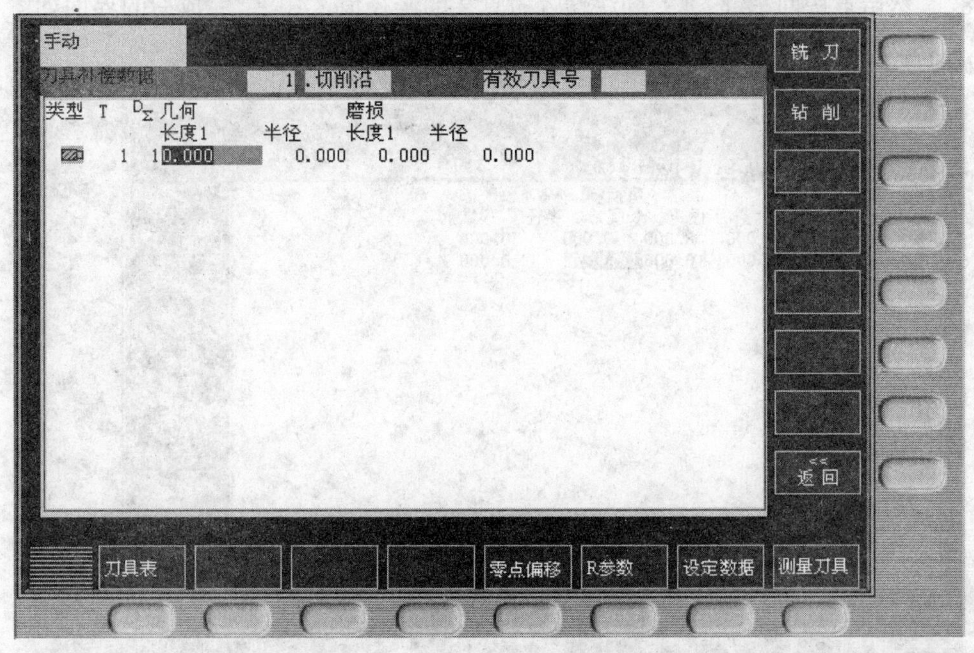

图 13-18　建立刀具后的界面

5）用同样的方法，再建立一把铣刀（刀具号为“2”），完成后显示如图 13-19 所示的界面。

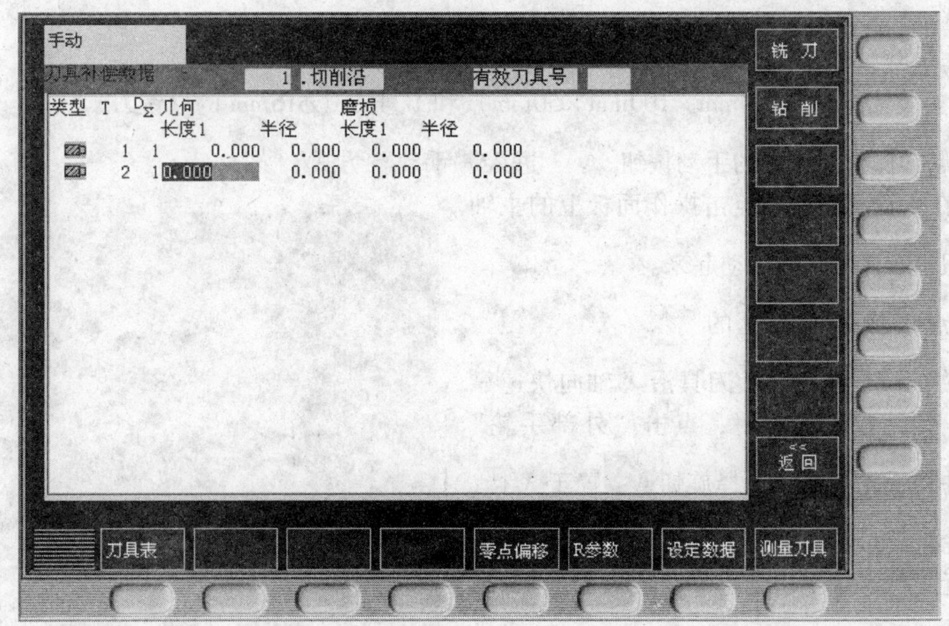

图 13-19　建立两把刀具后的界面

6）在图 13-19 中，用光标键↑、↓、←、→把光标移到刀具 1 的半径列，键入半径值“8”，然后点按回车键；同法输入刀具 2 的半径值“10”，完成后的界面如图 13-20 所示；确认无误后，点按软键改变有效，使新数据生效。

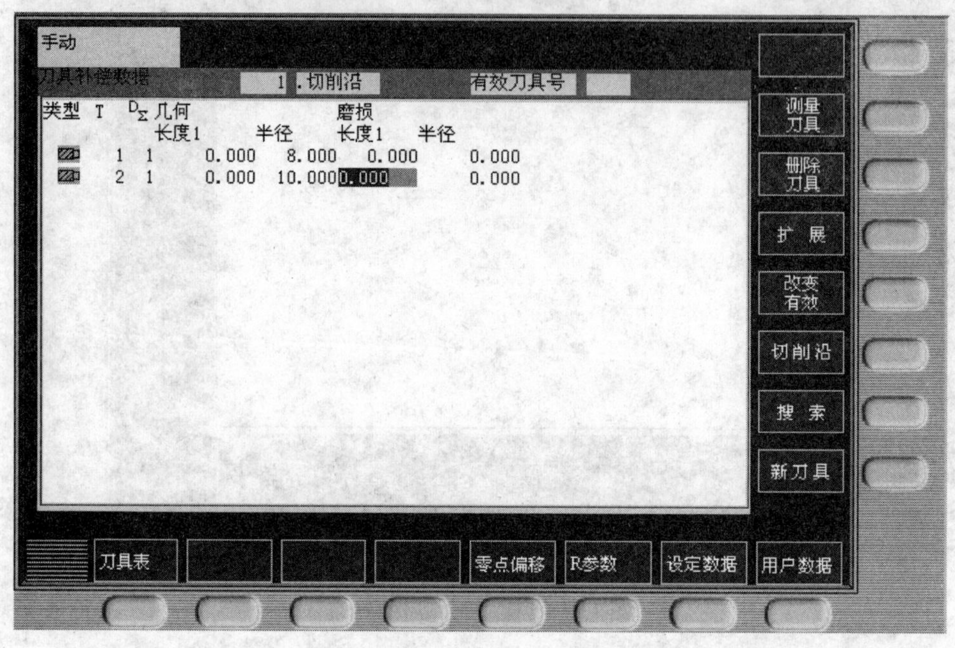

图 13-20 输入刀具半径后的界面

2. *X*、*Y* 轴对刀

操作步骤：

1）安装铝毛坯（100mm×100mm×50mm）和 1 号刀（ϕ16mm 的立铣刀）。

2）点击操作面板中的手动按钮，进入“手动”方式。

3）在手动状态下，点击操作面板上的主轴正转按钮，使主轴转动起来。

4）点击操作面板上的+X、-X、+Y、-Y、+Z、-Z按钮，使刀具沿 *X* 轴向快速靠近毛坯；到达较近位置时，点击“外部手轮”按钮，并将手轮的轴向选择旋钮置于 *X* 档，旋转手轮进给量旋钮至“×1”档位，然后慢速靠近工件，直至切到毛坯，效果如图 13-21 所示。

图 13-21 *X* 轴向对刀效果

5）点按加工操作键M，显示如图 13-22

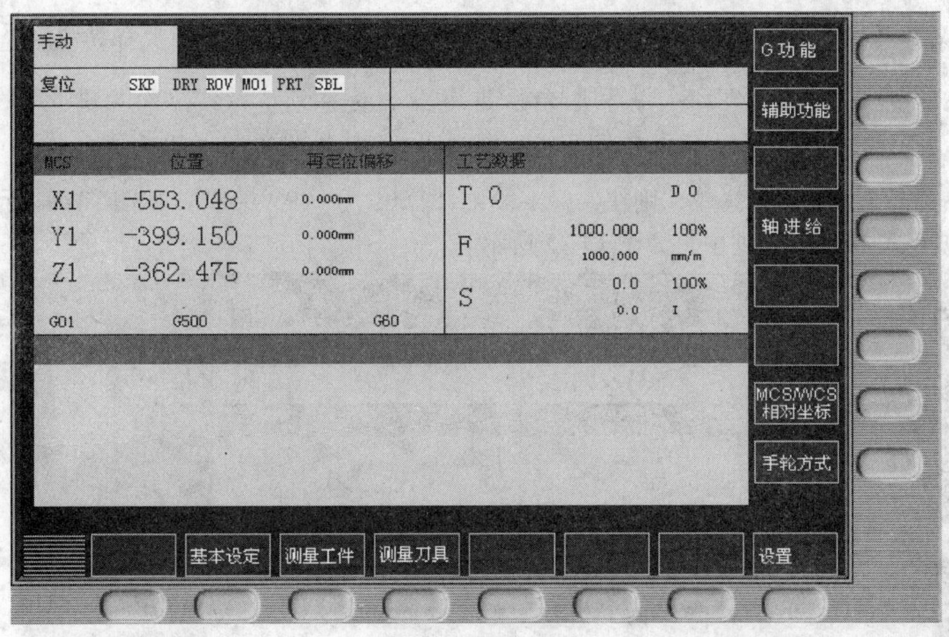

图 13-22　*X* 轴对刀值界面

所示的 *X* 轴对刀值界面。

6）在图 13-22 所示界面中，点击软键 测量工件，显示如图 13-23 所示的 *X* 轴测量工件界面。

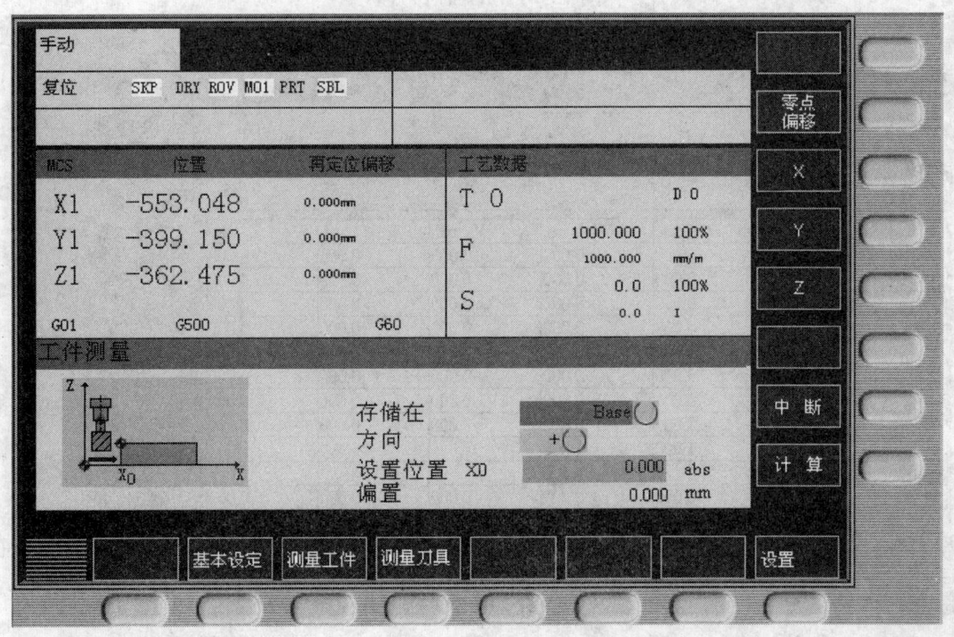

图 13-23　*X* 轴测量工件界面

7）在图 13-23 所示界面中（光标默认在“存储在”字段），点按选择转换键，使“存储在”字段的值变为“G54”；利用光标键把光标移到“设置位置 XO”字段，并键入“58” （假定工件零点在毛坯的中心，如果工件零点设在左下角则键入刀具半径值“8”。），然后点按软键计 算，则在偏置字段中计算出“－495. 048”，如图 13-24 所示，同时该值被存入 G54 的 X 列中，如图 13-25 所示。

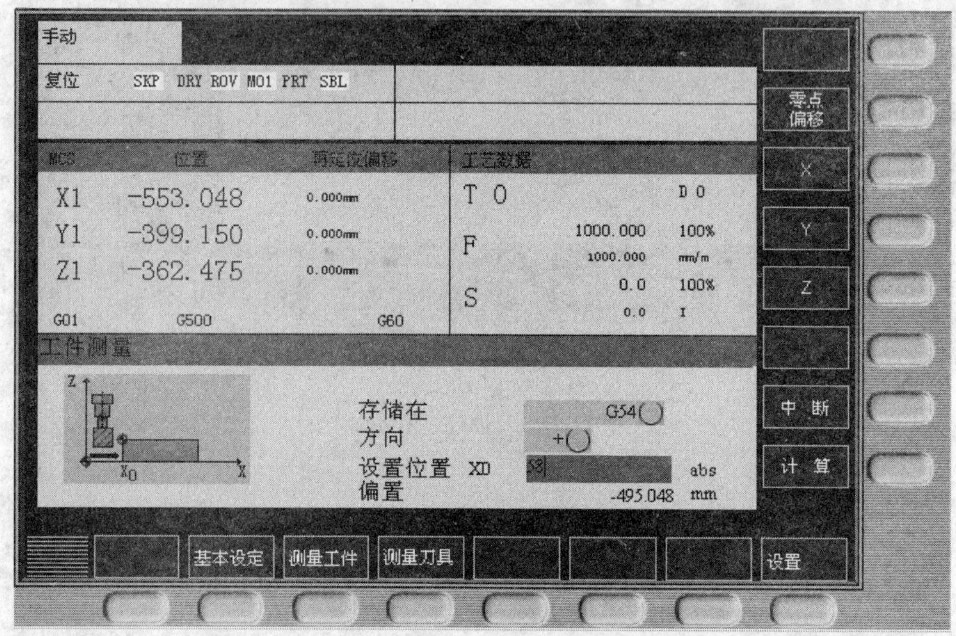

图 13-24 X 轴对刀值

手动

可设置零点偏移

WCS X	-553.048	mm	MCS X1	-553.048	mm
Y	-399.150	mm	Y1	-399.150	mm
Z	-362.475	mm	Z1	-362.475	mm

	X mm	Y mm	Z mm	X rot	Y rot	Z rot
基本	0.000	0.000	0.000	0.000	0.000	0.000
G54	-495.048	0.000	0.000	0.000	0.000	0.000
G55	0.000	0.000	0.000	0.000	0.000	0.000
G56	0.000	0.000	0.000	0.000	0.000	0.000
G57	0.000	0.000	0.000	0.000	0.000	0.000
G58	0.000	0.000	0.000	0.000	0.000	0.000
G59	0.000	0.000	0.000	0.000	0.000	0.000
程序	0.000	0.000	0.000	0.000	0.000	0.000
缩放	1.000	1.000	1.000			
镜像	0	0	0			
全部	0.000	0.000	0.000	0.000	0.000	0.000

下一个轴　测量工件

刀具表　零点偏移　R参数　设定数据　用户数据

图 13-25 X 轴对刀值存入 G54

点按偏置参数键Off Para，显示如图 13-25 所示的可设置零点偏置界面，可见 G54 的 X 值已变为“-495.048”。

8）点击手动按钮，进入“手动”方式；点击+X、-X、+Y、-Y、+Z、-Z按钮，使刀具沿 Y 轴向快速靠近毛坯；到达较近位置时，点击“外部手轮”按钮，并将手轮的轴向选择旋钮置于 Y 档，旋转手轮进给量旋钮至“×1”档位，然后慢速靠近工件，直至切到毛坯，效果如图 13-26 所示。

图 13-26　Y 轴向对刀效果

9）在图 13-24 所示界面中，点按软键 Y，并在“设置位置 YO”字段中键入“58”，然后点按软键 计算，则在偏置字段中计算出“-411.655”，如图 13-27 所示，同时该值被存入 G54 的 Y 列中，如图 13-28 所示。

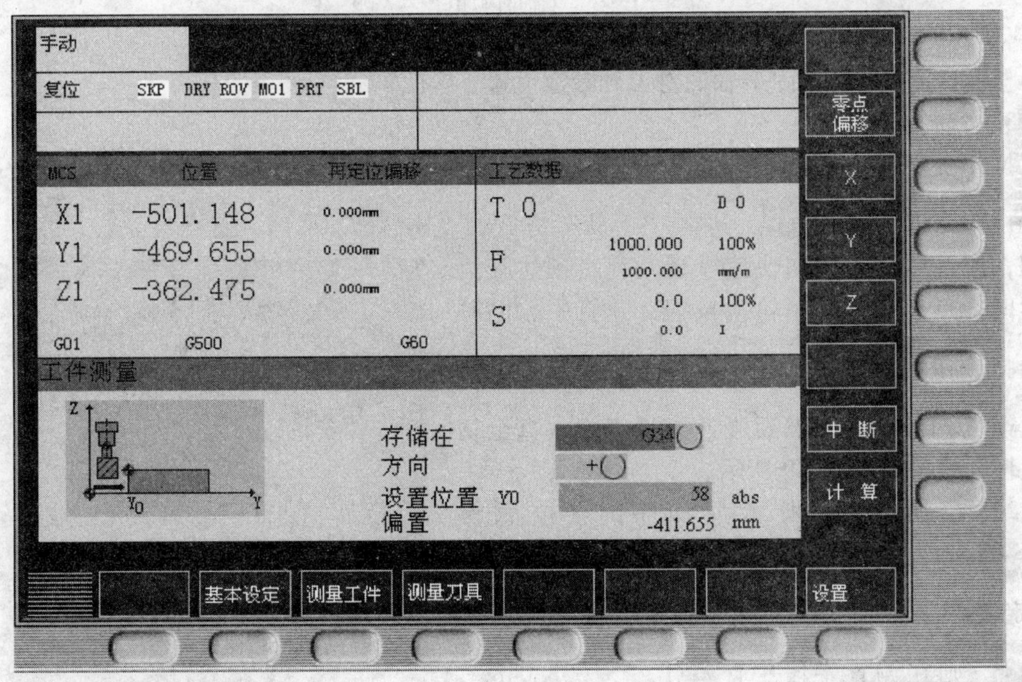

图 13-27　Y 轴对刀值

点按偏置参数键Off Para，显示如图 13-28 所示的可设置零点偏置界面，可见 G54 的 Y 值已变为“-411.655”。

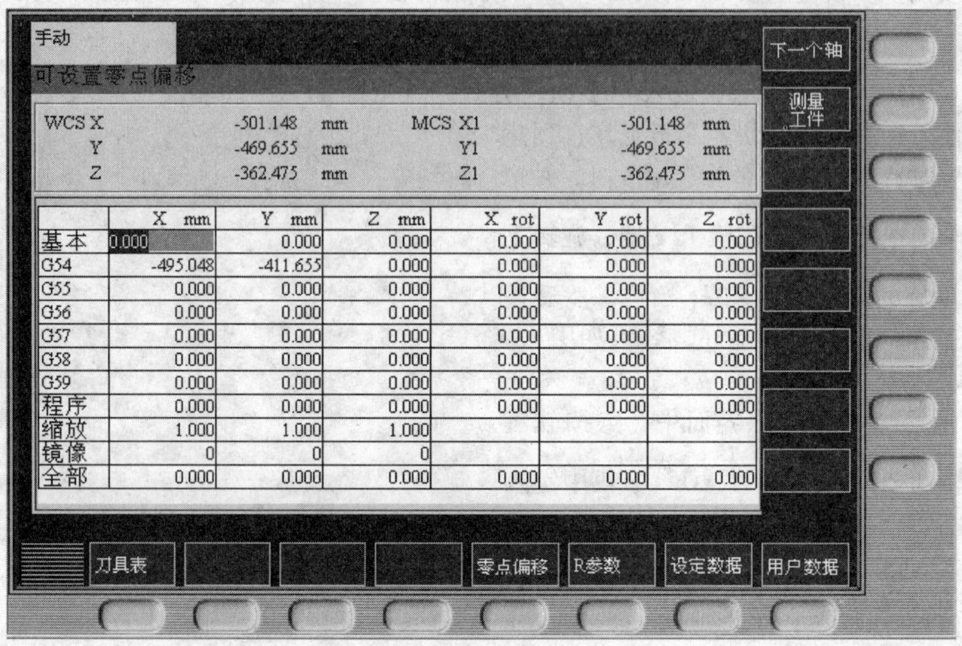

	X mm	Y mm	Z mm	X rot	Y rot	Z rot
基本	0.000	0.000	0.000	0.000	0.000	0.000
G54	-495.048	-411.655	0.000	0.000	0.000	0.000
G55	0.000	0.000	0.000	0.000	0.000	0.000
G56	0.000	0.000	0.000	0.000	0.000	0.000
G57	0.000	0.000	0.000	0.000	0.000	0.000
G58	0.000	0.000	0.000	0.000	0.000	0.000
G59	0.000	0.000	0.000	0.000	0.000	0.000
程序	0.000	0.000	0.000	0.000	0.000	0.000
缩放	1.000	1.000	1.000			
镜像	0	0	0			
全部	0.000	0.000	0.000	0.000	0.000	0.000

图 13-28 *Y* 轴对刀值存入 G54

至此，完成了 *X* 轴、*Y* 轴的对刀和参数设置。

3. *Z* 轴对刀

操作步骤：

1）点击手动按钮，进入“手动”方式；点击 +X、-X、+Y、-Y、+Z、-Z 按钮，使刀具沿 *Z* 轴向快速靠近毛坯；到达较近位置时，点击“外部手轮”按钮，并将手轮的轴向选择旋钮置于 *Z* 档，旋转手轮进给量旋钮至“×1”档位，然后慢速靠近工件，直至切到毛坯，效果如图 13-29 所示。

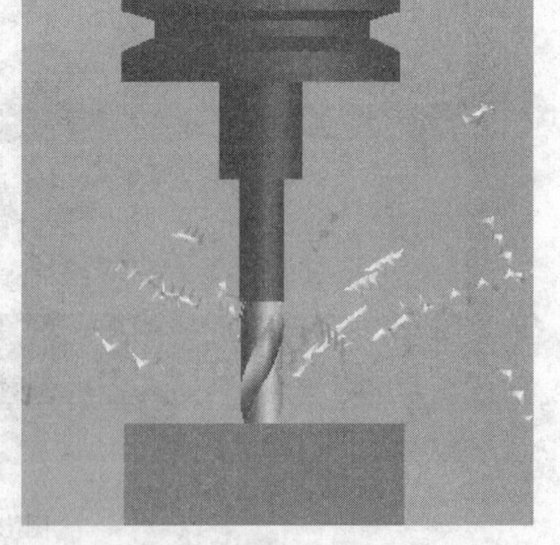

图 13-29 *Z* 轴向对刀效果

2）在图 13-24 所示界面中，点按软键 Z，并在“设置位置 Z0”字段中键入“0”（假定零件上表面为坐标零点），然后点按软键 计 算，则在偏置字段中计算出“-338.048”，如图 13-30 所示，同时该值被存入 G54 的 *Z* 列中，如图 13-31 所示。

点按偏置参数键 Off Para，显示如图 13-31 所示的可设置零点偏置界面，可见 G54 的 *Z* 值已变为“-338.048”。

手动
复位 SKP DRY ROV M01 PRT SBL
MCS 位置 再定位偏移
X1 -501.148 0.000mm
Y1 -426.680 0.000mm
Z1 -338.048 0.000mm
G01 G500 G60
工艺数据
T 0 D 0
F 1000.000 100%
1000.000 mm/m
S 0.0 100%
0.0 I
工件测量
存储在 G54
设置位置 Z0 0 abs
偏置 -338.048 mm
零点偏移
X
Y
Z
中断
计算
基本设定
测量工件
测量刀具
设置

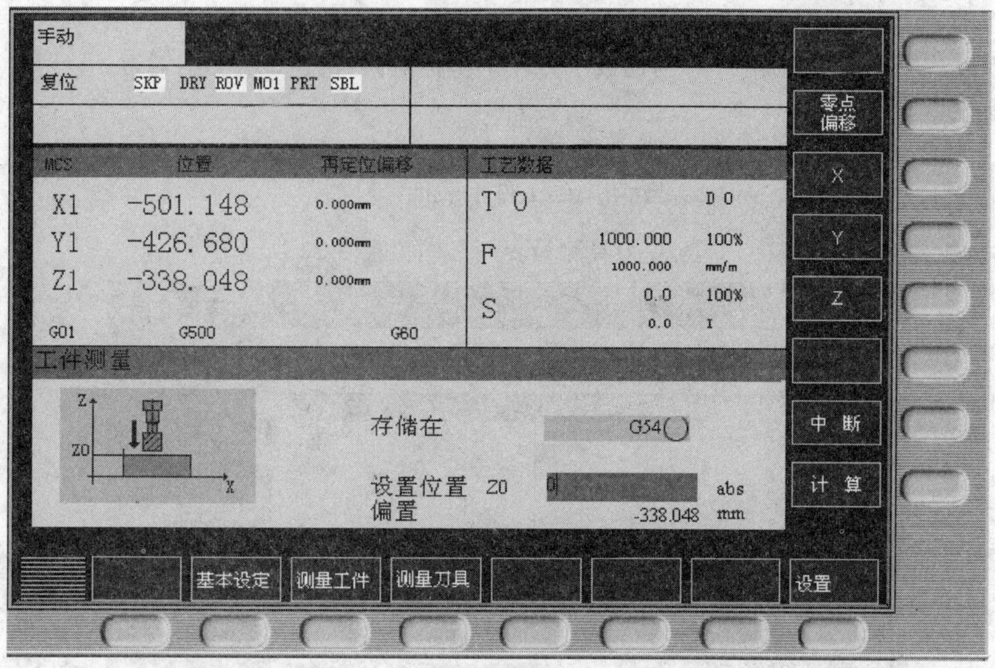

图 13-30 *Z* 轴对刀值

手动
可设置零点偏移
WCS X -501.148 mm MCS X1 -501.148 mm
Y -426.680 mm Y1 -426.680 mm
Z -338.048 mm Z1 -338.048 mm
X mm Y mm Z mm X rot Y rot Z rot
基本 0.000 0.000 0.000 0.000 0.000 0.000
G54 -495.048 -411.655 -338.048 0.000 0.000 0.000
G55 0.000 0.000 0.000 0.000 0.000 0.000
G56 0.000 0.000 0.000 0.000 0.000 0.000
G57 0.000 0.000 0.000 0.000 0.000 0.000
G58 0.000 0.000 0.000 0.000 0.000 0.000
G59 0.000 0.000 0.000 0.000 0.000 0.000
程序 0.000 0.000 0.000 0.000 0.000 0.000
缩放 1.000 1.000 1.000
镜像 0 0 0
全部 0.000 0.000 0.000 0.000 0.000 0.000
下一个轴
测量工件
刀具表
零点偏移
R参数
设定数据
用户数据

图 13-31 *Z* 轴对刀值存入 G54

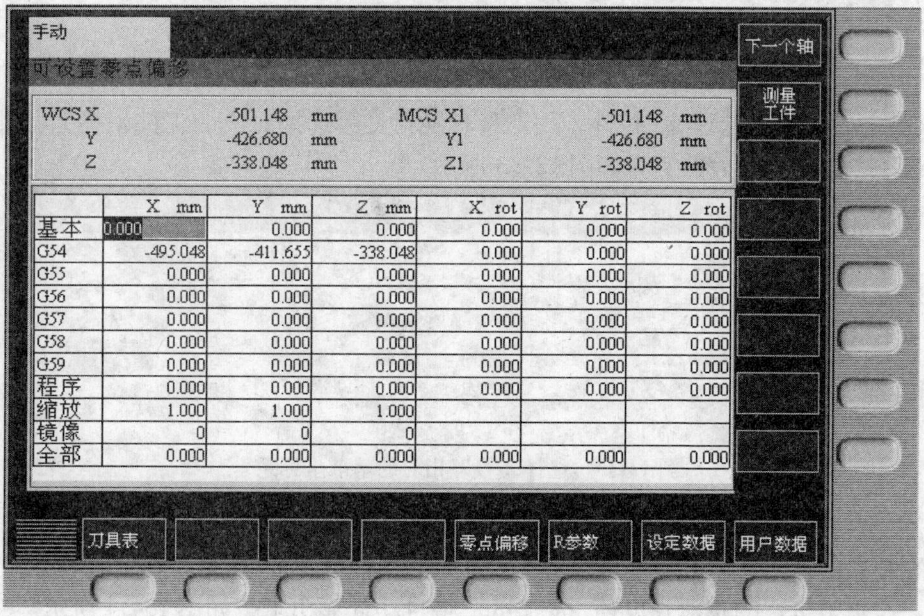

至此，完成了 *X* 轴、*Y* 轴、*Z* 轴的对刀和参数设置。

4. 多把刀对刀

现以 1 号刀为基准刀（1 号刀形成了 G54 的坐标值），讲述 2 号刀的对刀。

操作步骤：

1）将 2 号刀安装到主轴上，并起动主轴。

2）利用手轮移动 2 号刀，直至切削到工件上表面。

3）点击软键测量刀具，进入“刀具测量界面”，如图 13-32 所示。

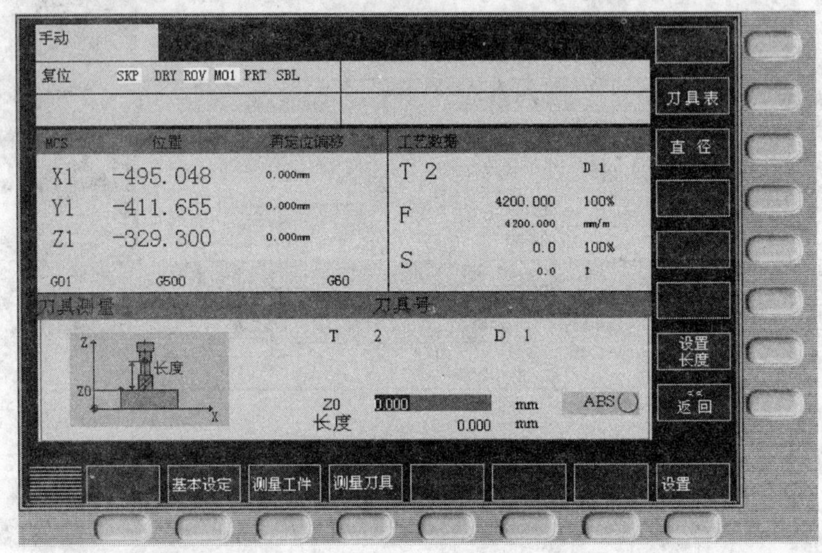

图 13-32 刀具测量界面

4）将光标移动到ABS控件，用选择转换键选择对应的工件坐标系，此处选择“G54”，“刀具测量”对话框变为如图 13-33 所示。

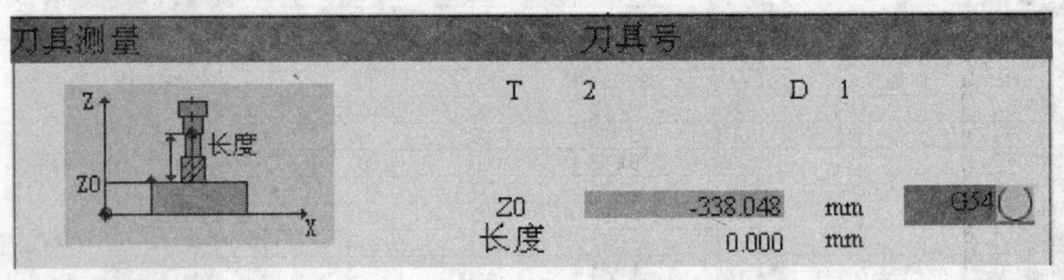

图 13-33 选择 2 号刀相对的基准坐标系

5）在图 13-32 中，点击设置长度软键，2 号刀的当前 *Z* 坐标值（-329.3）相对于基准 *Z* 坐标值（-338.048）的相对长度值（8.748）将自动计算出来，如图 13-34 所示。

同时，自动计算得到的数据（8.748）将被自动记录到刀具表对应的位置中，如图 13-35 所示。

至此，完成了 2 号刀的对刀，若还有其他刀具，可依此法完成所有刀具的对刀。

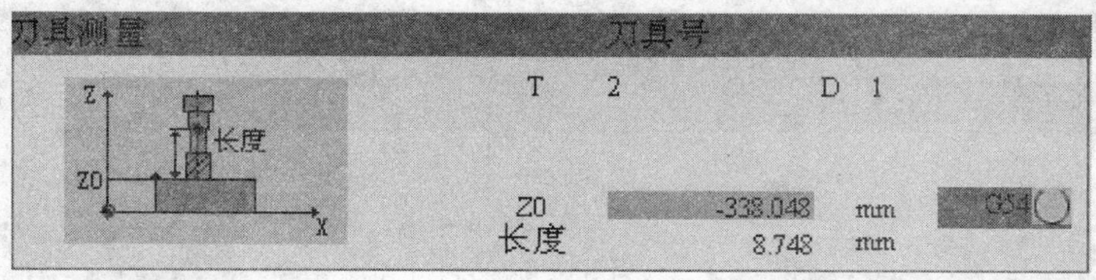

图 13-34 计算出 2 号刀的相对长度偏置值

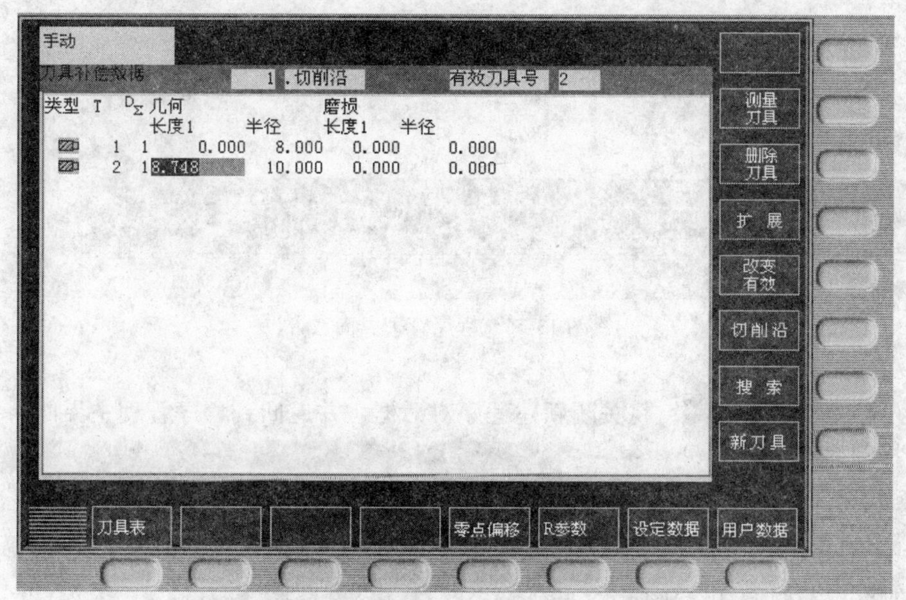

图 13-35 2 号刀相对长度偏置值被存入刀具表

四、程序的处理与自动运行

（一）程序的建立与选择

1. 新建程序

操作步骤：

1）在系统操作面板上，点按“程序管理器”（Program manager）键，进入程序管理界面，如图 13-36 所示。

2）在图 13-36 中，点击新程序软键，弹出如图 13-37 所示对话框。

3）在图 13-37 中，输入程序名（如：TEST01）。

注意：①若没有扩展名，系统自动添加“.MPF”为扩展名；子程序扩展名“.SPF”须随文件名一起输入。

②输入新程序名必须遵循以下原则：开始的两个符号必须是字母；其后的符号可以是字母，数字或下划线；最多为 16 个字符，不得使用分隔符。

4）点按确认键，生成新程序文件，并进入到编辑界面，如图 13-38 所示。

图 13-36 程序管理界面

注意：若按软键中 断，将关闭新建程序对话框，并返回到程序管理主界面。

2. 选择程序

图 13-37 新建程序对话框

1）在系统面板上，点按“程序管理器”（Program manager）键，系统将进入如图 13-39 所示的界面，显示已有程序列表。

图 13-38 程序编辑界面

图 13-39　程序管理器界面

2）在程序目录中，用光标键↑、↓移动选择条，选择要打开的程序（如 MYHDF），然后按软键 打 开 ，选择的程序将被打开，在屏幕的状态区将显示此程序的名称（如 MYH-DF. MPF），如图 13-40 所示。

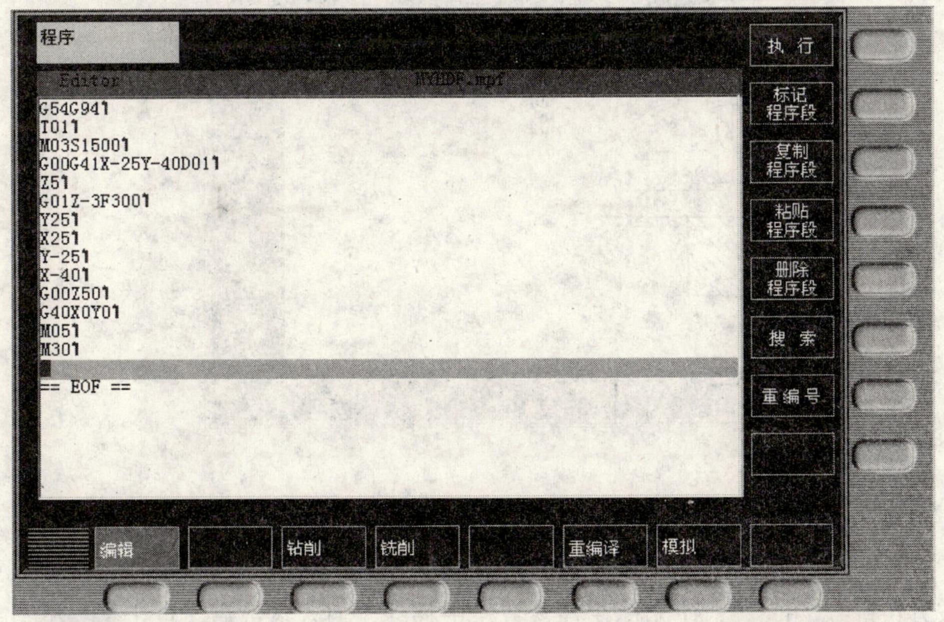

图 13-40　打开程序界面

（二）程序的编辑

1. 程编界面的功能介绍

1）在其他界面下，点按系统面板中的键，可进入到编辑程序界面，其中的程序为以前载入的程序。

2）输入程序，程序立即被存储。

3）点按软键 执行 ，则选择当前编辑程序为运行程序。

4）按下软键 标记程序段 ，开始标记程序段，所标记区域将作为“块”，可用于“复制”或“删除”等操作。

5）点按软键 复制程序段 ，将当前选中的程序“块”拷贝到剪切板。

6）点按软键 粘贴程序段 ，将当前剪切板中的文本粘贴到当前光标所在位置。

7）点按软键 删除程序段 ，将删除当前选择的程序“块”。

8）点按软键 重编号 ，将重新编排行号。

9）点按软键 搜索 ，可用于在较长程序中搜索所需要的特定文本或行号。

2. 固定循环

在如图 13-40 所示界面中，分别点击 钻削 与 铣削 软键，可进入相应类型的固定循环选择子界面。在子界面（例如“钻削”子界面）中，根据需要，点按某一固定循环对应的软键（例如 钻削沉孔 软键），即可进入相应于该固定循环的参数设置界面（如图 13-41 所示）。

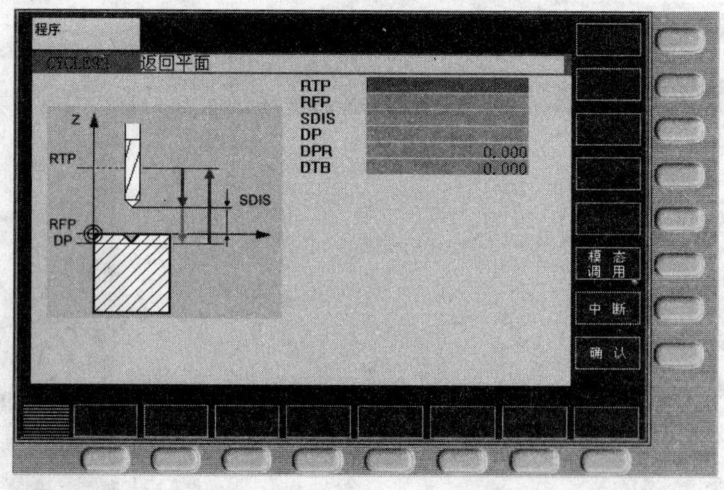

图 13-41　钻削沉孔参数设置界面

点按方位键↑和↓，使光标在各参数栏中移动，输入参数后，点击 确认 软键，即可自动生成固定循环程序并插入到光标位置（如图 13-42 所示的“CYCLE82”对应的程序段）。

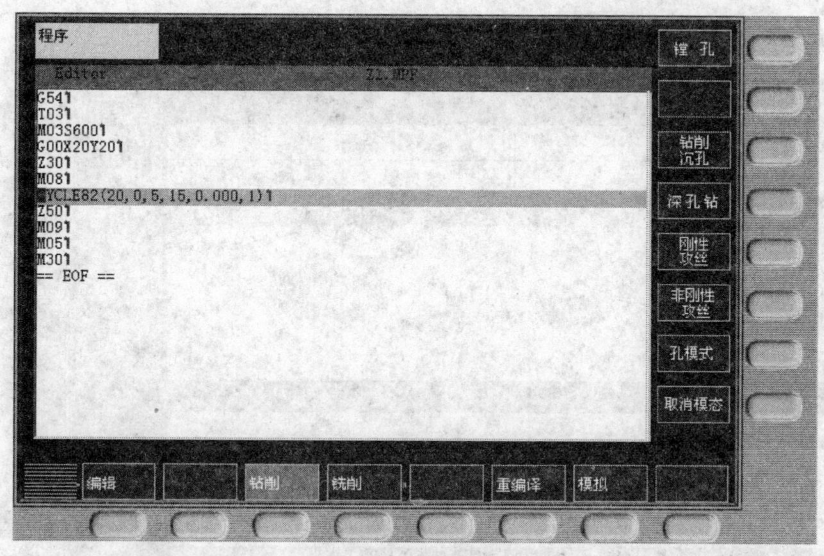

图 13-42 钻削沉孔程序

（三）程序的控制与运行

1. 程序的控制

1）点按自动键，切换至自动模式。

2）点按加工操作键，切换到加工操作区域，如图 13-43 所示。

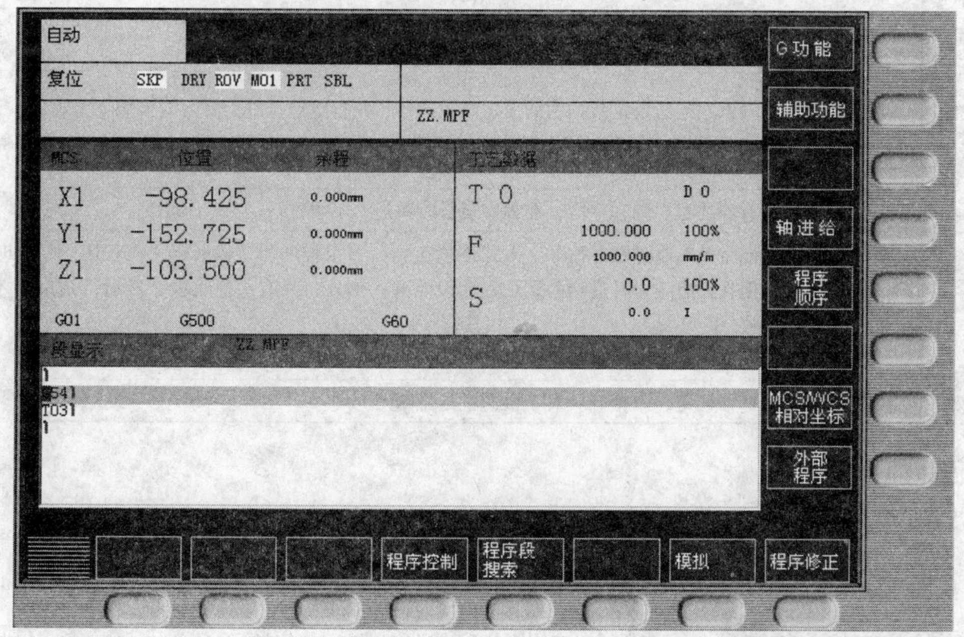

图 13-43 加工操作区域界面

3）在图 13-43 中，点按程序控制软键，显示如图 13-44 所示界面。

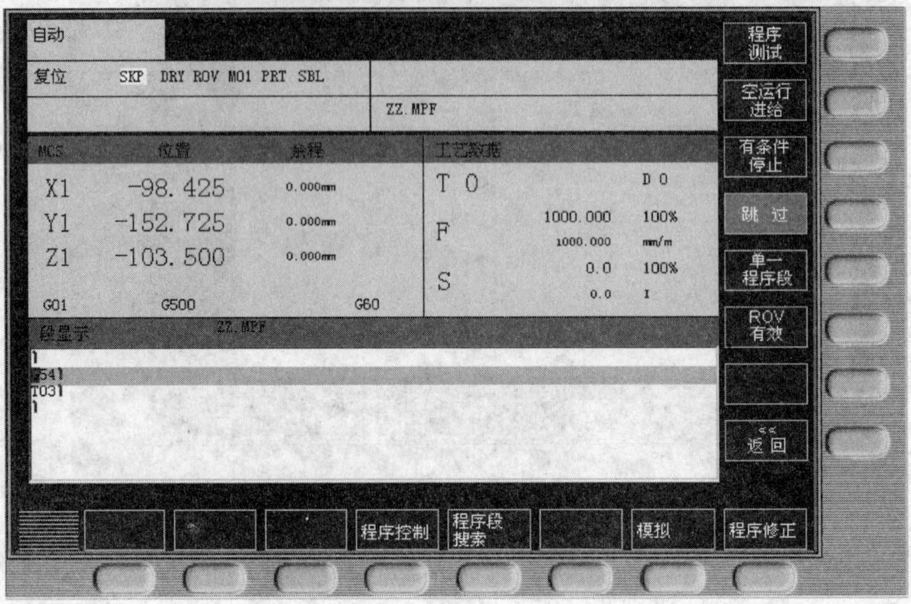

图 13-44 程序控制界面

4）图 13-44 中的各软键功能，见表 13-3 所述。

表 13-3 程序控制中状态说明

软 键	显示	说 明
程序测试	PRT	在程序测试方式下，所有到进给轴和主轴的给定值被禁止输出，机床不动，但显示运行数据
空运行进给	DRY	进给轴以空运行设定数据中的设定参数运行，执行空运行进给时，编程指令无效
有条件停止	M01	程序在执行到有 M01 指令的程序时，停止运行
跳过	SKP	前面有斜线标志的程序段，在程序运行时跳过，不予执行（如/N100G…）
单一程序段	SBL	此功能生效时零件程序按如下方式逐段运行：每个程序段逐段解码，在程序段结束时有一暂停，但在没有空运行进给的螺纹程序段时为一例外，只有在螺纹程序段运行结束后才会产生一暂停 单段功能，只有处于程序复位状态时才可以选择
ROV 有效	ROV	按快速修调键，修调开关对于快速进给生效

2. 程序的校验

1）点按自动键，切换至自动模式。

2）在图 13-40 所示的界面中，点按软键执行，选择执行程序。

3）点按加工操作键M，切换到加工操作区域，如图 13-45 所示。

4）在图 13-45 所示的自动模式界面下，点按软键模拟，系统进入模拟图形显示界面。

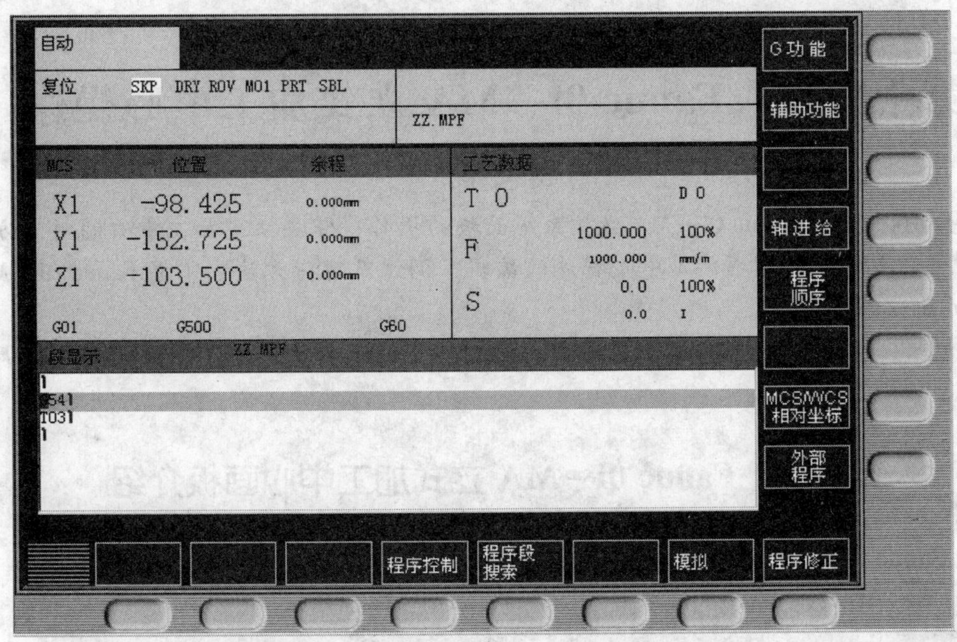

图 13-45 加工操作区域界面

5）点按循环启动键，开始模拟执行程序，执行完后，则可看到加工的轨迹。

3. 程序的运行

前置条件：当前为自动运行方式且已经选择了待加工的程序。

1）点按加工操作键，切换到加工操作区域。

2）点按循环启动键，开始自动执行程序。

复习思考题

13-1 说明 Siemens 802D 数控铣床开机和回零操作的过程。

13-2 Siemens 802D 数控铣床中，移动坐标轴有哪些方法？

13-3 Siemens 802D 数控铣床中，如何进行手动数据输入（MDA）操作？

13-4 Siemens 802D 数控铣床中，如何进行坐标系转换？

13-5 如何进行 Siemens 802D 数控铣床的多刀对刀操作和参数设置？

13-6 Siemens 802D 数控铣床中，如何进行程序调试并运行程序？

第十四章　Fanuc 0i—MA 立式加工中心操作

学习目的：熟悉 Fanuc 0i—MA 数控系统面板的操作；掌握立式加工中心的对刀方法及刀具补偿参数的录入；掌握加工中心程序的编辑、调试及运行方法；掌握 Fanuc 0i—MA 数控系统 MDI 方式操作。

学习重点：Fanuc 0i—MA 立式加工中心的对刀方法及参数输入；程序的编辑、调试及运行。

第一节　Fanuc 0i—MA 立式加工中心面板介绍

一、Fanuc 0i—MA 数控系统操作面板介绍

Fanuc 0i—MA 数控系统的屏幕及 MDI 面板，如图 14-1 所示。

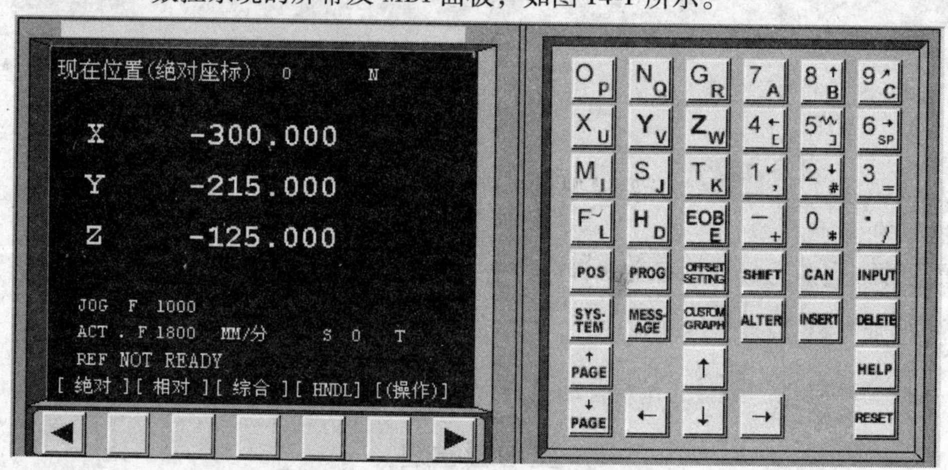

图 14-1　Fanuc 0i—MA 数控系统屏幕

MDI 面板的主要功能键，见表 14-1。

表 14-1　Fanuc 0i—MA 加工中心 MDI 面板的主要功能键

按　钮	名　称	功 能 简 介
POS	位置键	按下该键，切换显示界面到机床位置界面
PROG	程序键	按下该键，切换显示界面到程序管理界面
OFFSET SETTING	偏置/设置参数键	按下该键，切换显示界面到偏置/设置界面
SHIFT	换档键	对于 MDI 键盘上具有两种功能的键，进行功能转换，以 7 A 键为例说明如下：用了换档键，按下该键时，输入的是下位字符 A；未用换档键，按下该键时，输入的是上位数字 7

（续）

按 钮	名 称	功 能 简 介
CAN	取消键	按下该键，删除最后一个进入输入缓存区的字符、符号或数字
INPUT	输入键	在参数输入时，先按数字键，再按该键，可将数据输入到缓存区并且显示在屏幕上；该键与软键上的[INPUT]键是等效的
SYS-TEM	系统键	按下该键，切换显示界面到系统管理界面
MESS-AGE	信息键	按下该键，切换显示界面到报警信息界面
CUSTOM GRAPH	图形键	程序校验时，按下该键，切换显示界面到运行轨迹验证界面
ALTER	替换键	编辑程序时，用输入内容替换光标处的内容
INSERT	插入键	1）编辑程序时，在光标处插入内容 2）插入新程序
DELETE	删除键	1）编辑程序时，删除光标处的内容 2）删除程序
RESET	复位键	按下该键可以使 CNC 复位或者取消报警等
↑ PAGE	向上翻页键	该键用于将屏幕显示的页面往回翻页
↓ PAGE	向下翻页键	该键用于将屏幕显示的页面向前翻页
HELP	帮助键	当对 MDI 键的操作有问题时，按下该键可以获得帮助
↑ ← → ↓	光标移动键	↑：该键用于将光标以行为单位向上移动 ←：该键用于将光标以字符为单位向左或者往回移动 →：该键用于将光标以字符为单位向右或者向前移动 ↓：该键用于将光标以行为单位向下移动
	功能软键	在不同的显示界面下，功能软键有不同的功能，软键功能对应于显示界面底端的文字
O P ～ · /	地址和数字键	按下这些键可以输入字母、数字或者其他字符

二、Fanuc 0i—MA 立式加工中心机床操作面板介绍

Fanuc 0i—MA 机床操作面板，如图 14-2 所示，主要用于控制机床运行状态，它由模式

选择旋钮、进给速度控制旋钮、主轴速度控制旋钮、手轮操作旋钮以及程序运行控制按钮等组成。

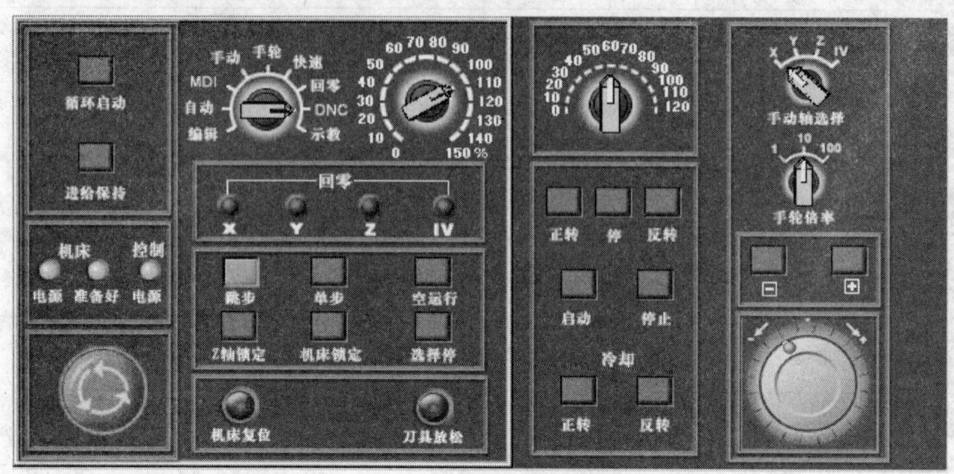

图 14-2 Fanuc 0i—MA 机床操作面板

机床操作面板的主要功能键及旋钮，见表 14-2。

表 14-2 Fanuc 0i—MA 加工中心机床操作面板的主要功能键及旋钮

按 键	名 称	功 能	
循环自动	循环启动键	在系统处于自动运行或 MDI 模式时,按下该键,程序开始自动执行	
进给保持	进给保持键	在程序运行过程中,按下此键,程序运行暂停;再按"循环启动键",程序则从暂停的位置继续执行	
	紧急停止键	按下急停按钮,机床移动立即停止,并且所有的输出,如主轴的转动等都会关闭	
手动 手轮 快速 MDI 回零 自动 DNC 编辑 示教	模式选择旋钮	DNC	进入 DNC 模式,用于连接外部设备输入、输出资料
		回零	进入回零模式,机床必须首先执行回零操作,然后才可以运行
		快速	进入快速模式,快速移动机床
		手轮	进入手轮模式,用手轮操作机床移动
		手动	进入手动模式,连续移动机床
		MDI	进入 MDI 模式,输入程序段并按"循环启动键"执行指令
		自动	进入自动加工模式,按"循环启动键"程序将自动执行
		编辑	进入编辑模式,可通过 MDI 操作面板直接输入数控程序和编辑程序
0 10 20 30 40 50 60 70 80 90 100 110 120 130 140 150 %	进给倍率调节旋钮	用于调节机床的进给速度,机床实际移动速度等于程序指定速度乘以进给倍率	

（续）

按　键	名　称	功　能
 跳步	跳步键	当按下此按钮时，前面有“/”符号的程序段，在程序执行时将被忽略
 单步	单步键	按下此键运行程序时，每按一下“循环启动”按钮，系统只执行一条数控指令
 空运行	空运行键	按下此键，进入空运行模式，机床运行速度由设定的空运行参数决定
 Z 轴锁定	Z 轴锁定键	按下此键，机床在 Z 方向不能移动
 机床锁定	机床锁定键	按下此键，锁定机床在各个方向上的移动
 选择停	选择停止键	按下此键，程序中的“M01”代码起作用；释放此键，程序中的“M01”代码不起作用
 机床复位	机床复位指示灯	机床处于复位状态时，该指示灯亮
 0 10 20 30 40 50 60 70 80 90 100 110 120	快速进给倍率旋钮	通过旋转该旋钮可以调节机床快速进给的速率
 − +	机床移动方向键	用于控制机床进给轴正向移动、负向移动
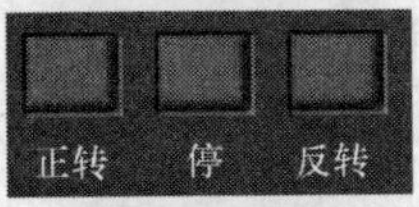 正转　停　反转	主轴控制键	此三键，从左到右，分别用于控制主轴正转（逆时针）、停止、反转（顺时针）
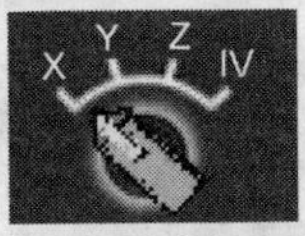 X Y Z IV	手动轴选择旋钮	用于选择机床进给轴
 1 10 100	手轮倍率选择旋钮	在手轮方式下，用于选择机床的移动速率：1、10、100 分别代表移动量为 0.001mm、0.01mm、0.1mm
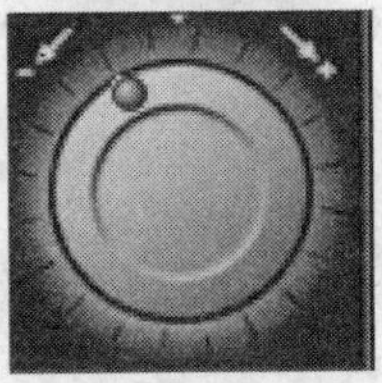	手轮	在手轮方式下，转动该轮，可控制机床进给轴正向移动（顺时针转动）、负向移动（逆时针转动）

第二节 Fanuc 0i—MA 立式加工中心基本操作

一、开机及回零操作

（一）开机

操作步骤：

1）合上车间里控制立式加工中心的总电源。

2）旋合机床电源至“ON”位置。

3）在机床操作面板上，点按“电源 ON”按钮，给数控系统上电。

4）待数控系统启动结束，机床面板上的指示灯亮时，检查急停按钮是否松开至状态，若未松开，顺时针旋转急停按钮，将其松开。

5）点按复位按钮RESET，解除报警信息。

（二）回零

1. 进入回参考点模式

旋转工作方式选择旋钮至“回零”方式，如图 14-3a 所示。

2. 回参考点操作步骤

（1）*X* 轴回参考点

1）在手动轴选择旋钮中，选择“X”，如图 14-3b 所示。

2）点按进给方向“+”键，如图 14-3c 所示。

3）机床开始 *X* 轴回零运动，直至机床坐标 *X* 值显示为“0.0”，回零指示灯亮，如图 14-3d 所示。

（2）*Y* 轴回参考点

1）在手动轴选择旋钮中，选择“Y”。

2）点按进给方向“+”键。

3）机床开始 *Y* 轴回零运动，直至机床坐标 *Y* 值显示为“0.0”，回零指示灯亮，如图 14-3d 所示。

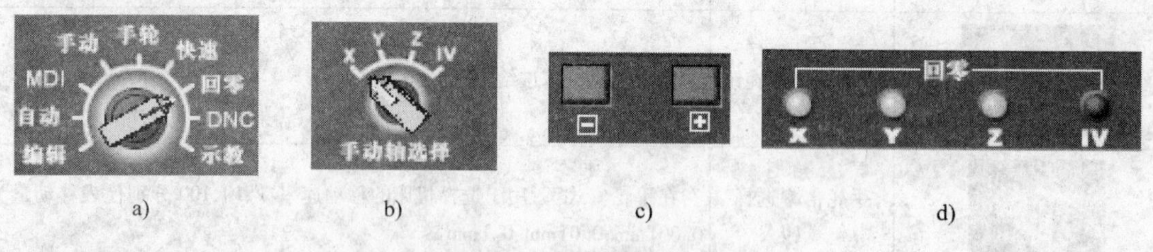

a) b) c) d)

图 14-3 回零操作

a）“回零”方式 b）“X”进给轴选择 c）“回零”方向 d）回零指示灯

（3）*Z* 轴回参考点

1）在手动轴选择旋钮中，选择“*Z*”。

2）点按进给方向“+”键。

3）机床开始 Z 轴回零运动，直至机床坐标 Z 值显示为“0.0”，回零指示灯亮，如图 14-3d 所示。

回参考点后的界面，如图 14-4 所示。

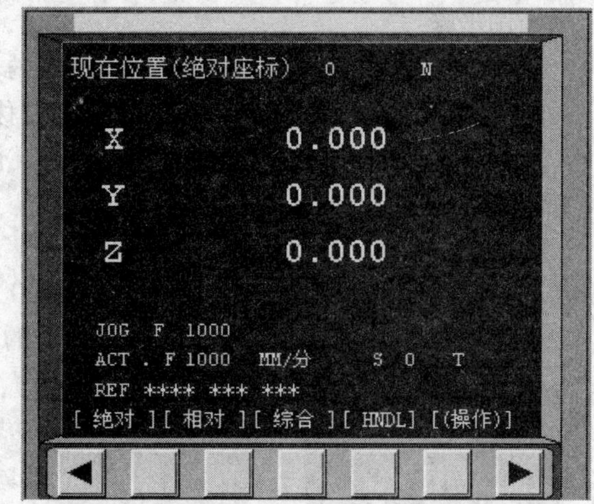

图 14-4　回零操作后的界面

（三）复位

在各种方式下，点按复位键 RESET，可将机床置于复位状态。

二、机床手动操作

（一）坐标轴移动

1. 快速进给

操作步骤：

1）旋转工作方式选择旋钮至“快速”方式，如图 14-5a 所示。

2）在手动轴选择旋钮中，根据需要选择移动轴（如“Y”轴），如图 14-5b 所示。

3）根据移动方向，点按“+”键或“-”键，如图 14-5c 所示，机床将以设定的参数值沿着指定轴向快速移动。

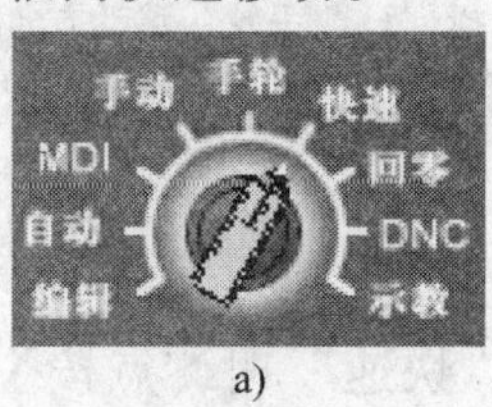

a)

b)

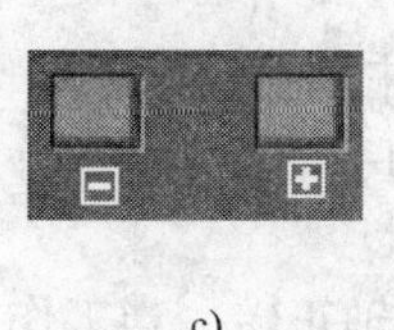

c)

图 14-5　“快速”进给操作

a）“快速”工作方式选择　b）快速进给轴选择　c）“快速”移动方向选择

2. 手动（增量）进给

操作步骤：

1）旋转工作方式选择旋钮至“手动”方式，如图 14-6a 所示。

2）在手动轴选择旋钮中，根据需要选择移动轴（如“Z”轴），如图 14-6b 所示。

3）根据所需的移动速度，旋转“手轮”倍率旋钮至目标档位（如：×10），如图 14-6c 所示。

4）根据移动方向，点按“+”键或“-”键，如图 14-6d 所示，机床将以“手轮”倍率设定值（×10 对应 0.01mm）沿着指定轴向增量移动。

注意：各轴是以数字增量的方式动作的。

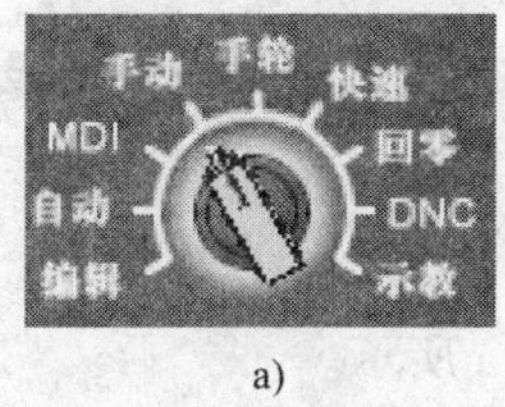

a)

b)

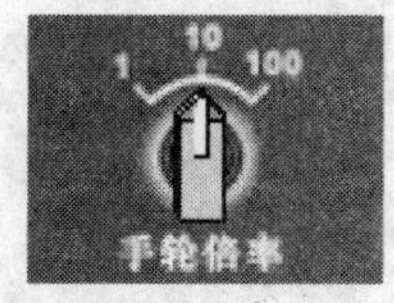

c)

d)

图 14-6　手动（增量）进给操作

a）“手动”工作方式选择　b）手动进给轴选择　c）“手动”倍率选择　d）“手动”移动方向选择

3. 手轮进给

操作步骤：

1）旋转工作方式选择旋钮至“手轮”方式，如图 14-7a 所示。

2）在手动轴选择旋钮中，根据需要选择移动轴（如“Z”轴），如图 14-7b 所示。

3）根据所需的移动速度，旋转“手轮”倍率旋钮至目标档位（如：×100），如图 14-7c 所示。

4）根据移动方向，顺时针（“+”向）或逆时针（“-”向）旋转手轮，如图 14-7d 所示，机床将以“手轮”倍率设定值（×100 对应 0.1mm）沿着指定轴向增量移动。

注意：各轴也是以数字增量的方式动作的。

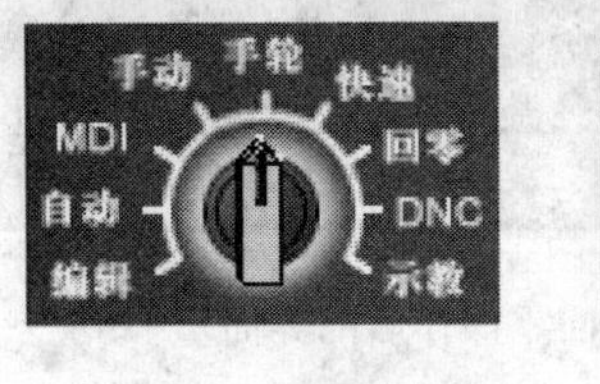

a)

b)

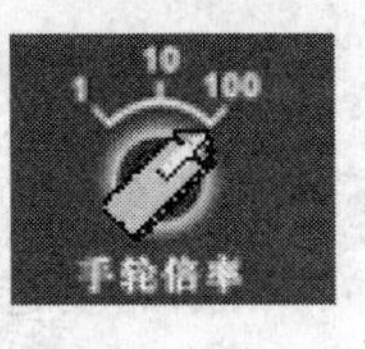

c)

d)

图 14-7 “手轮”进给操作

a）“手轮”工作方式选择 b）手轮进给轴选择 c）“手轮”倍率选择 d）“手轮”移动方向选择

（二）主轴控制

1. 主轴手动控制

（1）主轴正转 当工作方式选择“手动”、“手轮”或“快速”时，点按主轴正转按钮，主轴即开始逆时针转动。

（2）主轴反转 当工作方式选择“手动”、“手轮”或“快速”时，点按主轴反转按钮，主轴即开始顺时针转动。

（3）主轴停止 在主轴正转或反转状态下，点按主轴停止按钮，主轴即停止转动。

2. 主轴手动变速

在主轴正转或反转状态下，旋转主轴倍率修调旋钮，可调节主轴转速。

（三）手动数据输入（MDI）运行

1. 进入 MDI 操作界面

1）旋转工作方式选择旋钮至“MDI”档位，如图 14-8a 所示，机床切换到 MDI 工作方式。

2）点按程序键 PROG，机床显示界面切换至 MDI 界面，如图 14-8b 所示，屏幕左下角显示当前操作模式“MDI”。

2. 输入 MDI 指令段

1）点按 EOB E 键，在“O0000”后面插入换行符号“;”，如图 14-9a 所示。

2）利用 NC 操作面板输入程序段，例如：“M03S1000;”、“G91G01X50Y-20F300;”、“M05;”、“M30;”，如图 14-9b 所示。

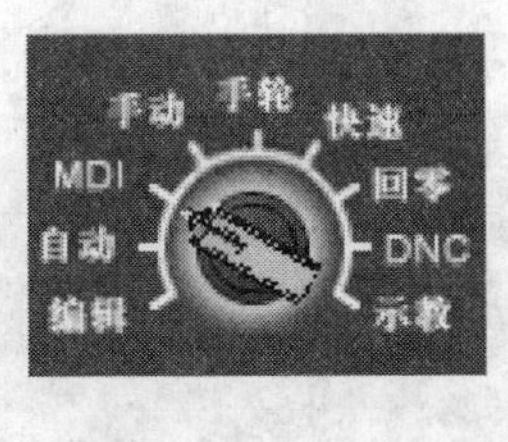

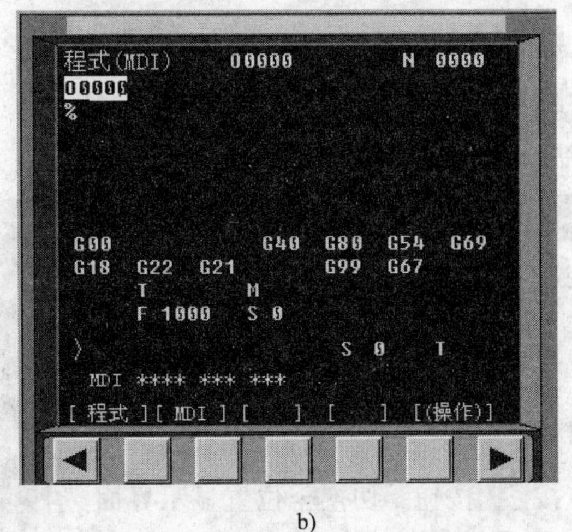

a)　　b)

图 14-8　Fanuc 0i—MA 立式加工中心 MDI 模式

a)“MDI”工作方式选择　b) MDI 界面

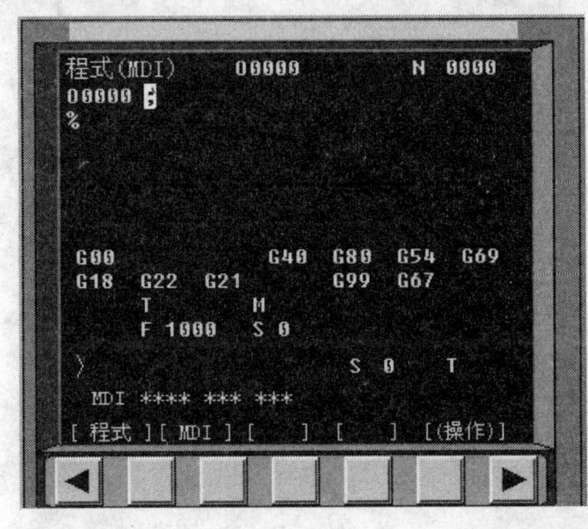

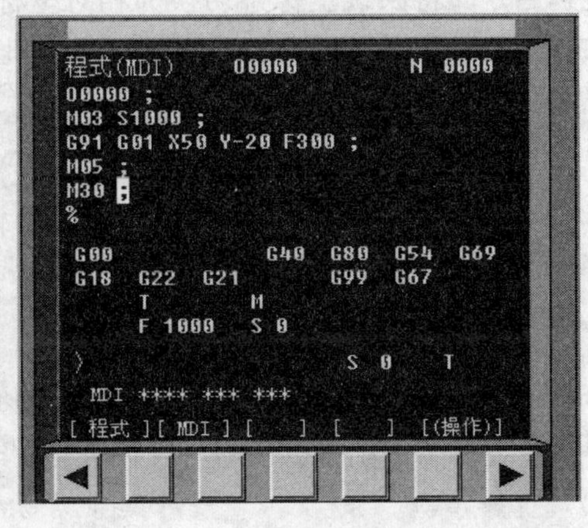

a)　　b)

图 14-9　输入 MDI 程序段

a) 插入换行符号　b) 输入程序段

3. 修改 MDI 指令段

1) 在程序运行以前，利用↑、↓、←、→光标键，将光标定位于所要修改的位置，按照编辑方法对程序进行修改。

2) 在程序执行过程中，若要修改程序，则必须先点按复位键RESET，终止程序执行，再利用↑、↓、←、→光标键，将光标定位于所要修改的位置，按照编辑方法对程序进行修改，修改完成后，点按循环启动键循环启动，重新执行程序。

4. 运行 MDI 指令段

点按机床操作面板上的循环启动键循环启动，将连续执行程序；如果要单段执行程序，可先按单步键，然后点按循环启动键，将逐条地执行输入的程序段。

5. 中断 MDI 运行

1）在程序执行过程中，若要暂停程序执行，点按进给保持键，继续执行，点按循环启动键。

2）在程序执行过程中，若要终止程序执行，点按复位键。

（四）坐标系切换

1. 相对坐标系

1）点按按钮，切换至位置显示界面，如图 14-10 所示。

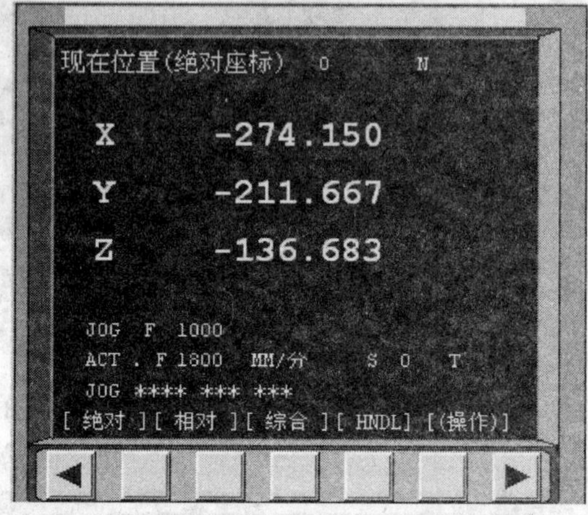

图 14-10 位置显示界面

2）在图 14-10 中，点按“［相对］”对应的软键，即将系统坐标系切换为相对坐标系，如图 14-11 所示，屏幕上方显示“相对坐标”标识。

2. 绝对坐标系

在图 14-11 中，点按“［绝对］”对应的软键，即将系统坐标系切换为绝对坐标系，如图 14-10 所示，屏幕上方显示“绝对坐标”标识。

3. 综合坐标显示

在图 14-11 中，点按“［综合］”对应的软键，即将系统坐标系显示切换为综合显示，如图 14-12 所示，屏幕上同时显示了三种坐标系：相对坐标系、绝对坐标系和机械坐标系。

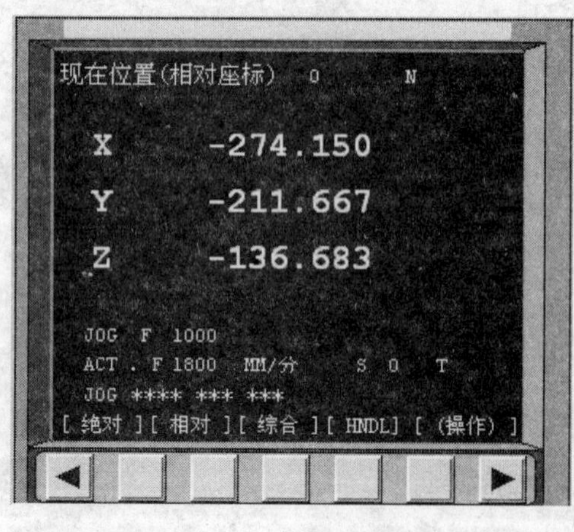

图 14-11 相对坐标系界面

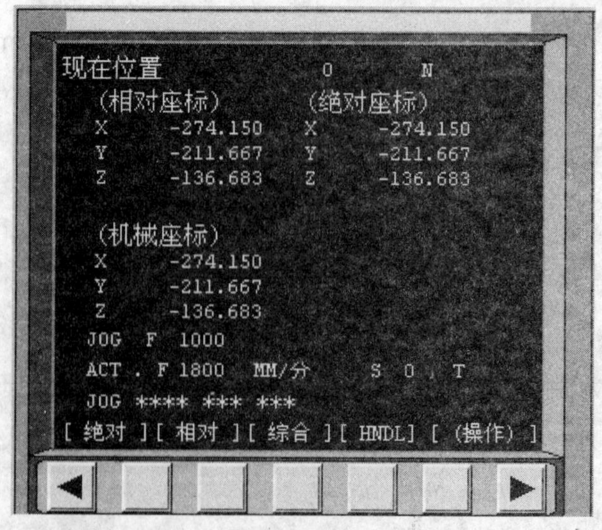

图 14-12 坐标系综合显示界面

（五）其他手动操作

1. 机床锁住

在机床操作面板上，点按按钮，机床的各进给轴将被锁住：在程序运行时，只有坐标值（电气坐标值）的变化，而无进给轴的动作（机械坐标并未改变）。

注意：取消“机床锁住”功能后，必须“回零”，以保证电气坐标与机械坐标的统一。

2. *Z* 轴锁住

在机床操作面板上，点按按钮，机床的 *Z* 轴将被锁住：在程序运行时，*Z* 坐标值（电气坐标值）只有变化，而无实际动作（机械坐标并未改变），而其他的 *X*、*Y* 轴将不受影响，电气坐标与机械坐标始终保持统一，即 *X*、*Y* 显示值变化多少，*X*、*Y* 轴就实际位移多少。

注意：取消“Z 轴锁住”功能后，必须使 *Z* 轴“回零”，以保证 *Z* 轴电气坐标与机械坐标的统一。

3. 超程解除

当发生“超程”报警时，可按以下步骤操作解除超程：

1）点按 MDI 操作面板上的 MESSAGE 按钮，查看报警信息（假定 *Z* 轴超程）。

2）旋转工作方式选择旋钮至“手轮”方式，如图 14-7a 所示。

3）在手动轴选择旋钮中，选择移动轴（“Z”轴），如图 14-7b 所示。

4）一只手点按机床操作面板上的超程释放按钮，另只手“负向”旋转手轮，直至报警指示灯暗为止。

三、对刀及数据设置

（一）对刀的意义

见本教材第十三章第二节的“三、对刀及数据设置”。

（二）对刀的原理

见本教材第十三章第二节的“三、对刀及数据设置”。

（三）对刀操作及参数设置

1. *X*、*Y* 轴对刀

前提条件：已经进行了 *X*、*Y*、*Z* 轴的“回零”操作；工件零点假定在毛坯中心和上表面的交点。

操作步骤：

1）安装铝毛坯（100×100×50）。

2）旋转工作方式选择旋钮至“MDI”，进入 MDI 工作方式。

3）点按程序键 PROG，进入 MDI 编辑界面。

4）键入程序“G91G30X0Y0;”、“T01 M06;”，如图 14-13 所示。

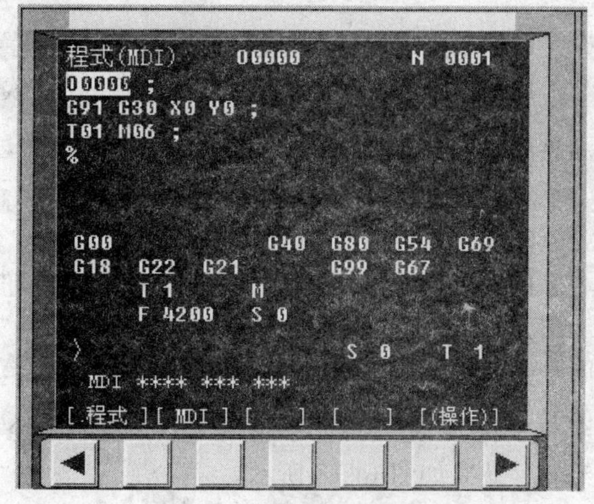

图 14-13　MDI 选刀程序

5）点按“循环启动”键，执行 MDI 程序：刀库旋转，找到 1 号刀（空刀）后，执行换刀动作。

6）装上 1 号刀（ϕ16mm 的立铣刀）。

7）旋转工作方式选择旋钮至“手动”，进入手动工作方式。

8）在手动状态下，点击操作面板上的主轴正转按钮，使主轴转动起来。

9）根据需要，旋转“手动轴选择”旋钮至目标轴（X、Y、Z 轴），并点击操作面板上的、按钮，使刀具沿 X 轴向快速靠近毛坯；到达较近位置时，旋转工作方式选择旋钮至“手轮”，并旋转“手轮倍率”旋钮至“×1”档位，然后慢速靠近工件，直至切到毛坯，效果如图 14-14 所示。

10）点按“位置”键，显示 X 轴对刀值（-355. 733）界面，如图 14-15 所示。

注意：根据零点偏置计算方法可知：G54 的 X 值 = −355. 733 + 8 + 50 = −297. 733。

图 14-14 X 轴向对刀效果

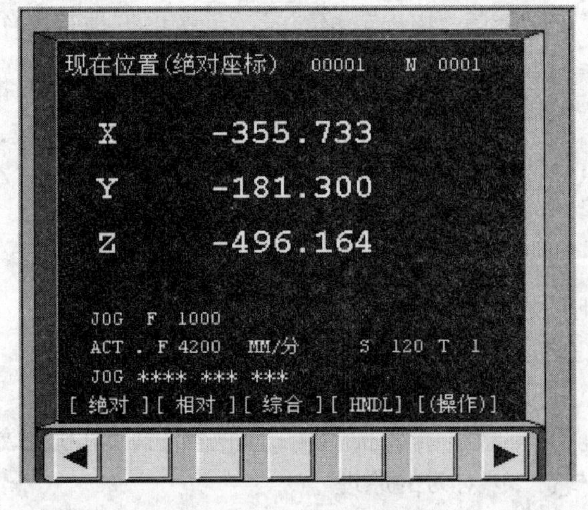

图 14-15 X 轴对刀值

11）点按“偏置/设置”键，显示偏置/设置参数界面，如图 14-16 所示。

12）在图 14-16 中，点按“[坐标系]”软键，显示偏置坐标系设置界面，利用光标键移动光标至 G54 对应的 X 字段，然后键入“−297. 733”并点按输入键，将数值输入到 G54 对应的 X 字段，如图 14-17 所示。

至此，完成了 X 轴的对刀。

13）根据需要，旋转“手动轴选择”旋钮至目标轴（X、Y、Z 轴），并点击操作面板上的、按钮，使刀具沿 Y 轴向快速靠近毛坯；到达较近位置时，旋转工作方式选择旋钮至“手轮”，并旋转“手轮倍率”旋钮至“×1”档位，然后慢速靠近工件，直至切到毛坯，效果如图 14-18 所示。

14）点按“位置”键，显示 Y 轴对刀值（−271. 050）界面，如图 14-19 所示。

注意：根据零点偏置计算方法可知：G54 的 Y 值 = −271.050 + 8 + 50 = −213.050。

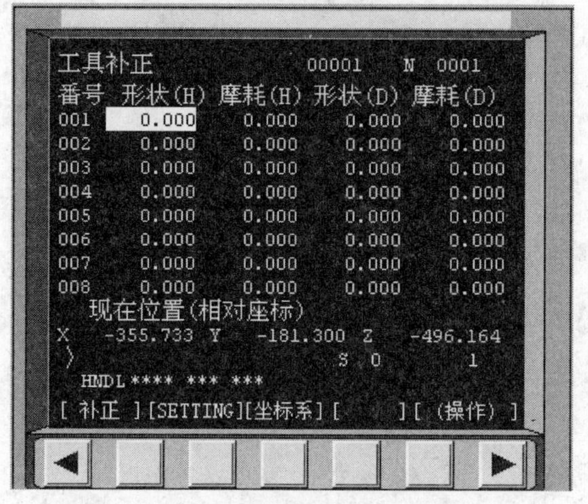

图 14-16 偏置/设置参数界面

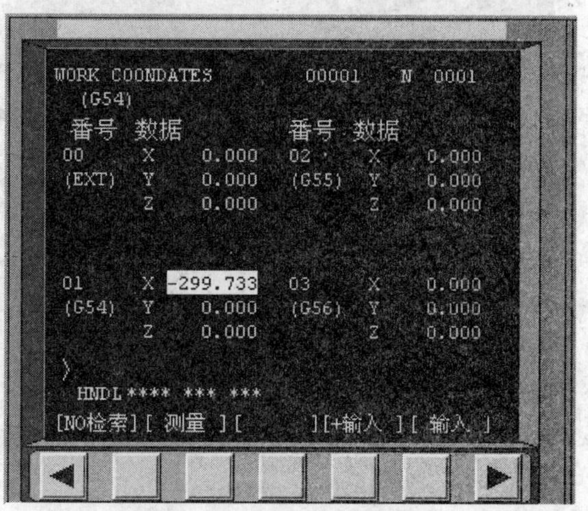

图 14-17 G54 的 X 偏置值

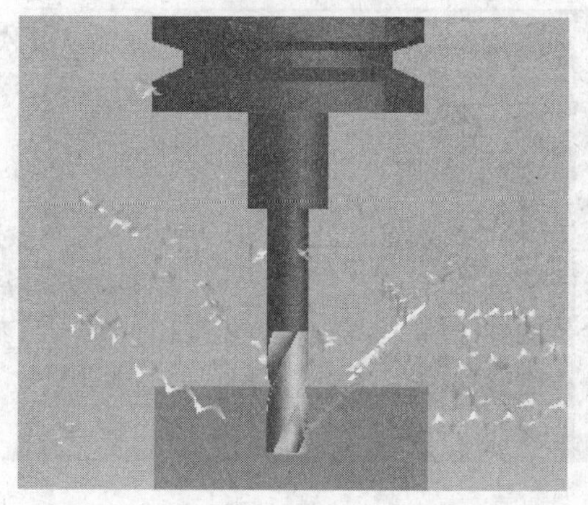

图 14-18 Y 轴向对刀效果

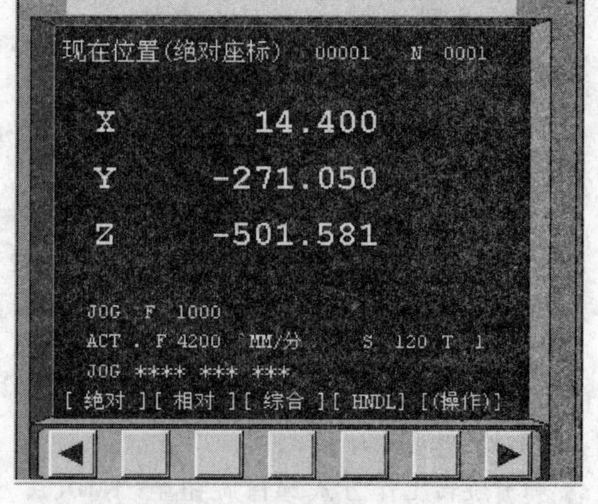

图 14-19 Y 轴对刀值

15）点按“偏置/设置”键，显示偏置/设置参数界面，然后点按“［坐标系］”软键，显示偏置坐标系设置界面，利用光标键移动光标至 G54 对应的 Y 字段，然后键入“−213.050”并点按输入键，将数值输入到 G54 对应的 Y 字段，如图 14-20 所示。

至此，完成了 X 轴、Y 轴的对刀和参数设置。

2. Z 轴对刀

操作步骤：

1）旋转工作方式选择旋钮至“手动”，进入手动工作方式。

2）根据需要，旋转“手动轴选择”旋钮至目标轴（X、Y、Z 轴），并点击操作面板上的 、按钮，使刀具沿 Z 轴快速靠近毛坯；到达较近位置时，旋转工作方式选择旋钮至“手轮”，并旋转“手轮倍率”旋钮至“×1”档位，然后慢速靠近工件，直至切到毛坯，效果如图 14-21 所示。

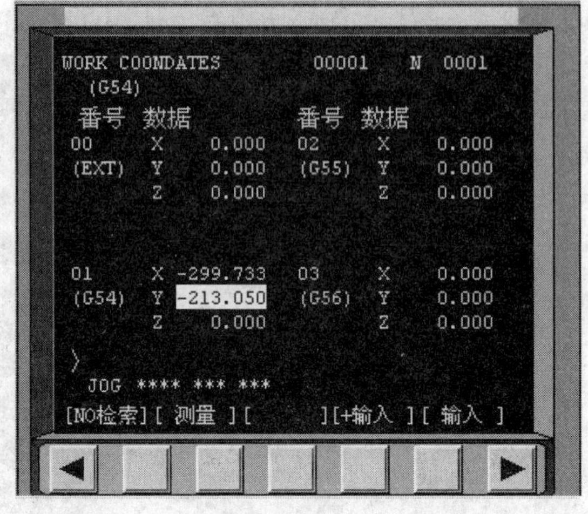

图 14-20 G54 的 *Y* 偏置值

图 14-21 *Z* 轴向对刀效果

3）点按“位置”键 POS，显示 *Z* 轴对刀值（ -485.452）界面，如图 14-22 所示。

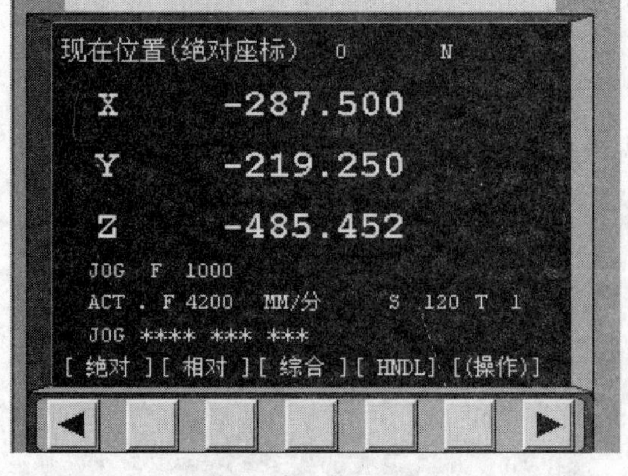

图 14-22 *Z* 轴对刀值

4）点按“偏置/设置”键 OFFSET SETTING，显示偏置/设置参数界面，如图 14-23 所示。

5）在图 14-23 中，键入“Z0”，显示界面将变为如图 14-24 所示。

6）在图 14-24 中，点按“［测量］”软键，系统自动求出 1 号刀的几何长度值（ -485.452），如图 14-25 所示。

至此，完成了 1 号刀的 *X* 轴、*Y* 轴、*Z* 轴的对刀和参数设置。

3. 多把刀对刀

1）旋转工作方式选择旋钮至“MDI”，进入 MDI 工作方式，点按程序键 PROG，进入 MDI 编辑界面。

工具补正 0 N

番号	形状(H)	摩耗(H)	形状(D)	摩耗(D)
001	0.000	0.000	0.000	0.000
002	0.000	0.000	0.000	0.000
003	0.000	0.000	0.000	0.000
004	0.000	0.000	0.000	0.000
005	0.000	0.000	0.000	0.000
006	0.000	0.000	0.000	0.000
007	0.000	0.000	0.000	0.000
008	0.000	0.000	0.000	0.000

现在位置(相对座标)
X -287.500 Y -219.250 Z -485.452
S 120 1
JOG **** *** ***
[补正][SETTING][坐标系][ ][(操作)]

图 14-23 偏置/设置参数界面

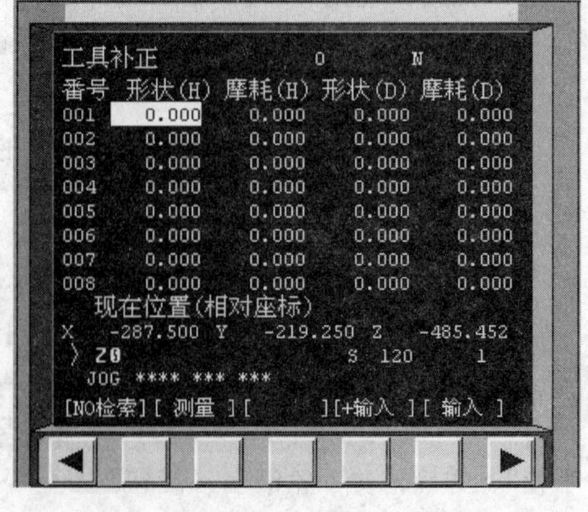

图 14-24 *Z* 值测量界面

2）键入程序“G91G30X0Y0;”、“T02M06;”，并点按“循环启动”键，执行 MDI 程序：刀库旋转，找到 2 号刀（空刀）后，执行换刀动作。

3）装上 2 号刀（ϕ20mm 的立铣刀）。

4）旋转工作方式选择旋钮至“手动”，进入手动工作方式。

5）根据需要，旋转“手动轴选择”旋钮至目标轴（*Z* 轴），并点击操作面板上的 、 按钮，使刀具沿 *Z* 轴快速靠近毛坯；到达较近位置时，旋转工作方式选择旋钮至“手轮”，并旋转“手轮倍率”旋钮至“×1”档位，然后慢速靠近工件，直至切到毛坯，效果如图 14-21 所示。

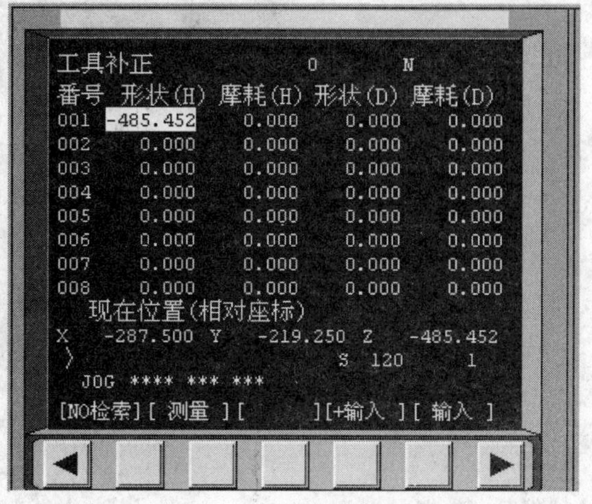

图 14-25 1 号刀几何长度值

6）点按“位置”键，显示 *Z* 轴对刀值（-484.283）界面，如图 14-26 所示。

7）点按“偏置/设置”键，显示偏置/设置参数界面，利用移动光标键将光标定位于 2 号刀的几何长度字段，如图 14-27 所示。

图 14-26 2 号刀 *Z* 轴对刀值

工具补正 O0002 N 0002
番号 形状(H) 摩耗(H) 形状(D) 摩耗(D)
001 -485.452 0.000 0.000 0.000
002 0.000 0.000 0.000 0.000
003 0.000 0.000 0.000 0.000
004 0.000 0.000 0.000 0.000
005 0.000 0.000 0.000 0.000
006 0.000 0.000 0.000 0.000
007 0.000 0.000 0.000 0.000
008 0.000 0.000 0.000 0.000
现在位置(相对座标)
X -305.867 Y -218.600 Z -484.283
S 120 2
JOG **** *** ***
[补正][SETTING][坐标系][ ][(操作)]

图 14-27 2 号刀偏置/设置参数界面

8）在图 14-27 中，键入“Z0”，点按“［测量］”软键，系统自动求出 2 号刀的几何长度值（－484.283），如图 14-28 所示。

至此，完成了 2 号刀 *Z* 轴的对刀和参数设置。

注意：2 号刀（甚至更多的刀如 3 号刀、4 号刀……）的 *X* 轴、*Y* 轴不需要对刀，采用 G54 的值即可。

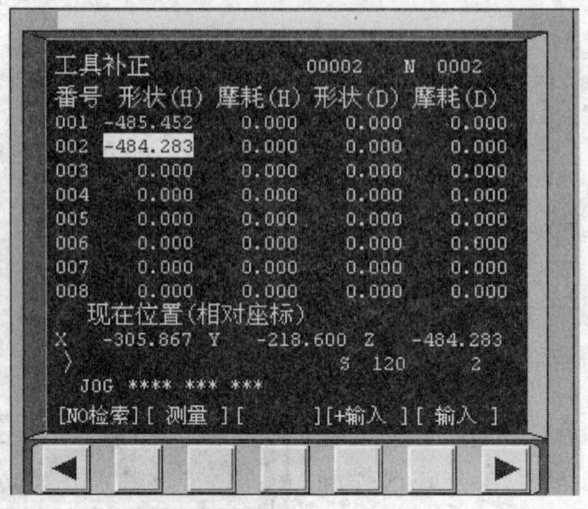

图 14-28 2 号刀几何长度值

四、程序的处理与自动运行

(一) 程序的建立与选择

1. 新建程序

操作步骤:

1) 旋转工作方式选择旋钮至"编辑",如图 14-29a 所示,进入程序编辑方式。

2) 点按程序键 PROG ,进入程序编辑界面,如图 14-29b 所示。

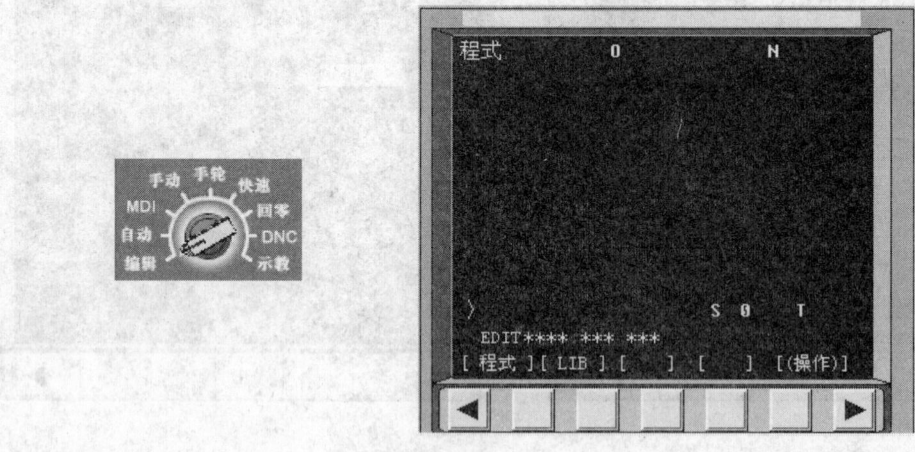

a) b)

图 14-29 程序编辑
a) 程序编辑方式 b) 程序编辑界面

3) 键入 O5478 (新建的程序名),然后点按 INSERT 键,如图 14-30 所示。

4) 点按 EOB E 键,键入";",然后点按 INSERT 键,如图 14-31 所示。

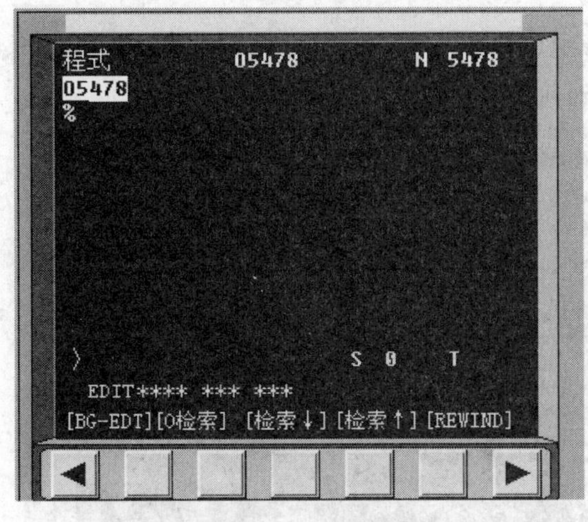

图 14-30　录入新建程序名

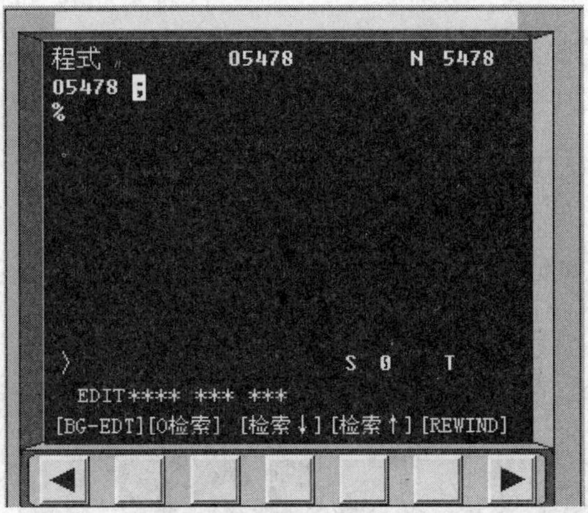

图 14-31　录入换行符

5）利用 MDI 面板的地址字和数字，键入程序（示例），如图 14-32 所示。

2. 选择程序

1）在图 14-29b 所示的界面中，点按“［LIB］”对应的软键，进入程序选择目录，如图 14-33 所示。

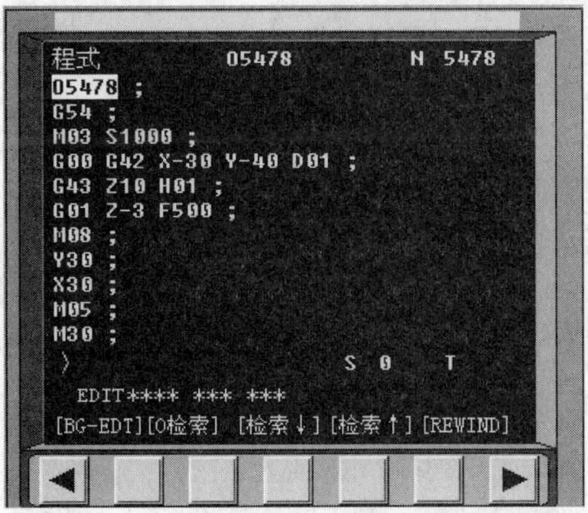

图 14-32　录入程序

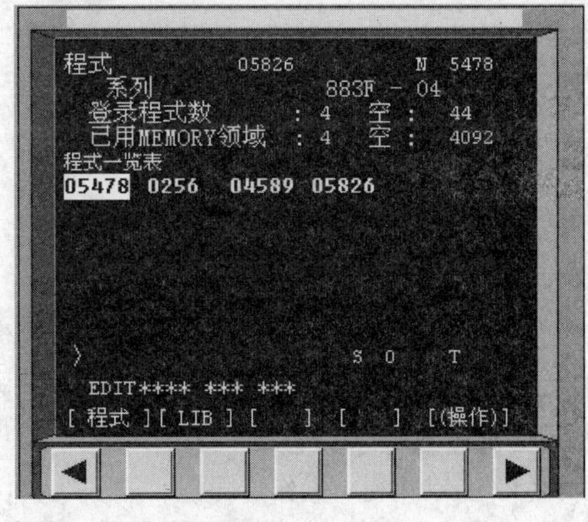

图 14-33　程序选择目录

2）在图 14-33 中，键入所要打开的程序名（例如：O5826），界面变为如图 14-34 所示。

3）在图 14-34 中，点按“［O 检索］”对应的软键，系统即打开所选择的程序（O5826），如图 14-35 所示。

（二）程序的控制与运行

1. 程序的控制

（1）跳步　点按机床操作面板上的跳步键（指示灯亮），将使程序运行时“跳过”前面有斜线标志（“/”）的程序段，如/N100G…，该程序段的内容实际并不执行；再次点按键（指示灯灭），程序运行时将“执行”前面有斜线标志（“/”）的程序段。

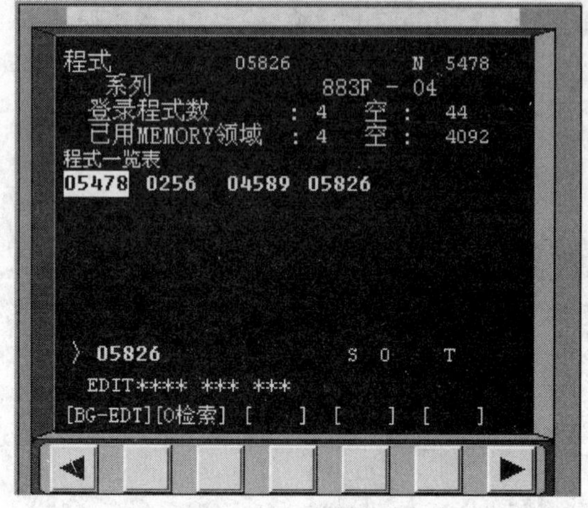

图 14-34 键入要打开的程序名后的界面

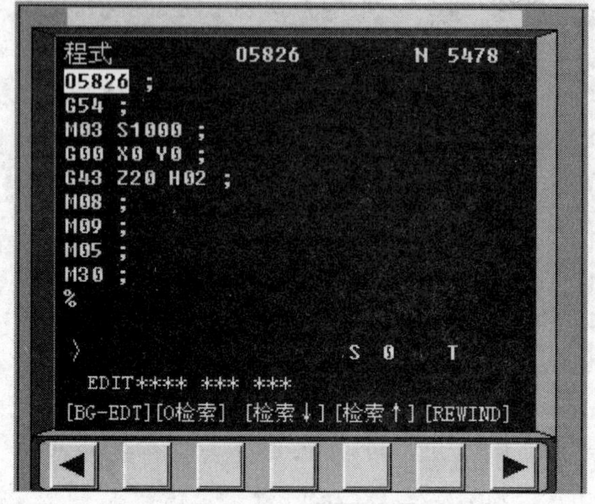

图 14-35 打开程序的界面

（2）选择停止 点按机床操作面板上的键（指示灯亮），将使程序在执行到有 M01 指令的程序时，停止运行；再次点按键（指示灯灭），程序执行到有 M01 指令的程序时，将继续执行，M01 失去作用。

2. 程序的校验

前提条件：程序已编辑完成。

1）旋转方式选择旋钮至“自动”，如图 14-36 所示，切换至自动工作方式。

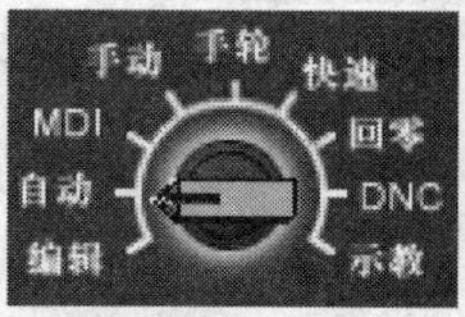

图 14-36 自动工作方式

2）点按图形键，切换屏幕至图形显示界面。

3）点按循环启动键，开始模拟执行程序，执行完后，则可看到加工的轨迹。

3. 程序的运行

（1）自动运行 操作步骤：

1）检查机床是否回零，若未回零，先将机床回零。

2）导入数控程序或自行编写一段程序。

3）旋转方式选择旋钮至“自动”档，如图 14-36 所示，切换至自动工作方式。

4）点按循环启动键，数控程序开始运行。

（2）暂停运行 数控程序在运行时，点击进给保持按钮，程序暂停运行；再次点击循环启动按钮，程序从暂停行开始继续运行。

（3）单段运行 操作步骤：

1）检查机床是否回零，若未回零，先将机床回零。

2）导入数控程序或自行编写一段程序。

3）旋转方式选择旋钮至“自动”档，如图14-36所示，切换至自动工作方式。

4）点按“单步”键（指示灯亮）。

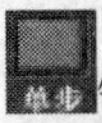

5）点按循环启动键一次，数控程序执行一行。

（4）中断运行 中断运行有以下两种方法：

1）数控程序在运行时，按下“急停”按钮，数控程序中断运行。

2）数控程序在运行时，按下“复位”按钮，数控程序中断运行。

（5）指定行运行 对于中断运行的程序，若需从断点开始继续运行，可按如下步骤操作：

1）先将急停按钮松开。

2）利用光标键将光标移至目标行。

3）点按循环启动键，数控程序将从指定行开始运行。

（6）空运行 在自动运行期间，按下机床操作面板上的空运行开关（指示灯亮），刀具将按参数指定的速度快速移动，而与程序中指令的进给速度无关。

注意：该功能主要用来在机床不装工件时检查刀具的运动。

复习思考题

14-1 说明 Fanuc 0i—MA 立式加工中心开机和回零操作的过程。

14-2 Fanuc 0i—MA 立式加工中心中，移动坐标轴有哪些方法？

14-3 Fanuc 0i—MA 立式加工中心中，如何进行手动数据输入（MDI）操作？

14-4 Fanuc 0i—MA 立式加工中心中，如何进行显示坐标系转换？

14-5 如何进行 Fanuc 0i—MA 立式加工中心的多刀对刀操作和参数设置？

14-6 Fanuc 0i—MA 立式加工中心中，如何进行程序调试并运行程序？

项目实训篇

数控加工的项目实训

第十五章　华中 HNC—21T 数控车床项目实训

学习目的：通过阶梯轴零件、外圆锥面零件、槽与切断零件、螺纹零件和数控车床典型样件等的项目实施过程，掌握华中 HNC—21T 等数控车床解决生产项目的工艺过程和基本分析方法，提高数控车床的编程能力和生产工艺能力。

学习重点：通过同一项目，不同方案的实施对比，获得“最优”方案。

项目一　阶梯轴加工程序的编制

一、项目实例

如图 15-1 所示的阶梯轴，数量要求为 150 件，所用材料为 45 钢，表面粗糙度要求为 $R_a3.2\mu m$，毛坯为 $\phi50mm\times100mm$，现根据图样和生产要求，制定完成该产品生产的“最佳”实施方案和工艺过程，并编写零件的加工程序。

二、项目实施计划

为了获得“最佳方案”，采用“一项目多方案”的实训模式，即将实训学生分为两组或多组（第一小组、第二小组、……），由各组成员分别采用不同的加工方案生产产品，通过对不同加工方案生产产品的对比分析，优化所用方案，最终确定“最佳”方案，用于批量生产。

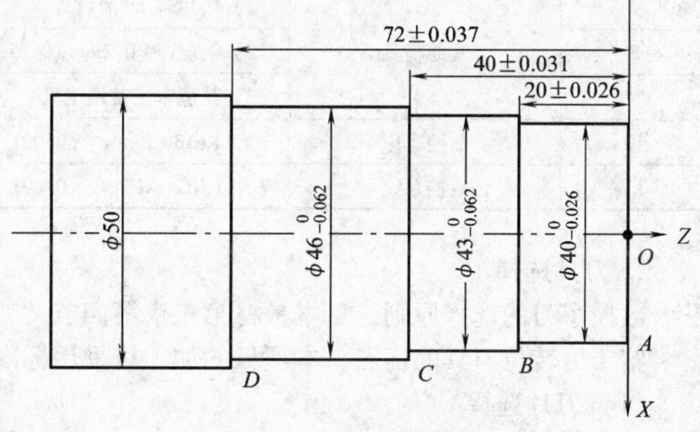

图 15-1　阶梯轴图样

项目实施计划内容，见表 15-1。

表 15-1　项目实施计划表

	第一小组	第二小组		第一小组	第二小组
设备类型	数控车床	数控车床	生产任务	工序号 1	工序号 1
数控系统	华中 HNC—21T	华中 HNC—21T	所用程序	O1501	O1501
设备编号	L08	L09	工艺参数	见工序卡	见工序卡
人员构成	四名学生	四名学生	加工时间	预计 20min	预计 15min
加工方案	方案一	方案二			

三、项目分析

（一）坯料选择

根据图样尺寸要求，并综合考虑装夹、加工质量、加工余量、加工效率、市场所供材料和生产成本等因素可知：选用 ϕ50mm 的 45 钢棒料，并锯成 100mm 长，数量为 150 根。

（二）定位和装夹方式

图样为典型的轴类零件，采用常用的“三爪自定心卡盘”即可满足定位要求；综合刚性和加工要求（72 ±0.037mm），装夹时取坯料伸出长度为 80mm。

（三）设计和选择工艺装备

1. 工、量具选择

加工图样零件所用工、量具，见表 15-2（“数量”为 1 组成员的最低配置量）。

表 15-2 加工阶梯轴所用工量具表

序号	名称	规格	精度/mm	数量	备注
1	游标卡尺	0 ~ 125mm	0.02	1	
2	千分尺	25 ~ 50mm	0.01	1	
3	表面粗糙度样板	3.2μm		1	
4	磁性表座			1	用于零件安装时找正
5	百分表		0.01	1	
6	计算器	函数计算器		1	
7	其他辅具	1）垫片若干、油石等			
8		2）铜皮（厚 0.2mm，宽 25mm，长 120mm）			
9		3）其他车工常用工具			
10	数控车床	CK6136	0.001	1	
11	数控系统	华中 HNC—21T	0.001	1	

2. 刀具选择

数控车刀的选择原则，见本教材第三章第四节“二、车削刀具及其选择”的相关内容。鉴于可转位刀具的优点，本项目的加工将采用标准的可转位车刀。

（1）刀片选择

1）选择外圆轮廓刀。

①主偏角。图样有垂直面加工，外轮廓加工刀具的主偏角必须大于等于 90°。

②刀尖半径。表面粗糙度 3.2μm，选用刀尖半径为 0.8mm 的刀片，并配以恰当的精加工进给速度（≤0.28mm/r），即可达到要求（假定其他因素理想）。

③刀片材料。工件材料为 45 钢，可选择 P 类（相当于我国的 YT 类）硬质合金刀片。

④刀片形状。依据图样的表面形状、切削方式等因素，选择菱形刀片。

综上可知：选用主偏角 95°、刀尖角 80°、刀尖半径 0.8mm 的硬质合金菱形刀片，其型号为 CNMG120408—WM。刀具切削形式，如图 15-2 所示。

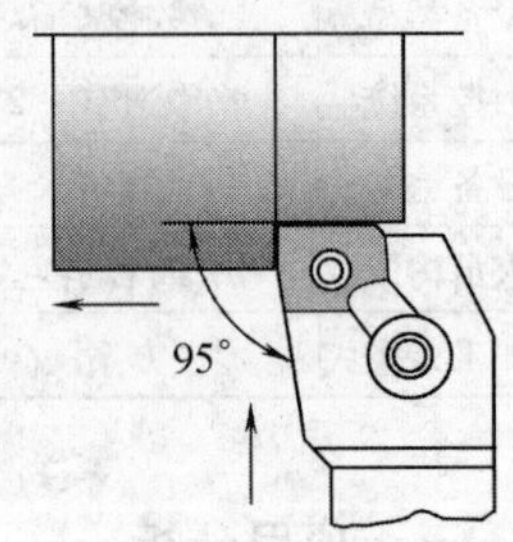

图 15-2 刀具切削形式（80°刀尖角）

2）选择端面刀。根据毛坯长度、端面粗糙度要求等因素选择端面刀具。

毛坯长为 100mm，背吃刀量取 1 ~ 2mm，刀尖半径 0.8mm 的刀具可以一刀加工。

端面粗糙度要求为3.2μm，要求不是很高，选用刀尖半径为0.8mm的刀片，并配以恰当的精加工进给速度（0.03~0.1mm/r），即可达到要求（假定其他因素理想）。

从“一刀多用”、“少选刀”的原则来看，已选的外圆刀可以满足端面的加工要求，所以不必要再增加刀具。

综合考虑，选用外轮廓刀（刀尖角为80°、刀尖半径0.8mm、主偏角95°）来加工端面，这样在保证质量的前提下，可以少选刀。

（2）刀杆选择

1）选择刀杆类型。根据所使用的设备（CK6136）和配置（方刀架）以及机床刀架尺寸，选用长条形方刀杆（20mm×20mm）比较适合。

2）选择刀杆型号。根据所选择的刀片，再结合机床性能和被加工材料的性能，配套选用主偏角为95°的刀杆，其型号为MCLNR2020K12，如图15-3所示。

图15-3　刀杆型号

注意：方案“择优”阶段，用同一把刀完成了粗、精加工；在批量生产阶段，建议粗、精加工采用不同的刀具。

（3）数控加工刀具卡片　加工所用刀具，见表15-3。

表15-3　阶梯轴加工刀具表

产品名称或代号			零件名称	阶梯轴加工	零件图号	图15-1	
序号	刀号	刀具名称	数量	加工表面	刀尖半径	刀尖方位	备注
1	T01	95°外圆车刀	1	粗、精加工端面、外轮廓	0.8mm	3	80°刀尖角
编制		审核		批准		第1页共1页	

（四）加工方案及工序

1. 阶梯轴车削方法

阶梯轴的车削方法分低台阶车削和高台阶车削两种方法：

（1）低台阶车削　轴的各圆柱体直径相差较小，最大直径与最小直径的差值小于所用刀具背吃刀量的2倍，可用车刀一次切出，如图15-4a所示，其加工路线为$A\rightarrow B\rightarrow C\rightarrow D\rightarrow E$。

（2）高台阶车削　轴的各圆柱体直径相差较大，最大直径与最小直径的差值超出了所用刀具背吃刀量的2倍，需采用分层切削，如图15-4b所示，其粗加工路线为1→2→3→4→5→6→7→8；精加工路线为$A\rightarrow B\rightarrow C\rightarrow D\rightarrow E$。

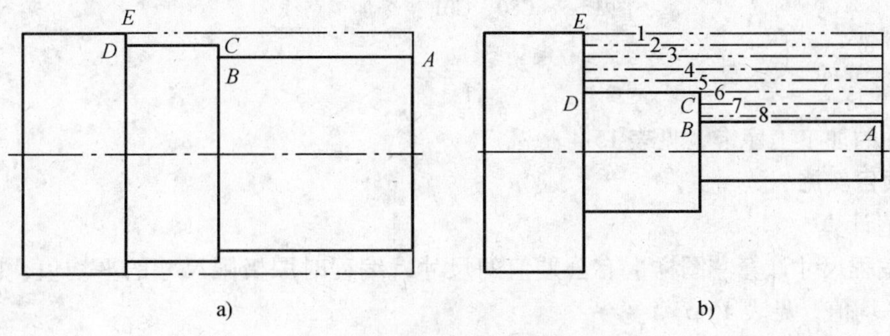

图15-4　阶梯轴的车削方法

a）低台阶车削方法　b）高台阶车削方法

2. 加工方案

图 15-1 所示零件，最大直径与最小直径的差值超出了所选刀具背吃刀量的 2 倍，需采用高台阶车削法；有一定的表面粗糙度要求（R_a3.2μm）和最高 0.026mm 的尺寸精度要求；零件材料为 45 钢，切削加工性能较好，无热处理和硬度要求。综合零件的结构特点和工艺技术要求，确定加工方案如下：

方案一：使用圆柱面内（外）径切削循环 G80 指令完成粗加工；使用 G01 指令完成精加工。粗、精加工路线，如图 15-5 所示。

说明：使用该方案，旨在培养学生分析走刀路线的能力。

方案二：使用内（外）径粗车复合循环 G71 指令完成粗、精加工。

3. 工艺过程

1）用三爪自定心卡盘夹住 φ50mm 毛坯约 20mm 左右，零件伸出卡盘约 80mm。

2）安装磁性表座和百分表，低速起动主轴，对安装的毛坯找正，达到精度要求（同轴度小于 0.02mm）后，夹紧零件。

3）起动主轴，手动切端面或 MDI 切削端面，背吃刀量为 1 ~2mm。

4）取零件右端面中心为编程原点，对刀并输入刀具参数。

5）执行程序，依次粗车 φ46mm、φ43mm、φ40mm 外圆，留 1mm 精车余量。

6）执行程序，依次精车 φ40mm、φ43mm、φ46mm 外圆至图样要求尺寸。

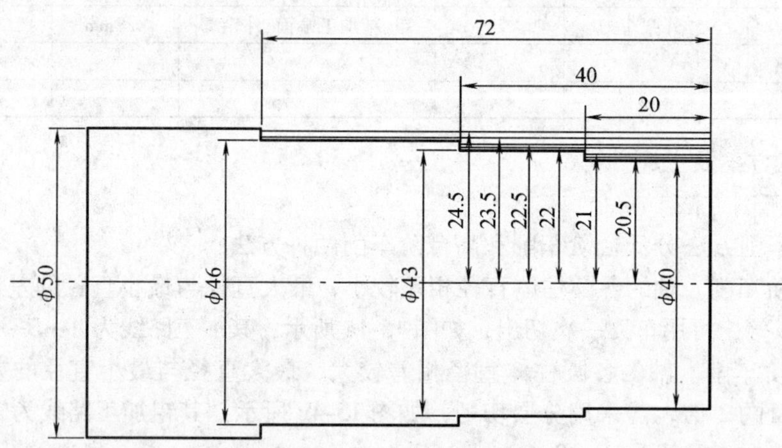

图 15-5 G80、G01 指令加工路线

4. 工序卡

阶梯轴的加工工序卡，见表 15-4。

四、项目实施

1. 数值计算

（1）编程尺寸计算 图样上有公差值的尺寸，编程时取极限尺寸的平均值，图样中相关尺寸的平均值，见表 15-5。

（2）基点坐标计算 若将编程原点选择为“装夹”零件的右端面与主轴轴线的交点，则如图 15-1 所示零件的各基点坐标，见表 15-6。

表 15-4　阶梯轴加工工序卡

单位名称			产品名称或代号		零件名称	工件材质	毛坯规格
					阶梯轴	45 钢	ϕ50mm × 100mm
工序号	程序编号		夹具名称	机床种类	使用设备	数控系统	车间
1	O1501		三爪自定心卡盘	数控车床	L08 L09	HNC—21T	数控实训基地
工步号	工步内容	刀具号	刀具规格	主轴转速/(r/min)	进给量/(mm/r)	背吃刀量/mm	备　注
1	端面加工	T01	95°外圆车刀	600	0.03	1	手动或 MDI
2	粗加工外轮廓	T01	95°外圆车刀	600	0.15	1.5	用外圆循环指令 G71 或 G80
3	精加工外轮廓	T01	95°外圆车刀	2000	0.08	0.8	G71 或 G01

表 15-5　图样尺寸平均值　（单位：mm）

图样尺寸	$\phi46_{-0.062}^{0}$	$\phi43_{-0.062}^{0}$	$\phi40_{-0.026}^{0}$	72 ±0.037	40 ±0.031	20 ±0.026
编程尺寸	45.969	42.969	39.987	72	40	20

表 15-6　基 点 坐 标　（单位：mm）

基　点	A 点	B 点	C 点	D 点
X 坐标值	39.987	42.969	45.969	50
Z 坐标值	0	-20	-40	-72

2. 程序编制

（1）方案一程序　采用方案一加工如图 15-1 所示阶梯轴的参考程序，见表 15-7。

表 15-7　方案一加工阶梯轴的参考程序

程序名:O1501		设备号:L08　工序号:1	程序名:O1501		设备号:L08　工序号:1
程序段号	程序内容	说明	程序段号	程序内容	说明
	%1501			X47　Z-71.9	
	M43	限定为高速档		X45　Z-39.9	粗加工至 C 点的相近点
	G95	每转进给		X44　Z-39.9	
	T0101	外圆刀		X42　Z-19.9	粗加工至 B 点的相近点
	M03S600			X41　Z-19.9	
	G00X50	刀具定位于固定循环起刀点		G00X50	退刀，以便测量加工尺寸
	Z2			Z100	
	M08	打开切削液		M05	
	G80　X49　Z-71.9　F0.15	粗加工至 D 点的相近点		M00	

（续）

程序名:O1501		设备号:L08 工序号:1	程序名:O1501		设备号:L08 工序号:1
程序段号	程序内容	说明	程序段号	程序内容	说明
	T0101	重新调用外圆刀,以便修改的刀具		Z-40	
	M03S2000	补偿值起作用		X45.969	切削至 C 点
	G00X40	刀具重新定位于固定循环起刀点		Z-72	
	Z2			X50	切削至 D 点
N10	G01G42X39.987F0.08	切削至 A 点(精加工开始)	N20	G40X50.5	(精加工结束)
	Z-20			G00X80	退刀至换刀点
	X42.969	切削至 B 点		Z120	
				M05M09	关闭主轴和切削液
				M30	程序结束

（2）方案二程序　采用方案二加工如图 15-1 所示阶梯轴的参考程序，见表 15-8。

表 15-8　方案二加工阶梯轴的参考程序

程序名:O1501		设备号:L09 工序号:1	程序名:O1501		设备号:L09 工序号:1
程序段号	程序内容	说明	程序段号	程序内容	说明
	%1501			M03S2000	补偿值起作用
	M43	限定为高速档		G00X50.5	刀具重新定位于固定循环起刀点
	G95	每转进给		Z2	
	T0101	外圆刀	N10	G01G42X39.987F0.08	切削至 A 点(精加工循环体开始)
	M03S600			Z-20	
	G00X50.5	刀具定位于固定循环起刀点		X42.969	切削至 B 点
	Z2			Z-40	
	M08	打开切削液		X45.969	切削至 C 点
	G71U1.5R1P10Q20X0.8Z0.1F0.15	外圆加工循环		Z-72	
	G00X50	退刀,以便测量加工尺寸		X50	切削至 D 点
	Z100		N20	G40X50.5	
	M05			G00X80	退刀至换刀点
	M00			Z120	
	T0101	重新调用外圆刀,以便修改的刀具		M05M09	关闭主轴和切削液
				M30	程序结束

3. 对刀及刀补、坐标系参数的设置

华中 HNC—21T 数控车床的对刀操作，见本教材第十二章第二节的“三、对刀及数据设置”。

4. 程序的调试与执行（产品加工）

华中 HNC—21T 数控车床程序调试与执行方法，见本教材第十二章第二节的“四、程序的建立、调试与运行”。

5. 尺寸修正

对于试切的零件，在粗车后使用程序暂停指令（M00），暂停机床的动作，测量零件尺寸是否符合要求，如有偏差，则要在精车前及时修正，修正的方法是：修改相应刀具的磨耗值（输入值 = 图样编程值 - 测量值）。

五、评估与反馈

1. 产品质量和效率分析

根据表 15-9 所示评分标准，完成方案一、方案二加工零件的检测评分，对比两种方案所加工产品的质量和效率。

表 15-9　项目评估表

<table>
<tr><td colspan="2">班级</td><td></td><td>姓名</td><td></td><td colspan="2">学号</td><td></td><td>日期</td><td></td></tr>
<tr><td colspan="2">项目课题</td><td colspan="4">阶梯轴加工程序的编制</td><td colspan="2">零件图号</td><td colspan="2">图 15-1</td></tr>
<tr><td rowspan="6">基本检查</td><td></td><td>序号</td><td colspan="3">检 测 项 目</td><td>配分</td><td colspan="2">学生自评分</td><td>教师评分</td></tr>
<tr><td rowspan="3">编程</td><td>1</td><td colspan="3">切削加工工艺制定正确</td><td>2</td><td colspan="2"></td><td></td></tr>
<tr><td>2</td><td colspan="3">切削用量选用合理</td><td>2</td><td colspan="2"></td><td></td></tr>
<tr><td>3</td><td colspan="3">程序正确、简单、明确且规范</td><td>6</td><td colspan="2"></td><td></td></tr>
<tr><td rowspan="2">操作</td><td>4</td><td colspan="3">设备的正确操作与维护保养</td><td>2</td><td colspan="2"></td><td></td></tr>
<tr><td>5</td><td colspan="3">安全、文明生产</td><td>3</td><td colspan="2"></td><td></td></tr>
<tr><td colspan="6">基本检查结果总计</td><td>15</td><td colspan="2"></td><td></td></tr>
<tr><td rowspan="9">尺寸检测</td><td rowspan="2">序号</td><td rowspan="2">图样尺寸/mm</td><td rowspan="2">允差/mm</td><td colspan="2">量具</td><td rowspan="2">配分</td><td colspan="2">实际尺寸</td><td rowspan="2">分数</td></tr>
<tr><td>名称</td><td>规格/mm</td><td>学生自测</td><td>教师检测</td></tr>
<tr><td>1</td><td>外圆 $\phi40$</td><td>$^{0}_{-0.026}$</td><td>千分尺</td><td>25 ~ 50</td><td>20</td><td></td><td></td><td></td></tr>
<tr><td>2</td><td>外圆 $\phi43$</td><td>$^{0}_{-0.062}$</td><td>千分尺</td><td>25 ~ 50</td><td>10</td><td></td><td></td><td></td></tr>
<tr><td>3</td><td>外圆 $\phi46$</td><td>$^{0}_{-0.062}$</td><td>千分尺</td><td>25 ~ 50</td><td>10</td><td></td><td></td><td></td></tr>
<tr><td>4</td><td>长 20</td><td>±0.026</td><td>游标卡尺</td><td>0 ~ 125</td><td>10</td><td></td><td></td><td></td></tr>
<tr><td>5</td><td>长 40</td><td>±0.031</td><td>游标卡尺</td><td>0 ~ 125</td><td>10</td><td></td><td></td><td></td></tr>
<tr><td>6</td><td>长 72</td><td>±0.037</td><td>游标卡尺</td><td>0 ~ 125</td><td>10</td><td></td><td></td><td></td></tr>
<tr><td>7</td><td>表面粗糙度</td><td>$R_a3.2\mu m$</td><td>表面粗糙度样板</td><td>$R_a3.2\mu m$</td><td>15</td><td></td><td></td><td></td></tr>
<tr><td colspan="6">尺寸检测结果总计</td><td>85</td><td colspan="2"></td><td></td></tr>
<tr><td colspan="2">所用方案</td><td>工序</td><td>加工时间</td><td colspan="3">基本检查结果</td><td colspan="2">尺寸检测结果</td><td>成绩</td></tr>
<tr><td colspan="2"></td><td></td><td></td><td colspan="3"></td><td colspan="2"></td><td></td></tr>
<tr><td colspan="3">学生签字</td><td></td><td colspan="5">实习老师签字</td><td></td></tr>
</table>

2. 实施方案对比分析

请项目实施的各小组，根据项目实施的过程、产品质量和效率分析的结果，相互探讨，分析不同方案的优、缺点，进行方案优化，最终确定“最佳方案”，用于批量生产。

3. 个人总结

1）通过本项目的实施，你有哪些收获（可从学会、掌握、深层理解三个层次说明）？

2）通过本项目的实施，你尚有哪些问题（不懂或疑惑之处）？

项目二 外圆锥面加工程序的编制

一、项目实例

如图 15-6 所示的外圆锥面图样，数量要求为 200 件，所用材料为 45 钢，现根据图样和生产要求，制定完成该产品生产的“最佳”实施方案和工艺过程，并编写零件的加工程序。

二、项目实施计划

为了获得“最佳方案”，采用“一项目多方案”的实训模式，即将实训学生分为两组或多组（第一小组、第二小组、……），由各组成员分别采用不同的加工方案生产产品，通过对不同加工方案生产产品的对比分析，优化所用方案，最终确定“最佳”方案，用于批量生产。

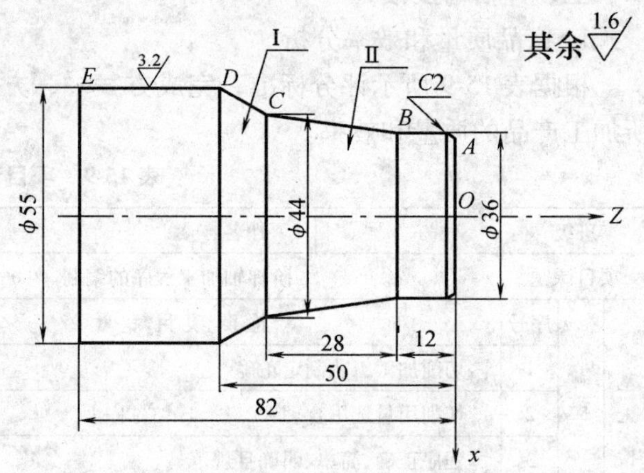

图 15-6 外圆锥面图样

项目实施计划内容，见表 15-10。

表 15-10 项目实施计划表

	第一小组	第二小组		第一小组	第二小组
设备类型	数控车床	数控车床	生产任务	工序号 1	工序号 1
数控系统	华中 HNC—21T	华中 HNC—21T	所用程序	O1502	O1502
设备编号	L08	L09	工艺参数	见工序卡	见工序卡
人员构成	四名学生	四名学生	加工时间	预计 25min	预计 20min
加工方案	方案一	方案二			

三、项目分析

（一）坯料选择

根据图样尺寸要求，并综合考虑装夹、加工质量、加工余量、加工效率、市场所供材料和生产成本等因素可知：选用 ϕ60mm 的 45 钢棒料，并锯成 85mm 长，数量为 200 根。

（二）定位和装夹方式

图样为典型的轴类零件，采用常用的“三爪自定心卡盘”即可满足定位要求。此零件需两次装夹：第一次装夹，车削 ϕ55mm 的圆柱面段（图 15-6 的左段），取坯料伸出长度为 40mm；第二次装夹，车削两个圆锥面段（图 15-6 的右段），取坯料伸出长度为 60mm。

（三）设计和选择工艺装备

1. 工、量具选择

加工图样零件所用工、量具，见表 15-11（“数量”为 1 组成员的最低配置量）。

表 15-11　加工外圆锥面所用工量具表

序　号	名　称	规　格	精度/mm	数　量	备　注
1	游标卡尺	0～125mm	0.02	1	
2	万能量角器	0°～320°		1	
3	表面粗糙度样板	R_a3.2μm 和 1.6μm		1	
4	磁性表座			1	用于零件安装时找正
5	百分表		0.01	1	
6	计算器	函数计算器		1	
7	其他辅具	1）垫片若干、油石等			
8		2）铜皮（厚 0.2mm，宽 25mm，长 175mm）			
9		3）其他车工常用工具			
10	数控车床	CK6136	0.001	1	
11	数控系统	华中 HNC—21T	0.001	1	

2. 刀具选择

数控车刀的选择原则，见本教材第三章第四节“二、车削刀具及其选择”的相关内容。鉴于可转位刀具的优点，本项目的加工将采用标准的可转位车刀。

(1) 刀片选择

1）选择外圆轮廓刀。

①主偏角。图样中圆锥面的夹角，如图 15-7 所示，因此，外轮廓加工刀具的主偏角必须大于 29°，则可避免刀具干涉。

②刀尖半径。表面粗糙度 R_a1.6μm，选用刀尖半径为 0.4mm 的刀片，并配以恰当的精加工进给速度（≤0.1mm/r），即可达到要求（假定其他因素理想）。

③刀片材料。工件材料为 45 钢，可选择 P 类（相当于我国的 YT 类）硬质合金刀片。

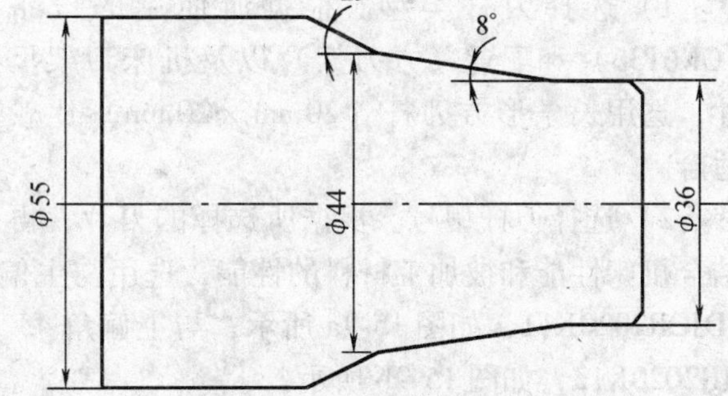

图 15-7　外圆锥面角度示意

④刀片形状。如图 15-6 所示图样，由两个外圆柱面、两个圆锥面和一个 45°倒角组成，有较高的表面粗糙度要求（R_a1.6μm），但是尺寸精度要求不高，可选择正方形或菱形刀片。

综上可知：

第一方案，选用主偏角 93°、刀尖角 55°、刀尖半径 0.4mm 的硬质合金菱形刀片（1 号），用作粗、精加工刀具，其型号为 DCMT11T304—WF。刀具切削形式，如图 15-8a 所示。

第二方案，选用主偏角 45°、刀尖角 90°、刀尖半径 0.8mm 的硬质合金正方形刀片（2 号），用作粗加工刀具，其型号为 SNMG120408—WM，刀具切削形式，如图 15-8b 所示；选用第一方案的菱形刀片（1 号），用作精加工刀具。

2）选择端面刀。根据毛坯长度、端面粗糙度要求等因素选择端面刀具。

毛坯长为85mm，背吃刀量3mm（左、右两端分别1.5mm余量），刀尖半径0.4mm的外轮廓1号刀具需分两刀加工（每刀0.75mm）；2号刀具可以一刀加工（1.5mm）。

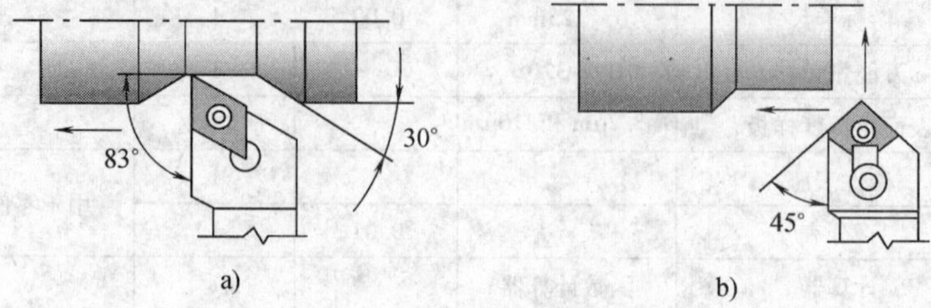

图15-8 刀具切削形式
a）55°刀尖角 b）90°刀尖角

端面粗糙度要求为$R_a 1.6\mu m$，要求较高，选用刀尖半径为0.4mm的刀具（1号），并配以恰当的精加工进给速度（0.03～0.1mm/r），可以达到要求（假定其他因素理想）。

从“一刀多用”、“少选刀”的原则来看，已选的外圆刀可以满足端面的加工要求，所以不必要再增加刀具。

综合考虑，选用外轮廓2号刀具（刀尖角为90°、刀尖半径0.8mm、主偏角45°），用作端面粗加工；1号刀具（刀尖角为55°、刀尖半径0.4mm、主偏角93°），用作端面精加工。这样在保证质量的前提下，可以少选刀。

图15-9 刀杆型号
a）主偏角93°刀杆型号 b）主偏角45°刀杆型号

（2）刀杆选择

1）选择刀杆类型。根据所使用的设备（CK6136）和配置（方刀架）以及机床刀架尺寸，选用长条形方刀杆（20mm×20mm）比较适合。

2）选择刀杆型号。根据所选择的刀片，再结合机床性能和被加工材料的性能，选用与主偏角93°的刀片（1号）相配套的刀杆型号为SDJCR2020K11，如图15-9a所示；与主偏角45°的刀片（2号）相配套的刀杆型号为MSSNR2020K12，如图15-9b所示。

（3）数控加工刀具卡片 加工所用刀具，见表15-12。

表15-12 外圆锥面加工刀具表

产品名称或代号			零件名称	外圆锥面加工	零件图号	图15-6	
序号	刀号	刀具名称	数量	加工表面	刀尖半径/mm	刀尖方位	备注
1	T01	93°外圆车刀	1	粗、精加工端面、外轮廓	0.4	3	55°刀尖角
2	T02	45°外圆车刀	1	粗加工端面、外轮廓	0.8	3	90°刀尖角
编制		审核		批准		第1页共1页	

（四）加工方案及工序

1. 圆锥面车削误差

为了延长车刀使用寿命，实际刀具的刀尖不是绝对尖锐的，而是有一个圆弧过渡刃，因此，刀具车削时，实际切削点是过渡刃圆弧与零件轮廓表面的切点。如图 15-10 所示，车外圆、端面时，刀具实际切削刃的轨迹与零件轮廓一致，并无误差产生；车削锥面时，零件轮廓为实线，实际车出形状则为虚线，产生了欠位误差 e。可见，编写圆锥面加工程序时，必须通过刀尖半径补偿功能（G41 或 G42）对刀尖圆弧半径引起的误差进行补偿。

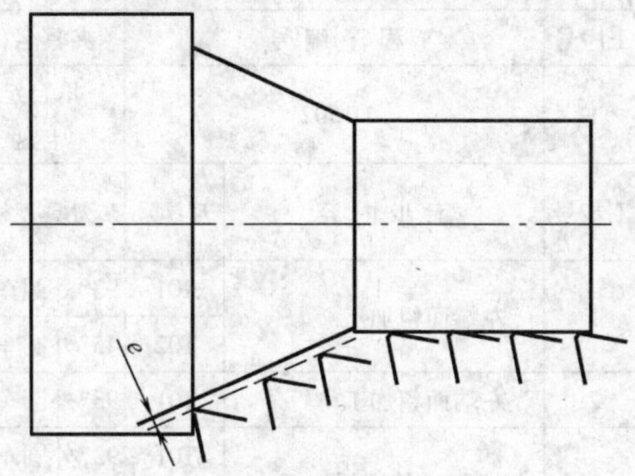

图 15-10　外圆锥面车削误差

注：刀尖半径补偿指令（G41 或 G42）的用法，参见本教材第八章第三节“五、刀具补偿指令”。

2. 加工方案

如图 15-6 所示零件，端面和圆锥面有较高的表面粗糙度要求（R_a1. 6μm）；尺寸精度要求不高；零件材料为 45 钢，切削加工性能较好，无热处理和硬度要求。综合零件的结构特点和工艺技术要求，确定加工方案如下：

方案一：粗、精加工使用同一把刀，所用刀具为刀具选择的第一方案。

方案二：粗、精加工使用不同刀，所用刀具为刀具选择的第二方案。

说明：通过此两种方案的对比实施，旨在说明不同刀具对加工效果和效率的影响，使学生理解刀具选择的重要性。

3. 工艺过程

1）用三爪自定心卡盘夹住 ϕ60mm 毛坯约 35mm 左右，零件伸出卡盘约 50mm。

2）安装磁性表座和百分表，低速起动主轴，对安装的毛坯找正，达到要求后，夹紧零件。

3）起动主轴，用手动或 MDI 方式，先粗加工切削端面 1mm，再精加工切削端面 0. 5mm，并保证精加工后的表面粗糙度为 R_a1. 6μm。

4）取毛坯右端面（图 15-6 的左端面）中心为编程原点，对刀并输入刀具参数。

5）执行程序，粗、精加工外圆至 ϕ55mm，切削长度为 40mm，并保证精加工后的表面粗糙度为 R_a3. 2μm。

6）停止主轴，取下毛坯，调头安装毛坯（用厚 0. 5mm、宽 25mm、长 175mm 的铜皮包住已加工的 ϕ55mm 圆柱面），用百分表找正后，夹紧毛坯。

7）起动主轴，用手动或 MDI 方式，先粗加工切削端面 1mm，再精加工切削端面 0. 5mm，并保证精加工后的表面粗糙度为 R_a1. 6μm、毛坯的总长度为 82mm。

8）再取调头后毛坯的右端面（图 15-6 的右端面）中心为编程原点，对刀并输入刀具参数。

9）执行程序，粗车Ⅰ、Ⅱ两个圆锥面和 ϕ44mm、ϕ36mm 两个圆柱面，并留 0. 8mm 精车余量。

10）执行程序，精车Ⅰ、Ⅱ两个圆锥面和 ϕ44mm、ϕ36mm 两个圆柱面至图样要求尺寸，并保证精加工后的表面粗糙度为 3. 2μm。

4. 工序卡

圆锥面的加工工序卡，见表 15-13。

表 15-13 圆锥面加工工序卡

单位名称			产品名称或代号		零件名称	工件材质	毛坯规格
					圆锥面	45 钢	ϕ60mm×85mm
工序号	程序编号		夹具名称	机床种类	使用设备	数控系统	车间
1	O1502		三爪自定心卡盘	数控车床	L08 L09	HNC—21T	数控实训基地
工步号	工步内容	刀具号	刀具规格	主轴转速/(r/min)	进给量/(mm/r)	背吃刀量/mm	备注
1	左端面粗加工	T01	93°外圆车刀	600	0.1	1.0	方案一
		T02	45°外圆车刀	600	0.15	1.0	方案二
2	左端面精加工	T01	93°外圆车刀	1000	0.03	0.5	方案一、二
3	ϕ55mm 外圆粗加工	T01	93°外圆车刀	600	0.15	1.5	方案一
		T02	45°外圆车刀	600	0.25	2.5	方案二
4	ϕ55mm 外圆精加工	T01	93°外圆车刀	2000	0.08	0.4	方案一、二
5	右端面粗加工(调头)	T01	93°外圆车刀	600	0.1	1.0	方案一
		T02	45°外圆车刀	600	0.15	1.0	方案二
6	右端面精加工	T01	93°外圆车刀	1000	0.03	0.5	方案一、二
7	粗加工圆锥、圆柱外轮廓	T01	93°外圆车刀	600	0.15	1.5	方案一
		T02	45°外圆车刀	600	0.25	2.5	方案二
8	精加工圆锥、圆柱外轮廓	T01	93°外圆车刀	2000	0.08	0.4	方案一、二

四、项目实施

1. 数值计算

（1）圆锥参数与计算　圆锥参数，如图 15-11 所示。

1）圆锥最大直径 D。

2）圆锥最小直径 d。

3）圆锥长度 L。

4）圆锥半角 $\frac{A}{2}$，$\tan\left(\frac{A}{2}\right)=\frac{D-d}{2L}$。

5）锥度 C。锥度是圆锥最大直径 D 和最小直径 d 的差值与圆锥长度 L 的比值，即 $C=\frac{D-d}{L}$。

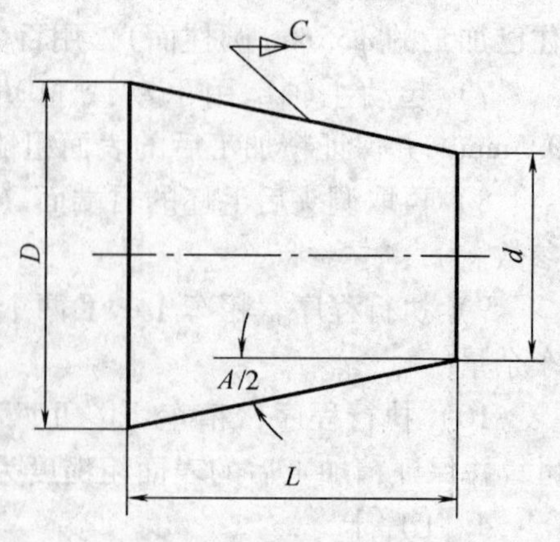

图 15-11　圆锥面参数

加工圆锥时，一般需要通过锥度 C 的关系，确定圆锥起点、终点值，即确定圆锥大径、小径值。例如锥度 $C=1:5$，圆锥小径 $d=14$mm，圆锥长度 $L=30$mm，则可计算得到圆锥大径 $D=d+CL=20$mm。

（2）基点坐标计算　若将编程原点选择为“装夹”毛坯的右端面与主轴轴线的交点，则如图 15-6 所示零件的各基点坐标，见表 15-14。

表 15-14 基 点 坐 标 （单位：mm）

基 点	*A* 点	*B* 点	*C* 点	*D* 点	*E* 点
X 坐标值	32	36	44	55	55
Z 坐标值	0	－12	－40	－50	－82

2. 程序编制

（1）方案一程序 采用方案一加工如图 15-6 所示圆锥面零件的参考程序，见表 15-15。

表 15-15 方案一加工圆锥面的参考程序

程序名：O1502		设备号：L08 工序号：1
程序段号	程序内容	说明
	%1502	
	M43	限定为高速档
	G95	每转进给
	T0101	93°外圆刀
	M03S600	
	G00X60.5	刀具定位于固定循环起刀点
	Z2	
	M08	打开切削液
	G71U1.5R1P10Q20X0.8Z0.1F0.15	外圆加工循环
	G00X80	退刀，以便测量加工尺寸
	Z100	
	M05	
	M00	
	T0101	重新调用 93°外圆刀，以便修改的
	M03S2000	刀具补偿值起作用
	G00X60.5	刀具重新定位于固定循环起刀点
	Z2	
N10	G01G42X28F0.08	（精加工循环体开始）
	X36Z-2	切削过 *A* 点，完成倒角
	Z-12	切削至 *B* 点
	X44 Z-40	切削至 *C* 点
	X55 Z-50	切削至 *D* 点
	Z-82	切削至 *E* 点
	X60	
N20	G40X60.5	
	G00X80	退刀至换刀点
	Z120	
	M05	关闭主轴
	M09	关闭切削液
	M30	程序结束

（2）方案二程序 采用方案二加工如图 15-6 所示圆锥面零件的参考程序，见表 15-16。

表 15-16 方案二加工圆锥面的参考程序

程序名：O1502		设备号：L09 工序号：1
程序段号	程序内容	说明
	%1502	
	M43	限定为高速档
	G95	每转进给
	T0202	调用粗加工的 45°外圆刀
	……	（省略同方案一）
	G71U1.5R1P10Q20X0.8Z0.1F0.15	外圆加工循环
	G00X37 Z2	
	G01 Z0 F0.15	定位于倒角起点
	X34	倒角
	G00X80	退刀，以便测量加工尺寸

（续）

程序名：O1502		设备号：L09	工序号：1	程序名：O1502		设备号：L09	工序号：1
程序段号	程序内容	说明		程序段号	程序内容	说明	
	……	（省略同方案一）			X44 Z-40	切削至 *C* 点	
	T0101	调用精加工的 93°外圆刀			X55 Z-50	切削至 *D* 点	
					Z-82	切削至 *E* 点	
	……	（省略同方案一）			X60		
N10	G01G42X36F0.08	（精加工循环体开始）		N20	G40X60.5		
	Z-12	切削至 *B* 点			……	（省略同方案一）	

3. 对刀及刀补、坐标系参数的设置

华中 HNC—21T 数控车床的对刀操作，见本教材第十二章第二节的“三、对刀及数据设置”。

4. 程序的调试与执行（产品加工）

华中 HNC—21T 数控车床程序调试与执行方法，见本教材第十二章第二节的“四、程序的建立、调试与运行”。

5. 尺寸修正

对于试切的零件，在粗车后使用程序暂停指令（M00），暂停机床的动作，测量零件尺寸是否符合要求，如有偏差，则要在精车前及时修正，修正的方法是：修改相应刀具的磨耗值（输入值 = 图样编程值 - 测量值）。

五、评估与反馈

1. 产品质量和效率分析

根据表 15-17 所示评分标准，完成方案一、方案二加工零件的检测评分，对比两种方案所加工产品的质量和效率。

2. 实施方案对比分析

请项目实施的各小组，根据项目实施的过程、产品质量和效率分析的结果，相互探讨，分析不同方案的优、缺点，进行方案优化，最终确定“最佳方案”，用于批量生产。

表 15-17 项目评估表

班级				姓名		学号		日期	
项目课题		外圆锥面加工程序的编制				零件图号		图 15-6	
基本检查		序号	检测项目			配分	学生自评分	教师评分	
	编程	1	切削加工工艺制定正确			2			
		2	切削用量选用合理			2			
		3	程序正确、简单、明确且规范			6			
	操作	4	设备的正确操作与维护保养			2			
		5	安全、文明生产			3			
基本检查结果总计						15			

（续）

	序号	图样尺寸/mm	允差/mm	量具		配分	实际尺寸		分数
				名称	规格/mm		学生自测	教师检测	
尺寸检测	1	外圆 ϕ36		游标卡尺	0～125	10			
	2	外圆 ϕ44		万能量角器	0～320°	10			
	3	外圆 ϕ55		游标卡尺	0～125	10			
	4	长 12		游标卡尺	0～125	10			
	5	长 28		万能量角器	0～320°	10			
	6	长 50		万能量角器	0～320°	10			
	7	长 82		游标卡尺	0～150	10			
	8	表面粗糙度	R_a1.6μm	表面粗糙度样板	R_a1.6μm	10			
	9	表面粗糙度	R_a3.2μm	表面粗糙度样板	R_a3.2μm	5			
尺寸检测结果总计						85			

所用方案	工序	加工时间	基本检查结果	尺寸检测结果	成绩
学生签字			实习老师签字		

3. 个人总结

1）通过本项目的实施，你有哪些收获（可从学会、掌握、深层理解三个层次说明）？

2）通过本项目的实施，你尚有哪些问题（不懂或疑惑之处）？

项目三　槽与切断加工程序的编制

一、项目实例

如图 15-12 所示的槽与切断加工图样，数量要求为 200 件，所用材料为 45 钢，现根据图样和生产要求，制定完成该产品生产的“最佳”实施方案和工艺过程，并编写零件的加工程序。

二、项目实施计划

为了获得“最佳方案”，采用“一项目多方案”的实训模式，即将实训学生分为两组或多组（第一小组、第二小组、……），由各组成员分别采用不同的加工方案生产产品，通过对不同加工方案生产产品的对比分析，优化所用方案，最终确定“最佳”方案，用于批量生产。

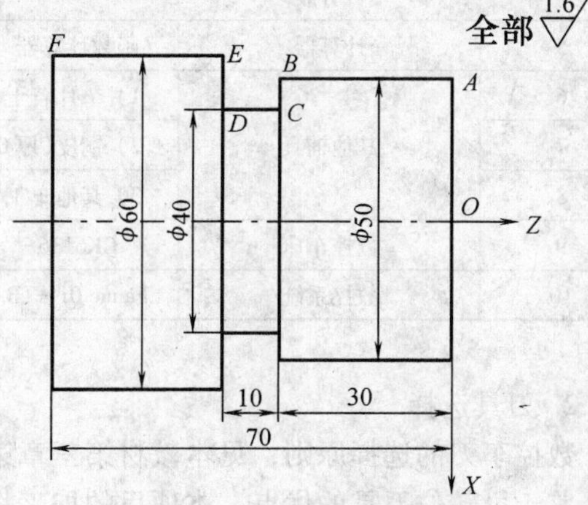

图 15-12　槽与切断加工图样

项目实施计划内容，见表 15-18。

表 15-18 项目实施计划表

	第一小组	第二小组		第一小组	第二小组
设备类型	数控车床	数控车床	生产任务	工序号 1	工序号 1
数控系统	Fanuc 0i—TB	Fanuc 0i—TB	所用程序	O1503	O1503
设备编号	L01	L02	工艺参数	见工序卡	见工序卡
人员构成	四名学生	四名学生	加工时间	预计 25min	预计 20min
加工方案	方案一	方案二			

三、项目分析

（一）坯料选择

根据图样尺寸要求（70mm 长），并综合考虑装夹、切断要求以及加工质量、加工余量、加工效率、市场所供材料和生产成本等因素可知：选用 ϕ65mm 的 45 钢棒料，并锯成 100mm 长，数量为 200 根。

（二）定位和装夹方式

图样为典型的轴类零件，采用常用的“三爪自定心卡盘”即可满足定位要求。此零件因切断端面的表面粗糙度要求较高（R_a1.6μm），因此需两次装夹：第一次装夹，车削 ϕ50mm、ϕ60mm 圆柱面段，取坯料伸出长度为 80mm；第二次装夹，车削切断端面，使表面粗糙度达到 R_a1.6μm，并保证零件总长 70mm。

（三）设计和选择工艺装备

1. 工、量具选择

加工图样零件所用工、量具，见表 15-19（“数量”为 1 组成员的最低配置量）。

表 15-19 槽与切断加工所用工量具表

序号	名称	规格	精度/mm	数量	备注
1	游标卡尺	0～125mm	0.02	1	
2	表面粗糙度样板	R_a1.6μm		1	
3	磁性表座			1	用于零件安装时找正
4	百分表		0.01	1	
5	计算器	函数计算器		1	
6	其他辅具	1）垫片若干、油石等			
7		2）铜皮（厚 0.5mm，宽 25mm，长 157mm）			
8		3）其他车工常用工具			
9	数控车床	CK6136	0.001	1	
10	数控系统	Fanuc 0i—TB	0.001	1	

2. 刀具选择

数控车刀的选择原则，见本教材第三章第四节“二、车削刀具及其选择”的相关内容。鉴于可转位刀具的优点，本项目的加工将采用标准的可转位车刀。

（1）刀片选择

1）选择外圆轮廓刀。

①主偏角。图样有垂直面加工，外轮廓加工刀具的主偏角必须大于等于90°。

②刀尖半径。表面粗糙度 R_a1.6μm，选用刀尖半径为0.4mm 的刀片，并配以恰当的精加工进给速度（≤0.1mm/r），即可达到要求（假定其他因素理想）。

③刀片材料。工件材料为45 钢，可选择 P 类（相当于我国的 YT 类）硬质合金刀片。

④刀片形状。如图 15-12 所示图样，由两个外圆柱面 ϕ50mm、ϕ60mm 和一个宽槽组成，有较高的表面粗糙度要求（R_a1.6μm），但是尺寸精度要求不高（无公差），可选择正方形或菱形刀片。

综上可知：选用主偏角 95°、刀尖角 80°、刀尖半径 0.4mm 的硬质合金菱形刀片（1 号），用作外轮廓的粗、精加工刀具，刀片（1 号）型号为 CNMG120404—WM。刀具切削形式，如图 15-13 所示。

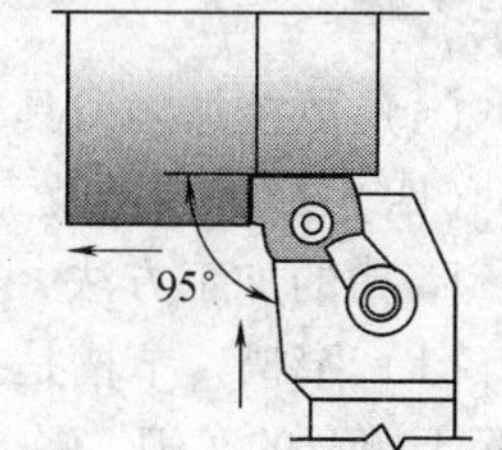

图 15-13　刀具切削形式（80°刀尖角）

2）选择端面刀。根据毛坯长度、端面粗糙度要求等因素选择端面刀具。

毛坯长为 100mm，设定在 72mm 处切断，则背吃刀量为 2mm（左、右两端分别 1mm 余量），刀尖半径 0.4mm 的外轮廓刀具（1 号），可以一刀加工（1mm）。

端面粗糙度要求为 R_a1.6μm，要求较高，选用刀尖半径为0.4mm 的刀具（1 号），并配以恰当的精加工进给速度（0.03 ~0.1mm/r），可以达到要求（假定其他因素理想）。

从“一刀多用”、“少选刀”的原则来看，已选的外圆刀可以满足端面的加工要求，所以不必要再增加刀具。

综合考虑，选用外轮廓1 号刀具（刀尖角为80°、刀尖半径0.4mm、主偏角95°），用作端面粗、精加工。这样在保证质量的前提下，可以少选刀。

3）选择切槽刀。切槽刀选择的一般原则是：背吃刀量≤8 × 刀片宽度 W，即 3mm 宽的刀片可切断 ϕ48mm 的棒料；刀架伸出的长度应小于刀板高度，如图 15-14 所示；切断实体棒料时，切削刃应高出机床中心高 0.08mm +0.025W，如图 15-15 所示。

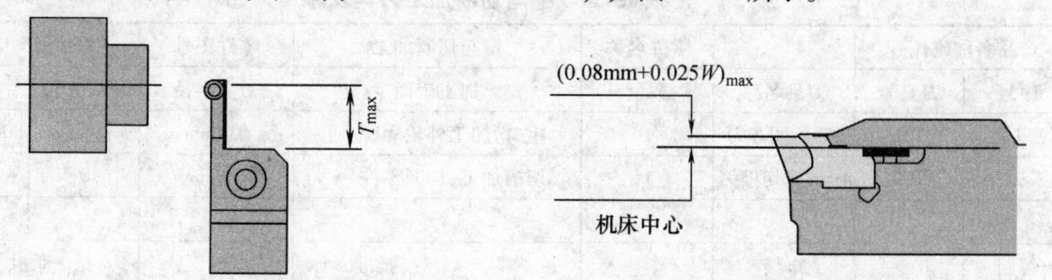

图 15-14　切槽刀刀架伸出的长度　　图 15-15　切断时切槽刀的高度

如图 15-12 所示图样，槽为 10mm 的宽槽，最大背吃刀量为 30mm（切断），即刀片宽度 W≥3.75mm。因此可选用 4mm 宽的硬质合金刀片（2 号）来做宽槽的粗、精加工，其型号为：TDC/J4。切槽刀切削形式，如图 15-16 所示。

（2）刀杆选择

1）选择刀杆类型。根据所使用的设备（CK6136）和配置（方刀架）以及机床刀架尺寸，选用长条形方刀杆（20mm×20mm）比较适合。

2）选择刀杆型号。根据所选择的刀片，再结合机床性能和被加工材料的性能，选用与主偏角95°的外轮廓刀片（1号）相配套的刀杆型号为MCLNR2020K12，如图15-17a所示；与4mm宽的切槽刀刀片（2号）相配套的弹性刀杆型号为：TTER2020—4，如图15-17b所示。

（3）数控加工刀具卡片　加工所用刀具，见表15-20。

（四）加工方案及工序

1. 槽的加工方法

（1）窄槽　窄槽是指沟槽的宽度不大，可以采用刀头宽度等于槽宽的车刀，一次车出的沟槽。根据精度要求，窄槽有两种加工方法：对于精度要求不高、背吃刀量不大的槽，可采用G01指令“直进”切削至图样尺寸；对于精度要求较高、背吃刀量较大的槽，可用G01指令或切断循环指令G75（Fanuc 0i—TB系统）“间歇进给”切削至图样尺寸后，再用G04指令使刀具在槽底停留几秒钟，以光整槽底。

图15-16　切槽刀切削形式

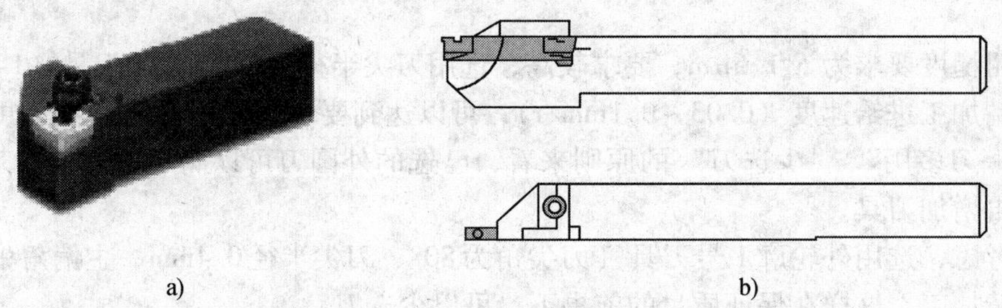

图15-17　刀杆型号

a）主偏角95°刀杆型号　b）切槽刀弹性刀杆

表15-20　槽与切断加工刀具表

产品名称或代号			零件名称	槽与切断加工	零件图号	图15-12	
序号	刀具号	刀具名称	数量	加工表面	刀尖半径	刀尖方位	备　注
1	T01	95°外圆车刀	1	粗、精加工外轮廓、端面	0.4mm	3	80°刀尖角
2	T02	4mm宽切槽刀	1	切槽加工、切断零件	0.2mm	0	
编制		审核		批准		第1页共1页	

（2）宽槽　宽槽是指沟槽宽度大于切槽刀头宽度的沟槽。根据精度要求，宽槽加工也有两种方法：对于精度要求不高、背吃刀量不大的槽，可采用G01指令或切断循环指令G75（Fanuc 0i—TB系统）“多次直进”切削至图样尺寸，即不留精车余量，粗、精加工一次完成；对于精度要求较高、背吃刀量较大的槽，可先用G01指令或切断循环指令G75（Fanuc 0i—TB系统）“多次间歇进给”切削至粗加工尺寸，即在槽的两侧和底部留一定的精车余量，如图15-18a所示，然后再用G01指令精加工至图样尺寸，如图15-18b所示。

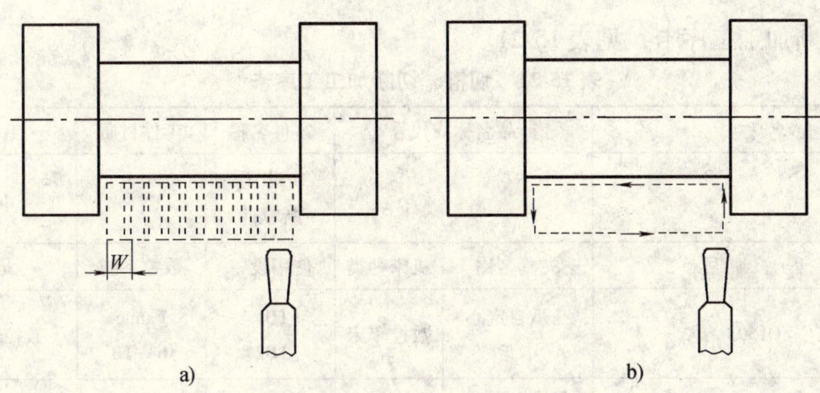

图 15-18　宽槽加工方法
a）宽槽粗加工　b）宽槽精加工

2. 加工方案

如图 15-12 所示零件，槽宽 10mm 为宽槽；端面和圆柱面有较高的表面粗糙度要求（R_a1.6μm）；尺寸精度要求不高；零件材料为 45 钢，切削加工性能较好，无热处理和硬度要求。综合零件的结构特点和工艺技术要求，确定加工方案如下：

方案一：采用 G01 指令“多次直进”切削至图样尺寸，即不留精车余量，粗、精加工一次完成。

方案二：先用切断循环指令 G75（Fanuc 0i—TB 系统）“多次间歇进给”切削至粗加工尺寸，即在槽的两侧和底部留一定的精车余量，然后再用 G01 指令精加工至图样尺寸。

说明：通过此两种方案的对比实施，旨在说明不同加工方法对加工效果和效率的影响，使学生理解方法选择的重要性。

3. 工艺过程

1）用三爪自定心卡盘夹住 ϕ65mm 毛坯约 20mm 左右，零件伸出卡盘约 80mm。

2）安装磁性表座和百分表，低速起动主轴，对安装的毛坯找正，达到要求后，夹紧零件。

3）起动主轴，用手动或 MDI 方式，先粗切削端面 0.8mm，再精切削端面 0.2mm，并保证精加工后的表面粗糙度为 R_a1.6μm。

4）取毛坯右端面（图 15-12 的右端面）中心为编程原点，对刀并输入刀具参数。

5）执行程序，粗、精加工 ϕ60mm、ϕ50mm 圆柱面，切削长度分别为 75mm、40mm，并保证精加工后的表面粗糙度为 R_a1.6μm。

6）执行程序，粗、精加工 10mm 宽槽，并保证精加工后槽的表面粗糙度为 R_a1.6μm。

7）执行程序，切断加工零件，切断位置为 75mm（切槽刀宽 4mm，余量 1mm）。

8）调头安装所加工零件（用厚 0.5mm、宽 25mm、长 157mm 的铜皮包住已加工的 ϕ50mm 圆柱面），用百分表找正后，夹紧零件。

9）起动主轴，执行程序或用 MDI 方式，先粗加工切断端面 0.8mm，再精加工切断端面 0.2mm，并保证精加工后的端面粗糙度为 R_a1.6μm、零件的总长度为 70mm。

4. 工序卡

切槽、切断加工工序卡，见表15-21。

表15-21 切槽、切断加工工序卡

单位名称			产品名称或代号		零件名称	工件材质	毛坯规格
					切槽、切断零件	45钢	ϕ65×100
工序号	程序编号		夹具名称	机床种类	使用设备	数控系统	车间
1	O1503		三爪自定心卡盘	数控车床	L01 L02	Fanuc 0i—TB	数控实训基地
工步号	工步内容	刀具号	刀具规格	主轴转速/(r/min)	进给量/(mm/r)	背吃刀量/mm	备注
1	右端面粗加工	T01	95°外圆车刀	600	0.1	0.8	方案一、二
2	右端面精加工	T01	95°外圆车刀	1000	0.03	0.2	方案一、二
3	ϕ60mm、ϕ50mm外圆粗加工	T01	95°外圆车刀	600	0.15	1.5	方案一、二
4	ϕ60mm、ϕ50mm外圆精加工	T01	95°外圆车刀	2000	0.08	0.4	方案一、二
5	10mm宽槽粗、精加工	T02	4mm宽切槽刀	300	0.06	5	方案一
	10mm宽槽粗加工	T02	4mm宽切槽刀	300	0.1	4.9	方案二
6	槽精加工	T02	4mm宽切槽刀	600	0.03	0.1	方案二
7	切断零件	T02	4mm宽切槽刀	300	0.06	29	方案一、二
8	切断面粗加工(调头)	T01	95°外圆车刀	600	0.1	0.8	方案一、二
9	切断面精加工	T01	95°外圆车刀	1000	0.03	0.2	方案一、二

四、项目实施

1. 基点坐标计算

若将编程原点选择为“装夹”毛坯的右端面与主轴轴线的交点，则图15-12所示零件的各基点坐标，见表15-22。

表15-22 基点坐标 （单位：mm）

基点	*A*点	*B*点	*C*点	*D*点	*E*点	*F*点
*X*坐标值	50	50	40	40	60	60
*Z*坐标值	0	−30	−30	−40	−40	−70

2. 程序编制

(1) 方案一程序 采用方案一加工图15-12所示切槽、切断零件的参考程序，见表15-23。

表 15-23　切槽、切断加工的方案一参考程序

程序名:O1503		设备号:L01　工序号:1	程序名:O1503		设备号:L01　工序号:1
程序段号	程序内容	说　明	程序段号	程序内容	说　明
	O1503	程序名(Fanuc 0i—TB系统)		T0202	4mm 宽切槽刀
				S300	切槽转速
	G95	每转进给		G00X60.5	
	T0101	95°外圆刀		Z-40	快速定位于切槽起刀点
	M03S600				
	G00X65.5	刀具定位于固定循环起刀点		G01X50.5F0.3	快速接近切槽面
				X40F0.06	第一刀直进切槽
	Z2			X50.5F0.3	退刀
	M08	打开切削液		Z-37	定位于第二刀切槽起刀点
	G71U1.5　R1	外圆加工循环			
	G71P10Q20U0.8W0.1F0.15			X40F0.06	第二刀直进切槽
N10	G01G42X50F0.08	(精加工循环体开始)		X50.5F0.3	退刀
	Z-40			Z-34	定位于第三刀切槽起刀点
	X60	切削至 *E* 点			
	Z-75	切削过 *F* 点		X40F0.06	第三刀直进切槽
	X65			X50.5F0.3	退刀
N20	G40X65.5	(精加工循环体结束)		G00X60.5	快速退刀
	G50S2000	限定精加工转速至2000r/min		Z-75	定位于切断起刀点
				G01X1　F0.06	直进切断
	G96　S180	恒线速		X60.5F0.3	
	G70P10Q20	精加工外轮廓		G00X80　Z100	退刀至换刀点
	G97S600	取消恒线速		M05	关闭主轴
	G00X80	退刀至换刀点		M09	关闭切削液
	Z100			M30	程序结束

(2) 方案二程序　采用方案二加工图 15-12 所示切槽、切断零件的参考程序，见表 15-24。

表 15-24　切槽、切断加工的方案二参考程序

程序名:O1503		设备号:L02　工序号:1	程序名:O1503		设备号:L02　工序号:1
程序段号	程序内容	说　明	程序段号	程序内容	说　明
	O1503	程序名(Fanuc 0i—TB系统)		G00X60.5	
				Z-39.8	快速定位于切槽起刀点
	……	(省略同方案一)			
	G00X80	退刀至换刀点		G75R0.1	间歇进给切槽循环
	Z100			G75X40.2Z-33.8P800Q3000F0.06	
	T0202	4mm 宽切槽刀			
	S300	切槽转速		S600	精加工切槽转速

（续）

程序名：O1503		设备号：L02	工序号：1	程序名：O1503		设备号：L02	工序号：1
程序段号	程序内容	说明		程序段号	程序内容	说明	
	G01 Z-40 F0.3 X40F0.03 Z-34 X50.5 G00X60.5 Z-75	槽精加工 快速退刀 定位于切断起刀点			G01X1 F0.06 X60.5F0.3 G00X80 Z100 M05 M09 M30	直进切断 退刀至换刀点 关闭主轴 关闭切削液 程序结束	

3. 对刀及刀补、坐标系参数的设置

限于篇幅，Fanuc 0i—TB 系统数控车床的对刀与参数设置，请参见相关的机床说明书。

4. 程序的调试与执行（产品加工）

限于篇幅，Fanuc 0i—TB 系统数控车床程序调试与执行方法，请参见相关的机床说明书。

5. 尺寸修正

对于试切的零件，在粗车后使用程序暂停指令（M00），暂停机床的动作，测量零件尺寸是否符合要求，如有偏差，则要在精车前及时修正，修正的方法是：修改相应刀具的磨耗值（输入值 = 图样编程值 - 测量值）。

五、评估与反馈

1. 产品质量和效率分析

根据表 15-25 所示评分标准，完成方案一、方案二加工零件的检测评分，对比两种方案所加工产品的质量和效率。

2. 实施方案对比分析

请项目实施的各小组，根据项目实施的过程、产品质量和效率分析的结果，相互探讨，分析不同方案的优、缺点，进行方案优化，最终确定“最佳方案”，用于批量生产。

3. 个人总结

1）通过本项目的实施，你有哪些收获（可从学会、掌握、深层理解三个层次说明）？

2）通过本项目的实施，你尚有哪些问题（不懂或疑惑之处）？

表 15-25 项目评估表

班级				姓名		学号		日期	
项目课题			切槽、切断加工程序的编制			零件图号		图 15-12	
基本检查		序号	检测项目		配分	学生自评分		教师评分	
	编程	1	切削加工工艺制定正确		2				
		2	切削用量选用合理		2				
		3	程序正确、简单、明确且规范		6				
	操作	4	设备的正确操作与维护保养		2				
		5	安全、文明生产		3				
基本检查结果总计					15				

（续）

	序号	图样尺寸/mm	允差/mm	量具名称	量具规格/mm	配分	实际尺寸 学生自测	实际尺寸 教师检测	分数
尺寸检测	1	外圆 $\phi60$		游标卡尺	0 ~ 125	10			
	2	外圆 $\phi40$		游标卡尺	0 ~ 125	10			
	3	外圆 $\phi50$		游标卡尺	0 ~ 125	10			
	4	长 70		游标卡尺	0 ~ 125	10			
	5	长 30		游标卡尺	0 ~ 125	10			
	6	槽宽 10		游标卡尺	0 ~ 125	10			
	7	外轮廓表面粗糙度	$R_a1.6\mu m$	表面粗糙度样板	$R_a1.6\mu m$	10			
	8	宽槽侧面及底面粗糙度	$R_a1.6\mu m$	表面粗糙度样板	$R_a1.6\mu m$	10			
	9	切断端面表面粗糙度	$R_a1.6\mu m$	表面粗糙度样板	$R_a1.6\mu m$	5			
尺寸检测结果总计						85			

所用方案	工序	加工时间	基本检查结果	尺寸检测结果	成绩
学生签字			实习老师签字		

项目四　螺纹加工程序的编制

一、项目实例

如图 15-19 所示的螺纹加工图样，数量要求为 200 件，所用材料为 45 钢，现根据图样和生产要求，制定完成该产品生产的“最佳”实施方案和工艺过程，并编写零件的加工程序。

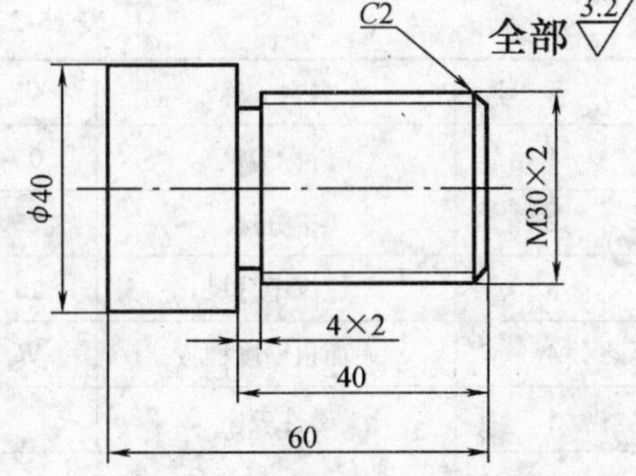

图 15-19　螺纹加工图样

二、项目实施计划

为了获得“最佳方案”，采用“一项目多方案”的实训模式，即将实训学生分为两组或多组（第一小组、第二小组、……），由各组成员分别采用不同的加工方案生产产品，通过对不同加工方案生产产品的对比分析，优化所用方案，最终确定“最佳”方案，用于批量生产。

项目实施计划内容，见表 15-26。

表 15-26　项目实施计划表

	第一小组	第二小组		第一小组	第二小组
设备类型	数控车床	数控车床	生产任务	工序号 1	工序号 1
数控系统	华中 HNC—21T	华中 HNC—21T	所用程序	O1504	O1504
设备编号	L08	L09	工艺参数	见工序卡	见工序卡
人员构成	四名学生	四名学生	加工时间	预计 35min	预计 30min
加工方案	方案一	方案二			

三、项目分析

（一）坯料选择

根据图样尺寸要求（60mm 长），并综合考虑装夹、切断要求以及加工质量、加工余量、加工效率、市场所供材料和生产成本等因素，确定坯料选择方案。

第一方案：零件通过长坯料切断得到，相应于此方案，选用 ϕ45mm 的 45 钢棒料，并锯成 90mm 长或更长，数量为 200 根。

第二方案：选择恰当长度的零件坯料，通过调头等工艺，加工得到图样零件，相应于此方案，选用 ϕ45mm 的 45 钢棒料，并锯成 62mm 长，数量为 200 根。

说明：通过此两种方案的对比实施，旨在说明坯料选择的不同对加工效果和效率的影响，使学生理解坯料选择的重要性。

（二）定位和装夹方式

图样为典型的轴类零件，采用常用的“三爪自定心卡盘”即可满足定位要求。此零件因全部的表面粗糙度要求为 3. 2μm，因此需两次装夹。

第一方案（相应于坯料选择的第一方案）：第一次装夹，取坯料伸出长度为 70mm，车削图样右端面和 ϕ40mm、ϕ30mm 圆柱面段以及退刀槽、M30 ×2 螺纹；第二次装夹，取坯料伸出长度为 5mm，车削切断端面，使表面粗糙度达到 R_a1. 6μm，并保证零件总长 60mm。

第二方案（相应于坯料选择的第二方案）：第一次装夹，取坯料伸出长度为 30mm，车削图样左端面和 ϕ40mm 圆柱面段，并使表面粗糙度达到 3. 2μm；第二次装夹，取坯料伸出长度为 45mm，车削图样右端面、ϕ30mm 圆柱面段、退刀槽和 M30 ×2 螺纹，并使表面粗糙度达到 R_a3. 2μm、零件总长为 60mm。

（三）设计和选择工艺装备

1. 工、量具选择

加工图样零件所用工、量具，见表 15-27（“数量”为 1 组成员的最低配置量）。

表 15-27　螺纹加工所用工量具表

序　号	名　称	规　格	精度/mm	数　量	备　注
1	游标卡尺	0 ~ 125mm	0. 02	1	
2	千分尺	25 ~ 50mm	0. 01	1	
3	螺纹千分尺	20 ~ 50mm	0. 01	1	
4	表面粗糙度样板	R_a3. 2μm		1	
5	磁性表座			1	用于零件安装时找正
6	百分表		0. 01	1	
7	计算器	函数计算器		1	
8	其他辅具	1）垫片若干、油石等			
9		2）铜皮（厚 0. 2mm，宽 25mm，长 120mm）			
10		3）其他车工常用工具			
11	数控车床	CK6136	0. 001	1	
12	数控系统	华中 HNC—21T	0. 001	1	

2. 刀具选择

数控车刀的选择原则，见本教材第三章第四节“二、车削刀具及其选择”的相关内容。

鉴于可转位刀具的优点，本项目的加工将采用标准的可转位车刀。

（1）刀片选择

1）选择外圆轮廓刀。

①主偏角。图样有垂直面加工，外轮廓加工刀具的主偏角必须大于等于90°。

②刀尖半径。表面粗糙度 R_a3.2μm，选用刀尖半径为0.8mm的刀片，并配以恰当的精加工进给速度（≤0.28mm/r），即可达到要求（假定其他因素理想）。

③刀片材料。工件材料为45钢，可选择P类（相当于我国的YT类）硬质合金刀片。

④刀片形状。如图15-19所示图样，由两个外圆柱面 ϕ40mm、ϕ30mm 和一个4mm的退刀槽以及一个M30×2的三角形螺纹组成，全部表面粗糙度要求为 R_a3.2μm，图样尺寸精度要求不高（无公差），可选择正方形或菱形刀片。

综上可知：选用主偏角95°、刀尖角80°、刀尖半径0.8mm的硬质合金菱形刀片（1号），用作外轮廓的粗、精加工刀具，刀片（1号）型号为CNMG120408—WM。刀具切削形式，如图15-13所示。

2）选择端面刀。根据毛坯长度、端面粗糙度要求等因素选择端面刀具。

切断或选料时，若取左、右端面的切削余量分别为1mm，则刀尖半径0.8mm的外轮廓刀（1号），可以一刀加工（1mm）。

端面粗糙度要求为 R_a3.2μm，选用刀尖半径0.8mm的外轮廓刀（1号），并配以恰当的精加工进给速度（0.03~0.1mm/r），可以达到要求（假定其他因素理想）。

从“一刀多用”、“少选刀”的原则来看，已选的外圆刀可以满足端面的加工要求，所以不必要再增加刀具。

综合考虑，选用1号外轮廓刀（刀尖角为80°、刀尖半径0.8mm、主偏角95°），用作端面粗、精加工。这样在保证质量的前提下，可以少选刀。

3）选择切槽刀。切槽刀选择的一般原则是：背吃刀量≤8×刀片宽度 W，即3mm宽的刀片可切断 ϕ48mm的棒料；刀架伸出的长度应小于刀板高度，如图15-14所示；切断实体棒料时，切削刃应高出机床中心高0.08mm+0.025W，如图15-15所示。

如图15-19所示图样，槽为4mm的窄槽；最大背吃刀量为20mm（切断时），即刀片宽度 W≥2.5mm。因此可选用4mm宽的硬质合金刀片（2号）来作切断和窄槽的粗、精加工，其型号为：TDC/J4。切槽刀切削形式，如图15-16所示。

4）选择螺纹刀。如图15-19所示螺纹为公称直径30mm、螺距2mm的标准细牙螺纹，因此可选用刀尖角60°的标准硬质合金螺纹刀片（3号）来作螺纹的粗、精加工，其型号为：16ERM G60。螺纹刀切削形式，如图15-20所示。

（2）刀杆选择

1）选择刀杆类型。根据所使用的设备（CK6136）和配置（方刀架）以及机床刀架尺寸，选用长条形方刀杆（20mm×20mm）比较适合。

2）选择刀杆型号。根据所选择的刀片，再结合机床性能和被加工材料的性能，选用与主偏角95°的外轮廓刀片（1号）相配套的刀杆型号为MCLNR2020K12，如图15-17a所示；与4mm宽的切槽刀刀片（2号）相配套的弹性刀杆型号为：TTER2020-4，如图15-17b所示；与螺距为2mm 的螺纹刀刀片（3 号）相配套的螺纹刀杆型号为：SER2020K16，如图15-21 所示。

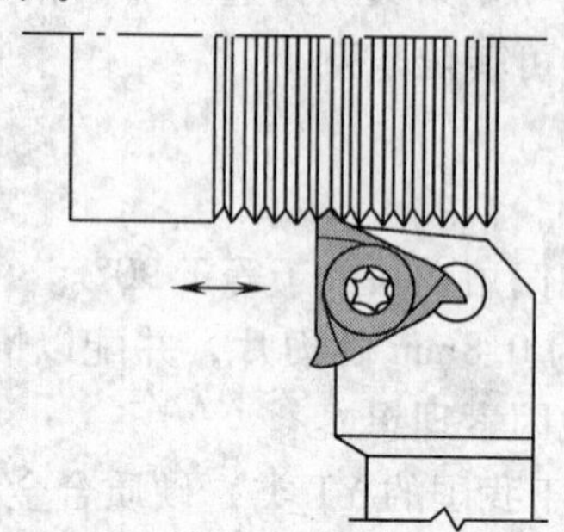

图 15-20 螺纹刀切削形式

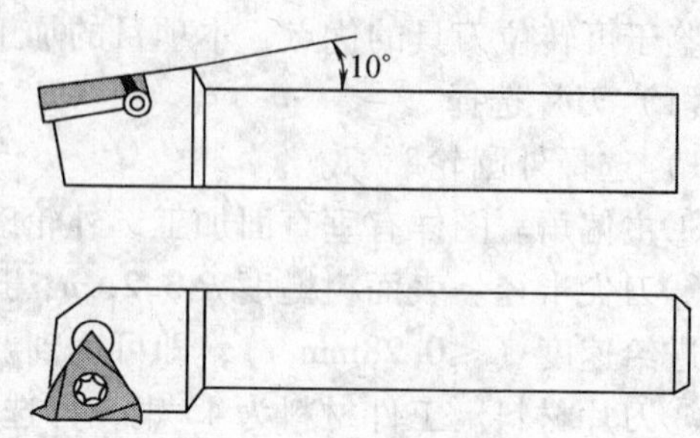

图 15-21 螺纹刀杆

（3）数控加工刀具卡片 加工所用刀具，见表 15-28。

表 15-28 螺纹加工刀具表

产品名称或代号			零件名称	螺纹加工	零件图号	图 15-19	
序号	刀号	刀具名称	数量	加工表面	刀尖半径	刀尖方位	备 注
1	T01	95°外圆车刀	1	粗、精加工外轮廓、端面	0. 8mm	3	80°刀尖角
2	T02	4mm 宽切槽刀	1	切槽加工、切断零件	0. 2mm	0	
3	T03	60°外螺纹车刀	1	粗、精加工外螺纹		0	
编制		审核		批准		第 1 页共 1 页	

（四）加工方案及工序

1. 螺纹加工工艺参数的确定

（1）螺纹起点与螺纹终点轴向尺寸的确定 车削螺纹时，一般起始有一个加速过程（升速进刀段 δ_1），结束前有一个减速过程（减速退刀段 δ_2），如图 15-22 所示。δ_1 和 δ_2 的数值与螺纹的螺距和螺纹的精度有关。实际生产中，δ_1 值一般取 2 ~ 5mm，大螺距和高精度的螺纹取大值；δ_2 值不得大于退刀槽宽度，一般为退刀槽宽度的一半左右，取 1 ~ 3mm。若螺纹收尾处没有退刀槽时，收尾处的形状与数控系统有关，一般按 45°退刀收尾。例如加工图 15-22 所示的 M30 ×2 普通螺纹时，根据螺距和螺纹精度取 δ_1 为 2mm（螺距值）；根据退刀槽宽度取 δ_2 为槽宽的一半（2mm）。

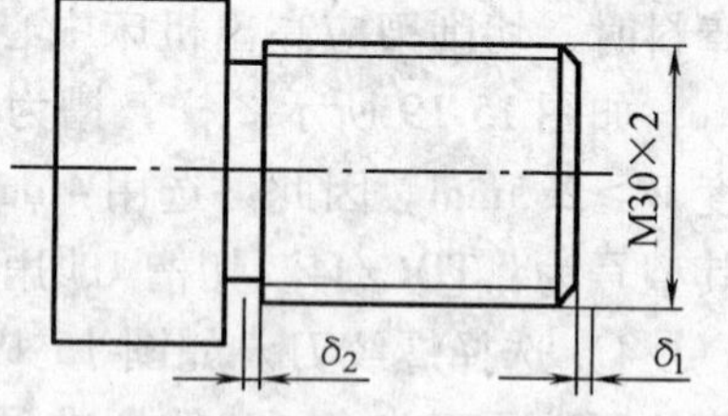

图 15-22 螺纹的 δ_1 和 δ_2

（2）主轴转速 数控车床加工螺纹时，主轴转速受数控系统、螺纹导程、刀具、零件尺寸和材料等多种因素影响。不同的数控系统，主轴转速有不同的推荐范围，需查阅相关的机床说明。经济型数控车床车削螺纹时，主轴转速的经验公式为

$$n \leqslant \frac{1200}{P} - K$$

式中 P——螺纹的螺距，单位为 mm；

K——保险系数，一般取 80；

n——主轴转速，单位为 r/min。

例如加工图 15-22 所示的 M30×2 普通螺纹时，主轴转速 $n \leqslant \frac{1200}{P} - K = 520\text{r/min}$，根据零件材料、刀具等因素可取 $n = 400 \sim 500\text{r/min}$。

（3）背吃刀量 a_p

1）进刀方法的选择　数控车床加工螺纹的进刀方法通常有直进法、斜进法。当螺距 $P < 3\text{mm}$ 时，一般采用直进法，如图 15-23 所示；螺距 $P > 3\text{mm}$ 时，一般采用斜进法，如图 15-24 所示。

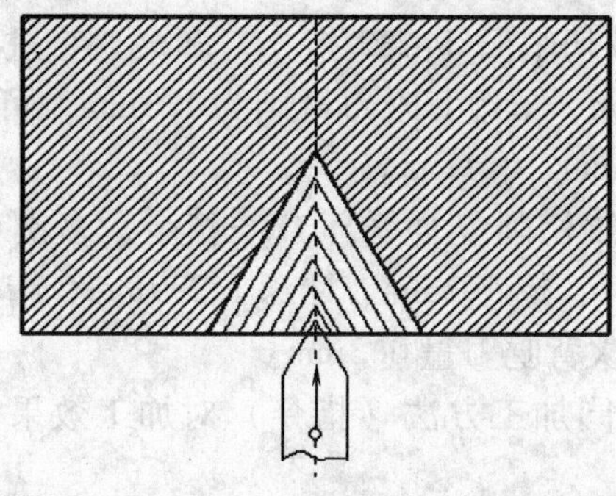

图 15-23　直进法螺纹进刀

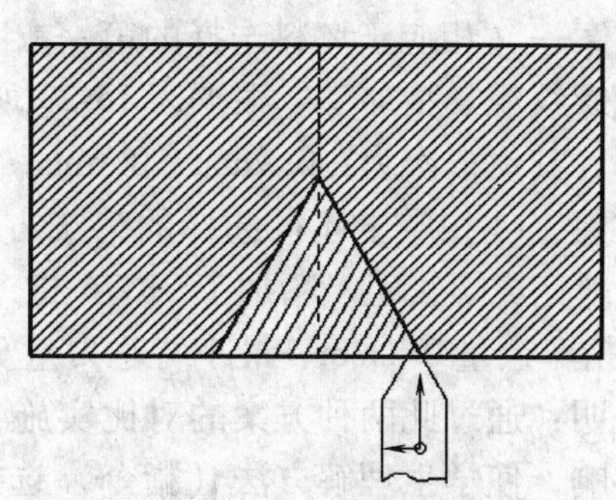

图 15-24　斜进法螺纹进刀

2）背吃刀量的选用。加工螺纹时，单边背吃刀量总深度等于螺纹实际牙型高度时，一般取 $h_{1实} = 0.65P$。车削应遵循后一刀的背吃刀量不能超过前一刀背吃刀量的原则，即采用递减的背吃刀量分配方式，否则会因切削面积的增加、切削力过大而损坏刀具。当用硬质合金螺纹刀时，为了提高螺纹的表面粗糙度，最后一刀的背吃刀量一般不能小于 0.1mm。

常用螺纹加工走刀次数与分层切削余量，见表 15-29。

表 15-29　常用螺纹加工走刀次数与分层切削余量　（单位：mm）

米制螺纹								
螺距		1.0	1.5	2.0	2.5	3.0	3.5	4.0
牙深		0.65	0.975	1.3	1.625	1.95	2.275	2.6
切深		1.3	1.95	2.6	3.25	3.9	4.55	5.2
走刀次数与切削余量	1 次	0.7	0.8	0.9	1.0	1.2	1.5	1.5
	2 次	0.4	0.5	0.6	0.7	0.7	0.7	0.8
	3 次	0.2	0.5	0.6	0.6	0.6	0.6	0.6
	4 次		0.15	0.4	0.4	0.4	0.6	0.6
	5 次			0.1	0.4	0.4	0.4	0.4
	6 次				0.15	0.4	0.4	0.4
	7 次					0.2	0.2	0.4
	8 次						0.15	0.3
	9 次							0.2

(4) 进给量f

1) 单线螺纹的进给量等于螺距,即$f=P$。

2) 多线螺纹的进给量等于导程,即$f=L$。

数控车床加工双线螺纹的常用方法是:加工完第一条螺纹后,车刀轴向移动一个螺距,再加工第二条螺纹。

2. 加工方案

如图15-19所示零件,槽宽4mm;端面和圆柱面的表面粗糙度要求为R_a3.2μm;尺寸精度要求不高;零件材料为45钢,切削加工性能较好,无热处理和硬度要求。综合零件的结构特点和工艺技术要求,确定加工方案如下:

方案一(相应于坯料选择的第一方案):采用螺纹切削循环G82指令,多次"直进"切削完成螺纹粗、精加工。根据表15-29所示,螺距2mm,单边背吃刀量则为1.3mm,可分5次切削,其值依次为:0.9mm、0.6mm、0.6mm、0.4mm、0.1mm。

方案二(相应于坯料选择的第二方案):采用螺纹切削复合循环G76指令,多次"斜进"切削完成螺纹粗、精加工。G76指令参数指定如下:螺距2mm、牙深1.299mm、精车次数2、精车余量0.1mm、最小背吃刀量0.1mm、第一次背吃刀量0.3mm。

说明:通过此两种方案的对比实施,旨在说明不同加工方法(指令)对加工效果和效率的影响,使学生理解方法(指令)选择的重要性。

3. 工艺过程

方案一(相应于定位装夹的第一方案):

1) 用三爪自定心卡盘夹住ϕ45mm毛坯约20mm或更长,零件伸出卡盘约70mm。

2) 安装磁性表座和百分表,低速起动主轴,对安装的毛坯找正,达到要求后,夹紧零件。

3) 起动主轴,用手动或MDI方式,先粗切削端面0.8mm,再精切削端面0.2mm,并保证精加工后的表面粗糙度为3.2μm。

4) 取毛坯右端面(图15-19的右端面)中心为编程原点,对刀并输入刀具参数。

5) 执行程序,粗、精加工ϕ40mm、ϕ30mm圆柱面,切削长度分别为65mm、40mm,并保证精加工后的表面粗糙度为R_a3.2μm。

6) 执行程序,粗、精加工4mm宽的退刀槽,并保证精加工后槽的表面粗糙度为R_a3.2μm。

7) 执行程序,用螺纹切削循环G82指令粗、精加工M30×2螺纹。

8) 执行程序,切断加工零件,切断位置为65mm(切槽刀宽4mm,余量1mm)。

9) 调头安装所加工零件(用厚0.5mm、宽25mm、长125mm的铜皮包住已加工的ϕ40mm圆柱面),取坯料伸出长度约为5mm,用百分表找正后,夹紧零件。

10) 起动主轴,执行程序或用MDI方式,先粗加工切断端面0.8mm,再精加工切断端面0.2mm,并保证精加工后的端面粗糙度为R_a3.2μm、零件的总长度为60mm。

方案二(相应于定位装夹的第二方案):

1) 用三爪自定心卡盘夹住ϕ45毛坯约32mm,零件伸出卡盘约30mm。

2) 安装磁性表座和百分表,低速起动主轴,对安装的毛坯找正,达到要求后,夹紧零件。

3）起动主轴，用手动或 MDI 方式，先粗切削端面 0.8mm，再精切削端面 0.2mm，并保证精加工后的表面粗糙度为 $R_a3.2\mu m$。

4）取毛坯右端面（图 15-19 的左端面）中心为编程原点，对刀并输入刀具参数。

5）执行程序，粗、精加工 $\phi40$mm 圆柱面，切削长度为 25mm，并保证精加工后的表面粗糙度为 $R_a3.2\mu m$。

6）调头安装所加工零件（用厚 0.5mm、宽 25mm、长 125mm 的铜皮包住已加工的 $\phi40$mm 圆柱面），取坯料伸出长度约为 45mm，用百分表找正后，夹紧零件。

7）起动主轴，执行程序或用 MDI 方式，先粗加工端面 0.8mm，再精加工端面 0.2mm，并保证精加工后的端面粗糙度为 $R_a3.2\mu m$、零件的总长度为 60mm。

8）取毛坯右端面（图 15-19 的右端面）中心为编程原点，对刀并输入刀具参数。

9）执行程序，粗、精加工 $\phi30$mm 圆柱面，切削长度为 40mm，并保证精加工后的表面粗糙度为 3.2μm。

10）执行程序，粗、精加工 4mm 宽的退刀槽，并保证精加工后槽的表面粗糙度为 $R_a3.2\mu m$。

11）执行程序，用螺纹切削复合循环 G76 指令粗、精加工 M30×2 螺纹。

4. 工序卡

方案二的螺纹加工工序卡，见表 15-30。

注：限于篇幅，方案一的螺纹加工工序卡，请读者参照方案一的工艺过程自行填写。

表 15-30　螺纹加工工序卡

单位名称			产品名称或代号		零件名称	工件材质	毛坯规格
					螺纹加工零件	45 钢	$\phi45$mm×62mm
工序号	程序编号		夹具名称	机床种类	使用设备	数控系统	车间
1	O1504		三爪自定心卡盘	数控车床	L09	HNC—21T	数控实训基地
工步号	工步内容	刀具号	刀具规格	主轴转速 /(r/min)	进给量 /(mm/r)	背吃刀量 /mm	备注
1	左端面粗加工	T01	95°外圆车刀	600	0.1	0.8	图 15-19 的左端面
2	左端面精加工	T01	95°外圆车刀	1000	0.03	0.2	
3	$\phi40$mm 外圆粗加工	T01	95°外圆车刀	600	0.15	1.5	留精车余量 0.5mm
4	$\phi40$mm 外圆精加工	T01	95°外圆车刀	2000	0.08	0.4	
5	右端面粗加工(调头)	T01	95°外圆车刀	600	0.1	0.8	图 15-19 的右端面
6	右端面精加工	T01	95°外圆车刀	1000	0.03	0.2	
7	$\phi30$mm 外圆粗加工	T01	95°外圆车刀	600	0.15	1.5	留精车余量 0.5mm
8	$\phi30$mm 外圆精加工	T01	95°外圆车刀	2000	0.08	0.4	
9	4mm 退刀槽粗、精加工	T02	4mm 宽切槽刀	300	0.06	5	
10	M30×2 螺纹粗、精加工	T03	60°外螺纹车刀	500	2.0	1.3	精车次数 2、精车余量 0.1mm、最小背吃刀量 0.1mm、第一次背吃刀量 0.3mm

四、项目实施

1. 螺纹加工尺寸计算

(1) 外圆柱面的直径及螺纹实际小径的确定

1) 车螺纹时，零件材料因受车刀挤压而使外径胀大，因此螺纹部分的零件外径应比螺纹的公称直径小0.2~0.4mm，一般取 $d_{计}=d-0.1P$。

2) 在实际生产中，一般取螺纹实际牙型高度 $h_{1实}=0.6495\times P$，常取 $h_{1实}=0.65\times P$；螺纹实际小径 $d_{1计}=d-2h_{1实}=d-1.3\times P$；螺纹实车中径 $d_{2计}=d-0.65\times P$。

实际车削如图15-19所示M30×2螺纹时，各加工尺寸如下：

外圆柱面实车直径：$d_{计}=d-0.1\times P=(30-0.1\times 2)\text{mm}=29.8\text{mm}$

螺纹实际牙型高度：$h_{1实}=0.65\times P=0.65\times 2\text{mm}=1.3\text{mm}$

螺纹实车小径：$d_{1计}=d-1.3\times P=(30-1.3\times 2)\text{mm}=27.4\text{mm}$

螺纹实车中径：$d_{2计}=d-0.65\times P=(30-0.65\times 2)\text{mm}=28.7\text{mm}$

(2) 内螺纹的底孔直径 $D_{1计}$ 及螺纹实际大径 $D_{计}$ 的确定

1) 车内螺纹时，由于车刀切削时的挤压作用，内孔直径要缩小，所以车削内螺纹的底孔直径应大于螺纹小径。实际车削时，内螺纹的底孔直径一般取为：

钢和塑性材料　$D_{1计}=D-P$

铸铁和脆性材料　$D_{1计}=D-(1.05\sim 1.1)\times P$

2) 内螺纹实际牙型高度一般取：$h_{1实}=0.6495\times P$，常取 $h_{1实}=0.65\times P$；螺纹实际大径 $D_{计}=D$；内螺纹小径 $D_{1计}=D-1.3\times P$。

2. 螺纹加工指令（华中HNC—21T系统）

(1) 单行程螺纹切削指令G32

1) 格式：G32　X(U)__ Z(W)__ R__ E__ P__ F__

其中，X、Z为螺纹编程终点的 X、Z 向坐标，单位为mm，X 为直径值；

U、W为螺纹编程终点相对编程起点的 X、Z 向相对坐标，单位为mm，U为直径值；

R、E为螺纹切削的退尾量：R表示 Z 向退尾量，E表示 X 向退尾量；

P为主轴基准脉冲处距离螺纹切削起点的主轴转角；

F为螺纹导程，单位为mm。

G32指令切削时各参数的意义，如图15-25所示。

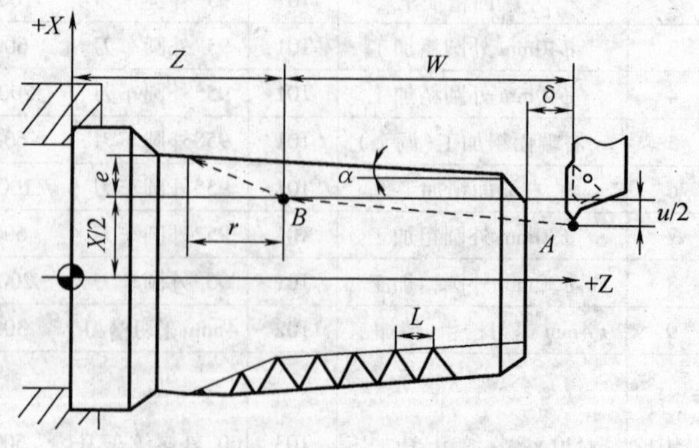

图15-25　G32指令各参数的意义

2) 应用。G32指令用于加工固定导程的圆柱螺纹或圆锥螺纹，也可以用于加工端面螺纹。

3) 注意。如图15-26所示，G32指令只完成进给动作②；进刀动作①、沿 X 方向退刀动作③、沿 Z 向退刀动作④，皆需由编程者用G00或G01指令在程序中指定。

(2) 螺纹切削循环指令G82

1）格式：G82 X(U)__Z(W)__I__F__

其中，X、Z 为螺纹终点的绝对坐标，单位为 mm；

U、W 为螺纹终点相对起点的坐标，单位为 mm；

F 为螺纹导程，单位为 mm；

I 为加工圆锥螺纹时，圆锥螺纹起点半径与终点半径的差值，单位为 mm。其值正负的判断方法：圆锥螺纹终点半径大于起点半径时 I 为负值；圆锥螺纹终点半径小于起点半径时 I 为正值。

2）应用。G82 指令用于单一循环加工螺纹，其循环路线如图 15-27 所示，G82 指令完成一个四边形路径，产生四个动作，最后循环指令结束，刀具回到循环起点 *A*。

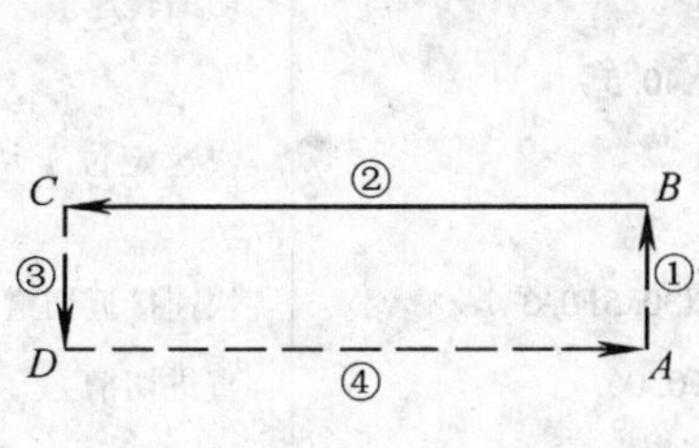

图 15-26 G32 指令的动作示意

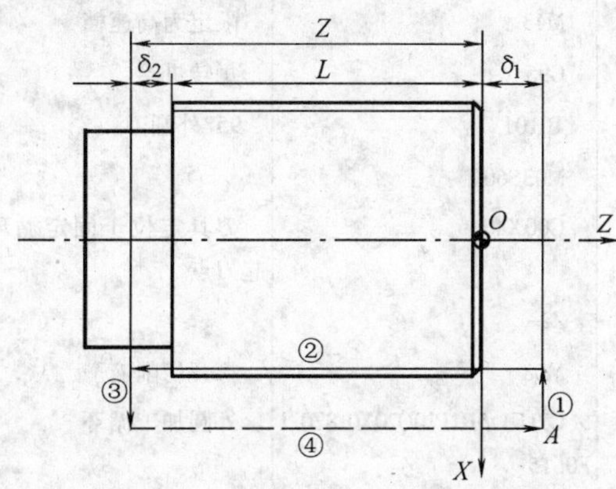

图 15-27 G82 指令的动作及各参数的意义

3）注意。如图 15-27 所示，循环路径中，除车削螺纹②为进给运动外，循环起点进刀动作①、螺纹切削终点 *X* 向退刀动作③、*Z* 向退刀动作④均为快速移动动作。

（3）螺纹切削复合循环指令 G76

1）格式：G76C(c)R(r)E(e)A(a)X(x)Z(z)I(i)K(k)U(d)V(Δdmin)Q(Δd)P(p)F(L)

其中，c 为精整次数（1～99），为模态值；

r 为螺纹 *Z* 向退尾长度（00～99），为模态值；

e 为螺纹 *X* 向退尾长度（00～99），为模态值；

a 为刀尖角度，其值在 80°、60°、55°、30°、29°、0°六个角度中选一个，为模态值；

x、z 为绝对编程时为有效螺纹终点的绝对坐标，增量编程时为有效螺纹终点相对于循环起点的有向距离；

i 为螺纹两端的半径差；

k 为螺纹高度；

d 为精加工余量，半径值；

Δdmin 为最小背吃刀量；

Δd 为第一次背吃刀量，半径值；

P 为主轴基准脉冲处距离切削起始点的主轴转角；

L 为螺纹导程，单位为 mm。

2）应用。G76 指令用于多次自动循环切削螺纹，尤其适合加工不带退刀槽的圆柱螺纹和锥螺纹。

3. 程序编制

（1）方案一程序 采用方案一（G82 指令）加工图 15-19 所示螺纹零件的参考程序，见表 15-31。

表 15-31 螺纹零件加工的方案一参考程序

程序名:O1504		设备号:L08	工序号:1
程序段号	程序内容	说明	
	%1504		
	M43	限定为高速档	
	G95	每转进给	
	T0101	95°外圆刀	
	M03S600		
	G00X40.5	刀具定位于固定循环起刀点	
	Z2		
	M08	打开切削液	
	G71U1.5R1P10Q20X0.8Z0.1F0.15	外圆加工循环	
	G00X80	退刀,以便测量加工尺寸	
	Z100		
	M05		
	M00		
	T0101	重新调用95°外圆刀,以便修改的刀具补偿值起作用	
	M03S2000		
	G00X40.5	刀具重新定位于固定循环起刀点	
	Z2		
N10	G01G42X21.8F0.08	(精加工循环体开始)	
	X29.8Z-2	完成倒角	
	Z-40		
	X40		
	Z-65		
N20	G40X40.5		
	G00X80	退刀至换刀点	
	Z120		
	T0202	4mm 宽切槽刀	
	S300	切槽转速	
	G00X40.5		
	Z-40	快速定位于切槽起刀点	
	G01X30.5F0.3	快速接近切槽面	
	X26F0.06	直进切槽	
	X40.5F0.3	退刀	
	G00X80		
	Z120		
	T0303	螺纹刀	
	S500	以螺纹转速	
	G00X30		
	Z2	快速定位于切螺纹起刀点	
	G82 X29.1 Z-38 F2	螺纹车削循环第一刀,背吃刀量0.9mm	
	X28.5	背吃刀量0.6mm	
	X27.9	背吃刀量0.6mm	
	X27.5	背吃刀量0.4mm	
	X27.4	背吃刀量0.1mm	
	X27.4	精修一刀	
	G00X80	退刀至换刀点	
	Z120		
	M05	关闭主轴	
	M09	关闭切削液	
	M30	程序结束	

（2）方案二程序 采用方案二（G76 指令）加工图 15-19 所示 M30×2 螺纹的参考程序，见表 15-32。

表 15-32　方案二加工螺纹的参考程序

程序名:O1504		设备号:L09　工序号:1	程序名:O1504		设备号:L09　工序号:1
程序段号	程序内容	说　明	程序段号	程序内容	说　明
	……	(外圆、切槽加工参见方案一)		G76C2R-2E1. 3A60X27. 4Z-36K1. 299U0. 1V0. 1Q0. 9P0F2	复合螺纹循环指令
	G00X80	退刀至换刀点		G00X80	退刀至换刀点
	Z120			Z120	
	T0303	螺纹刀		M05	关闭主轴
	S500	切螺纹转速		M09	关闭切削液
	G00X30	快速定位于切螺纹起刀点		M30	程序结束
	Z2				

4. 对刀及刀补、坐标系参数的设置

华中 HNC—21T 数控车床的对刀操作，见本教材第十二章第二节的“三、对刀及数据设置”。

5. 程序的调试与执行（产品加工）

华中 HNC—21T 数控车床程序调试与执行方法，见本教材第十二章第二节的“四、程序的建立、调试与运行”。

6. 尺寸修正

对于试切的零件，在粗车后使用程序暂停指令（M00），暂停机床的动作，测量零件尺寸是否符合要求，如有偏差，则要在精车前及时修正，修正的方法是：修改相应刀具的磨耗值（输入值 = 图样编程值 - 测量值）。

五、评估与反馈

1. 产品质量和效率分析

根据表 15-33 所示评分标准，完成方案一、方案二加工零件的检测评分，对比两种方案所加工产品的质量和效率。

表 15-33　项目评估表

班级			姓名		学号		日期	
项目课题			螺纹加工程序的编制			零件图号	图 15-19	
		序号	检测项目		配分	学生自评分	教师评分	
基本检查	编程	1	切削加工工艺制定正确		2			
		2	切削用量选用合理		2			
		3	程序正确、简单、明确且规范		6			
	操作	4	设备的正确操作与维护保养		2			
		5	安全、文明生产		3			
基本检查结果总计					15			

（续）

	序号	图样尺寸/mm	允差/mm	量具		配分	实际尺寸		分数
				名称	规格/mm		学生自测	教师检测	
尺寸检测	1	外圆 $\phi40$		游标卡尺	0～125	10			
	2	大径 $\phi29.8$		千分尺	25～50	10			
	3	中径 $\phi28.7$		螺纹千分尺	25～50	10			
	4	长 60		游标卡尺	0～125	10			
	5	长 40		游标卡尺	0～125	10			
	6	退刀槽宽 4mm		游标卡尺	0～125	10			
	7	退刀槽深 2mm		游标卡尺	0～125	10			
	8	外轮廓表面粗糙度	$R_a3.2\mu m$	表面粗糙度样板	$R_a3.2\mu m$	5			
	9	槽侧面及底面粗糙度	$R_a3.2\mu m$	表面粗糙度样板	$R_a3.2\mu m$	5			
	10	端面表面粗糙度	$R_a3.2\mu m$	表面粗糙度样板	$R_a3.2\mu m$	5			
尺寸检测结果总计						85			

所用方案	工序	加工时间	基本检查结果	尺寸检测结果	成绩
学生签字			实习老师签字		

2. 实施方案对比分析

请项目实施的各小组，根据项目实施的过程、产品质量和效率分析的结果，相互探讨，分析不同方案的优、缺点，进行方案优化，最终确定“最佳方案”，用于批量生产。

3. 个人总结

1）通过本项目的实施，你有哪些收获（可从学会、掌握、深层理解三个层次说明）？

2）通过本项目的实施，你尚有哪些问题（不懂或疑惑之处）？

项目五 数控车床综合样件加工

一、项目实例

如图 15-28 所示的数控车床综合样件，数量要求为 150 件，所用材料为 45 钢。现根据图样和生产要求，制定完成该产品生产的“最佳”实施方案和工艺过程。

二、项目实施计划

为了获得“最佳方案”，采用“一项目多方案”的实训模式，即将实训学生分为两组（第一小组、第二小组），由两组成员分别采用不同的加工方案生产产品，通过对两种方案（或更多）的产品进行对比分析，优化所用方案，最终确定“最佳”方案，用于批量生产。

项目实施计划内容，见表 15-34。

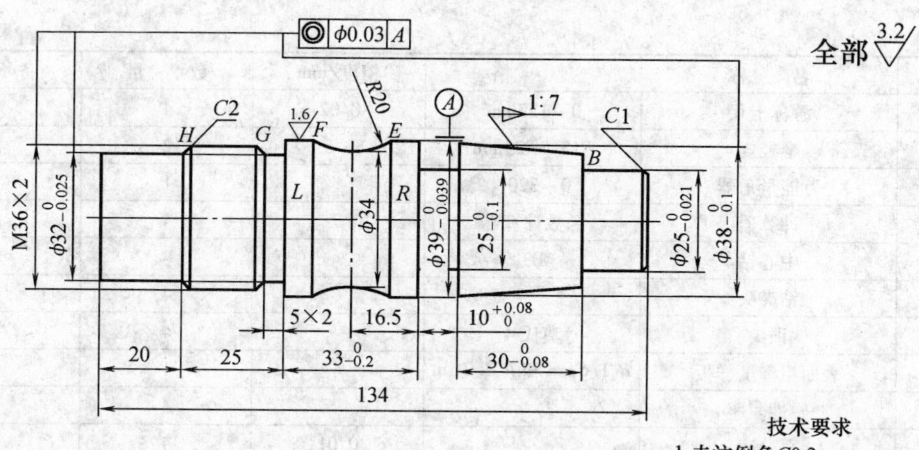

图 15-28　数控车床综合样件

表 15-34　项目实施计划表

	第一小组		第二小组	
设备类型	数控车床	数控车床	数控车床	数控车床
数控系统	华中 HNC—21T	华中 HNC—21T	华中 HNC—21T	华中 HNC—21T
设备编号	L07	L08	L09	L10
人员构成	两名学生	两名学生	两名学生	两名学生
加工方案	方案一	方案一	方案二	方案二
生产任务	工序号 1	工序号 2	工序号 1	工序号 2
所用程序	O15051	O15052	O15053	O15054
工艺参数	见工序卡	见工序卡	见工序卡	见工序卡
加工时间	预计 40min	预计 20min	预计 20min	预计 40min

三、项目分析

（一）坯料选择

根据图样尺寸要求，并综合考虑加工质量、加工余量、加工效率和市场材料和生产成本等因素可知：选用 ϕ40mm 的 45 钢棒料，并锯成 135mm 长，数量为 150 根。

（二）定位和装夹方式

图样为典型的轴类零件，采用常用的“三爪自定心卡盘”即可满足定位要求；图样有同轴度要求，可采用“一夹一顶”的加工方式。

（三）设计和选择工艺装备

1. 工、量具选择

加工图样零件所用工、量具，见表 15-35。

表 15-35　数控车床综合样件加工所用工量具表

序　号	名　称	规　格	精度/mm	数　量	备　注
1	千分尺	0～25mm	0.01	4	
2	千分尺	25～50mm	0.01	4	
3	螺纹千分尺	25～50mm	0.01	2	

（续）

序 号	名 称	规 格	精度/mm	数 量	备 注
4	游标卡尺	0～125mm	0.02	4	
5	半径规	R15～R25mm	0.5	2	
6	万能量角器	0～320°		1	
7	计算器	函数计算器		4	
8	中心钻	B3		4	
9	钻夹头			4	
10	顶尖	莫氏4		4	
11	表面粗糙度样板	R_a1.6μm和R_a3.2μm		1	
12	磁性表座			4	
13	百分表		0.01	4	
14	其他辅具	1）垫片若干、油石等			
15		2）铜皮（厚0.2mm，宽25mm，长120mm）			
16		3）其他车工常用工具			
17	数控车床	CK6132	0.001	4	
18	数控系统	华中HNC—21T	0.001	4	

2. 刀具选择

数控车刀的选择原则，见本教材第三章第四节“二、车削刀具及其选择”的相关内容。

鉴于可转位刀具的优点，本项目的加工将采用标准的可转位车刀。

（1）刀片选择

1）选择外轮廓刀。

①主偏角。图样有垂直面加工，外轮廓加工刀具的主偏角必须大于等于90°。

②刀尖半径。表面粗糙度R_a1.6μm，选用刀尖半径为0.4mm的刀片，并配以恰当的精加工进给速度（≤0.1mm/r），即可达到要求（假定其他因素理想）。

③刀片材料。根据工件材料为45钢，可选择P类（相当于我国的YT类）硬质合金刀片。

④刀片形状。根据零件轮廓可知：为了避免加工R20mm凹弧时刀具干涉，通过计算可知：外轮廓加工刀具的副偏角必须大于28.96°，再考虑到主偏角的角度限制，因此刀尖角必须小于61.04°。

图样中5mm×2mm的宽槽，除了可用切槽刀加工外，还可以用外圆刀，鉴于外圆刀加工的质量和效率要优于切槽刀，方案实施中将采用外圆刀加工5mm×2mm宽槽，为了避免加工45°倒角时刀具干涉，加工刀具的副偏角必须大于45°，再考虑到主偏角限制，因此刀尖角必须小于45°。

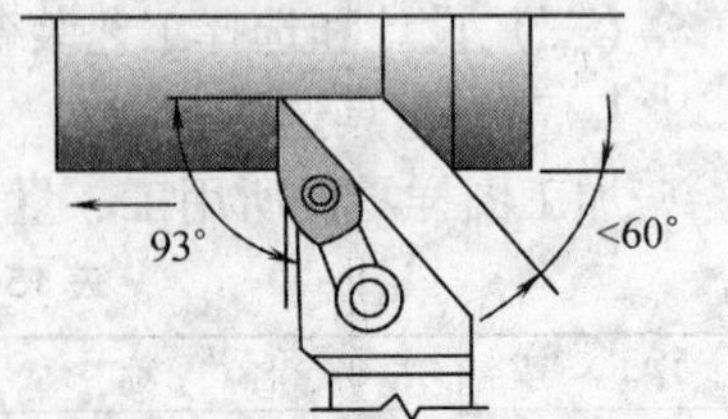

图15-29 刀具切削形式（35°刀尖角）

综上可知：选用主偏角93°、刀尖角35°、刀尖半径0.4mm的硬质合金菱形刀片（1号），用作外轮廓的粗、精加工刀具，刀片型号为VNMG160404—WM。刀具切削形式，如图15-29所示。

注意：在方案选择阶段，用同一把刀完成了粗、精加工；在批量生产阶段，建议粗、精加工采用不同的刀具。

2）选择端面刀。根据毛坯长度、端面粗糙度要求等因素选择端面刀具。

毛坯长为 135mm，加工余量仅 1mm（左右两端合计），一端大约 0.5mm 左右，切削量不大，刀尖半径 0.4mm 的刀具可以一刀加工。

端面粗糙度要求为 $R_a3.2\mu m$，选用刀尖半径 0.4mm 的外轮廓刀（1 号），并配以恰当的精加工进给速度（0.03 ~ 0.1mm/r），可以达到要求（假定其他因素理想）。

从"一刀多用"、"少选刀"的原则来看，已选的外圆刀可以满足端面的加工要求，所以不必要再增加刀具。

综合考虑，选用 1 号外轮廓刀（刀尖角为 35°、刀尖半径 0.4mm、主偏角 93°），用作端面粗、精加工。这样在保证质量的前提下，可以少选刀。

注意：如果毛坯长度不是 135mm，切削量较大，为了提高加工效率，节约端面加工时间，可选用刀尖角≥80°、主偏角≥90°的端面刀。

3）选择切槽刀。切槽刀选择的一般原则是：背吃刀量≤8 × 刀片宽度 W，即 3mm 宽的刀片可切断 ϕ48mm 的棒料；刀架伸出的长度应小于刀板高度，如图 15-14 所示；切断实体棒料时，切削刃应高出机床中心高 0.08mm + 0.025W，如图 15-15 所示。

图 15-28 所示图样，槽为 10mm 的宽槽；背吃刀量为 7mm，即刀片宽度 $W \geqslant 0.875$mm。因此可选用 3mm 宽的硬质合金刀片（2 号）来作宽槽的粗、精加工，其型号为：TGV31。切槽刀切削形式，如图 15-16 所示。

4）选择螺纹刀。如图 15-28 所示螺纹为公称直径 36mm、螺距 2mm 的标准细牙螺纹，因此可选用刀尖角 60°的标准硬质合金螺纹刀片（3 号）来作螺纹的粗、精加工，其型号为：16ERM G60。螺纹刀切削形式，如图 15-20 所示。

（2）刀杆选择

1）选择刀杆类型。根据所使用的设备（CK6132）和配置（方刀架）以及机床刀夹尺寸，选用长条形方刀杆（20mm × 20mm）比较适合。

2）选择刀杆型号。根据所选择的刀片，再结合机床性能和被加工材料的性能，选用与主偏角 93°的外圆轮廓刀片（1 号）相配套的刀杆型号为 MVJNR2020K16，如图 15-30a 所示；与 3mm 宽的切槽刀刀片（2 号）相配套的弹性刀杆型号为：TER2020R TGV3，如图 15-30b 所示；与螺距为 2mm 的螺纹刀刀片（3 号）相配套的螺纹刀杆型号为：SER2020K16，如图 15-21 所示。

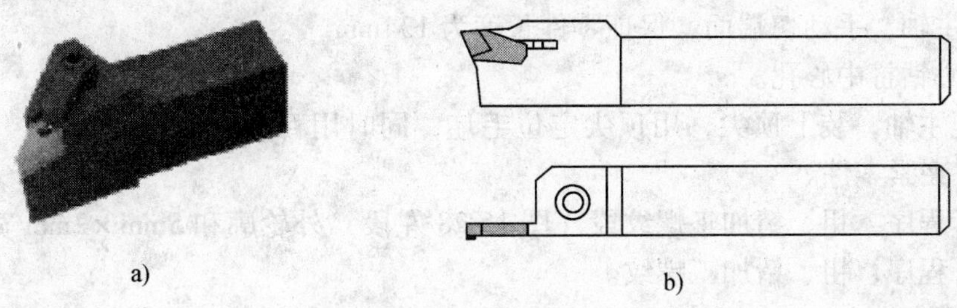

图 15-30　刀杆型号

a）35°刀尖角刀杆型号　b）切槽刀弹性刀杆

(3) 数控加工刀具卡片 加工所用刀具，见表15-36。

表15-36 数控车床综合样件刀具表

产品名称或代号			零件名称	数控车床综合样件加工	零件图号	图15-28	
序号	刀号	刀具名称	数量	加工表面	刀尖半径	刀尖方位	备 注
1	T01	93°外圆车刀	4	粗、精加工外轮廓	0.4mm	3	35°刀尖角
2	T02	切槽刀	2	粗、精加工宽槽		0	3mm 刀宽
3	T03	60°外螺纹车刀	2	粗、精加工外螺纹		0	
编制		审核		批准		第1页共1页	

(四) 加工方案及工序

1. 加工方案

根据零件的结构特点、工艺技术要求和毛坯尺寸 ϕ40mm×135mm，确定加工方案。

方案一：先加工圆锥面段（图15-28右段），调头后夹在 R20mm 凹圆弧的右段（图中标识“R”），然后加工螺纹段（图15-28左段）。

方案二：先加工螺纹段（图15-28左段），调头后夹在 R20mm 凹圆弧的左段（图中标识“L”），然后加工圆锥面段（图15-28右段）。

[编者之言] 当然还有其他的加工方案，由于篇幅限制，笔者就介绍这两种方案，目的在于引出“一项目多方案”的教学模式。通过同一项目不同方案的对比教学，学生才能体会优劣方案的差别，加深学生对于“工艺”的理解和掌握，利于选择“最佳方案”。

2. 工艺过程

方案一：

1) 用三爪自定心卡盘夹住毛坯约15mm左右，零件伸出卡盘约120mm。

2) 起动主轴，手动切端面。

3) 用中心钻打中心孔。

4) 停止主轴，装上顶尖，用顶尖定位毛坯，同时用百分表校正同轴度，达到要求时锁住尾座，并夹紧零件。

5) 执行程序，粗、精加工圆锥面段和 R20mm 凹圆弧段构成的外轮廓。

6) 执行程序，粗、精加工10mm宽槽。

7) 调头，用0.2mm的铜片包住 R20mm 凹圆弧的右段（图中标识“R”），然后用卡盘夹紧（八成紧），零件伸出卡盘约70mm。

8) 起动主轴，手动切端面，保证零件长度为134mm。

9) 用中心钻打中心孔。

10) 停止主轴，装上顶尖，用顶尖定位毛坯，同时用百分表校正同轴度，达到要求时锁住尾座，并夹紧零件。

11) 执行程序，粗、精加工螺纹段（图15-28左段）外轮廓和5mm×2mm宽槽。

12) 执行程序，粗、精加工螺纹。

方案二：

1) 用三爪自定心卡盘夹住毛坯约15mm左右，零件伸出卡盘约120mm。

2) 起动主轴，手动切端面。

3）用中心钻打中心孔。

4）停止主轴，装上顶尖，用顶尖定位毛坯，同时用百分表校正同轴度，达到要求时锁住尾座，并夹紧零件。

5）执行程序，粗、精加工螺纹段、5mm×2mm 宽槽和 $R20$ 凹圆弧段构成的外轮廓。

6）执行程序，粗、精加工螺纹。

7）调头，用 0.2mm 的铜片包住 $R20$mm 凹圆弧的左段（图中标识“L”），然后用卡盘夹紧（八成紧），零件伸出卡盘约 80mm。

8）起动主轴，手动切端面，保证零件长度为 134mm。

9）用中心钻打中心孔。

10）停止主轴，装上顶尖，用顶尖定位毛坯，同时用百分表校正同轴度，达到要求时锁住尾座，并夹紧零件。

11）执行程序，粗、精加工圆锥面段外轮廓。

12）执行程序，粗、精加工 10mm 宽槽。

3. 方案分析

方案一：通过工艺过程可以看出：在加工时，$\phi38$mm 圆锥大径和 $\phi39$mm 同轴度基准 A 可以保证较高的同轴度，而调头后加工的 $\phi32$mm 圆柱面和 $\phi36$mm 螺纹大径面与 $\phi39$mm 同轴度基准 A 的同轴度较难保证。

方案二：通过工艺过程可以看出：在加工时，$\phi32$mm 圆柱面、$\phi36$mm 螺纹大径面和 $\phi39$mm 同轴度基准 A 可以保证较高的同轴度，而调头后加工的 $\phi38$mm 圆锥大径与 $\phi39$mm 同轴度基准 A 的同轴度较难保证。

4. 工序卡

由于篇幅限制，仅介绍方案二的加工工序，方案一的加工工序请读者参考工艺过程自行完成。方案二的加工工序：

（1）螺纹段（图 15-28 左段）　螺纹段（左段）加工工序卡，见表 15-37。

表 15-37　螺纹段（左段）加工工序卡

单位名称			产品名称或代号		零件名称	工件材质	毛坯规格
					数车样件	45 钢	$\phi40$mm×135mm
工序号	程序编号		夹具名称	机床种类	使用设备	数控系统	车间
1	O15053		三爪自定心卡盘	数控车床	L09	HNC—21T	数控实训基地
工步号	工步内容	刀具号	刀具规格	主轴转速 /(r/min)	进给量 /(mm/r)	背吃刀量 /mm	备注
1	端面加工	T01	93°外圆车刀	600	0.03	0.5	手动
2	打中心孔		B3	600			手动
3	粗加工螺纹段外轮廓和 5mm×2mm 宽槽	T01	93°外圆车刀	600	0.15	1.5	用外圆循环指令 G71
4	精加工螺纹段外轮廓和 5mm×2mm 宽槽	T01	93°外圆车刀	2000	0.08	0.8	恒线速
5	粗、精加工螺纹	T03	60°螺纹刀	600	2	≤0.3	用复合螺纹循环指令 G76

（2）圆锥面段（图 15-28 右段） 圆锥面段（右段）加工工序卡，见表 15-38。

表 15-38 圆锥面段（右段）加工工序卡

单位名称			产品名称或代号		零件名称	工件材质	毛坯规格
					数车样件	45 钢	ϕ40mm × 135mm
工序号	程序编号		夹具名称	机床种类	使用设备	数控系统	车间
2	O15054		三爪自定心卡盘	数控车床	L10	HNC—21T	数控实训基地
工步号	工步内容	刀具号	刀具规格	主轴转速/（r/min）	进给量/（mm/r）	背吃刀量/mm	备注
1	端面加工	T01	93°外圆车刀	600	0.03	0.5	保证长度为 134mm
2	打中心孔	B3		600			手动
3	粗加工圆锥面段外轮廓	T01	93°外圆车刀	800	0.15	1.5	用外圆循环指令 G71
4	精加工圆锥面段外轮廓	T01	93°外圆车刀	2000	0.08	0.8	恒线速
5	粗、精加工 10mm 宽槽	T02	3mm 切槽刀	300	0.06	3	多次直进法

四、项目实施

1. 数值计算

（1）编程尺寸计算 图样上有公差值的尺寸，编程时取极限尺寸的平均值，如图 15-28 所示图样中相关尺寸的平均值，见表 15-39。

表 15-39 图样尺寸平均值 （单位：mm）

图样尺寸	$\phi25^{\ 0}_{-0.021}$	$\phi38^{\ 0}_{-0.1}$	$\phi39^{\ 0}_{-0.039}$	$\phi39^{\ 0}_{-0.025}$
编程尺寸	24.99	37.95	38.981	31.988
图样尺寸	$30^{\ 0}_{-0.08}$	$10^{+0.08}_{\ 0}$	$33^{\ 0}_{-0.2}$	
编程尺寸	29.96	10.04	32.9	

（2）锥面尺寸计算 锥面小径 $d = D - CL = (37.95 - 29.96 \times 1 \div 7)\text{mm} = 33.67\text{mm}$

（3）螺纹尺寸计算

编程螺纹大径：$d_{实} = d - 0.1 \times P = (36 - 0.1 \times 2)\text{mm} = 35.8\text{mm}$

螺纹中径测量值：$d_{2实} = d - 0.65 \times P = (36 - 0.65 \times 2)\text{mm} = 34.7\text{mm}$

编程螺纹小径：$d_{1实} = d - 2 \times 0.65 \times P = (36 - 1.3 \times 2)\text{mm} = 33.4\text{mm}$

升速进刀段 δ_1 值：2mm（螺距值）

减速进刀段 δ_2 值：2.5mm（退刀槽的一半）

（4）基点坐标计算 若将编程原点选择为“装夹”零件的右端面与主轴轴线的交点，则各基点的坐标，见表 15-40。

表 15-40 基点坐标 （单位：mm）

基点	H 点	G 点	F 点	E 点	B 点
X 坐标值	35.8	35.8	38.981	38.981	33.67
Z 坐标值	−22	−38	−51.818	−71.182	−16（调头）

2. 程序编制

由于篇幅限制，仅介绍方案二的加工程序，方案一的加工程序请读者自行完成。方案二的加工程序：

（1）加工螺纹段（图 15-28 左段） 加工螺纹段（左段）的参考程序，见表 15-41。

表 15-41 加工螺纹段（左段）的参考程序

程序名:O15053		工序号:1
程序段号	程序内容	说明
	%15053	
	M43	限定为高速档
	G95	每转进给
	T0101	外圆刀
	M03S600	
	G00X40.5	刀具定位于固定循环起刀点
	Z2	
	G71U1.5R1P10Q20X0.5Z0.1F0.15	外圆加工循环
	G00X50	退刀,以便测量加工尺寸
	Z100	
	M05	
	M00	
	T0101	重新调用外圆刀,以便修改的刀具补偿值起作用
	M03S2000	
	G00X40.5	
	Z2	
N10	G01G42X31.988F0.08	精加工循环体
	Z-20	
	X35.8W-2	
	Z-38	

程序名:O15053		工序号:1
程序段号	程序内容	说明
N10	X32W-2	
	W-5	
	X38.981	
	Z-51.818	
	G02X38.981Z-71.182R20	
	Z-89	
	X40	
N20	G40X40.5	
	G00X50	退刀至换刀点
	Z120	
	T0303	螺纹刀
	G95	
	M03S600	
	G00X37	
	Z-18	
	G76C2R-2.5E1.3A60X33.4Z-40K1.299U0.1V0.1Q0.3F2	复合螺纹循环
	G00X50	
	Z200	
	M05	
	M30	

（2）加工圆锥面段（图 15-28 右段） 加工圆锥面段（右段）的参考程序，见表 15-42。

表 15-42 加工圆锥面段（右段）的参考程序

程序名:O15054		工序号:2
程序段号	程序内容	说明
	%15054	
	M43	限定为高速档
	G95	每转进给
	T0101	外圆刀
	M03S600	

程序名:O15054		工序号:2
程序段号	程序内容	说明
	G00X40.5	刀具定位于固定循环起刀点
	Z2	
	G71U1.5R1P30Q40X0.5Z0.1F0.15	外圆加工循环
	G00X50	退刀,以便测量加工尺寸
	Z50	

（续）

程序名:O15054		工序号:2	程序名:O15054		工序号:2
程序段号	程序内容	说明	程序段号	程序内容	说明
	M05		N40	G01X25.1F0.06	切槽
	M00			X40F0.3	退刀
	T0101	重新调用外圆刀,以便修改的刀具补偿值起作用		Z-53.8	切槽第二刀位置
	M03S2000			X25.1F0.06	切槽
	G00X40.5			X40F0.3	退刀
	Z2			Z-51.8	切槽第三刀位置
N30	G01G42X18.99F0.08	精加工循环体		X25.1F0.06	切槽
	X24.99Z-1			X40F0.3	退刀
	Z-16			Z-48.96	切槽第四刀位置
	X33.67			X24.99F0.06	切槽
	X37.95W-29.96			Z-55.8	精加工槽底
	X38.981W-10.04			X40F0.3	退刀
	X40			Z-56	精加工第一刀位置
N40	G40X40.5			X24.99F0.06	切槽
	G00X50	退刀至换刀点		Z-55.8	精加工槽底
	Z120			X40F0.3	退刀
	T0202	切槽刀		G00X50	
	G95			Z120	
	M03S300			M05	
	G00X40			M30	
	Z-55.8	切槽第一刀位置			

3. 对刀及刀补、坐标系参数的设置

使用华中 HNC—21T 数控车床完成该部分内容的详细操作过程，参见本教材第十二章第二节的“三、对刀及数据设置”。

4. 程序的调试与执行（产品加工）

使用华中 HNC—21T 数控车床完成该部分内容的详细操作过程，参见本教材第十二章第二节的“四、程序的建立、调试与运行”。

5. 尺寸修正

对于试切的零件，在粗车后使用程序暂停指令（M00），暂停机床的动作，测量零件尺寸是否符合要求，如有偏差，则要在精车前及时修正，修正的方法是：修改相应刀具的磨耗值（输入值 = 图样编程值 - 测量值）。

五、评估反馈

1. 产品质量和效率分析

根据表 15-43 所示评分标准，完成方案一、方案二加工零件的检测评分，对比两种方案所加工产品的质量和效率。若发现问题，分析原因，进行方案优化，最终确定“最佳方案”，用于批量生产。

表 15-43 项目评估表

班级		姓名		学号		日期	
项目课题		数控车床综合样件		零件图号		图 15-28	

类别		序号	检测项目	配分	学生自评分	教师评分
基本检查	编程	1	切削加工工艺制定正确	2		
		2	切削用量选用合理	2		
		3	程序正确、简单、明确且规范	6		
	操作	4	设备的正确操作与维护保养	2		
		5	安全、文明生产	3		
基本检查结果总计				15		

类别	序号	图样尺寸/mm	允差/mm	量具 名称	量具 规格/mm	配分	实际尺寸 学生自测	实际尺寸 教师检测	分数
尺寸检测	1	外圆 $\phi38$	$^{0}_{-0.1}$	千分尺	25 ~ 50	2			
	2	外圆 $\phi25$	$^{0}_{-0.021}$	千分尺	0 ~ 25	2			
	3	外圆 $\phi39$	$^{0}_{-0.039}$	千分尺	25 ~ 50	4			
	4	外圆 $\phi32$	$^{0}_{-0.025}$	千分尺	25 ~ 50	2			
	5	长 30	$^{0}_{-0.08}$	游标卡尺	0 ~ 125	5			
	6	长 33	$^{0}_{-0.2}$	游标卡尺	0 ~ 125	5			
	7	槽宽 10	$^{+0.08}_{0}$	游标卡尺	0 ~ 125	5			
	8	槽深 $\phi25$	$^{0}_{-0.1}$	千分尺	0 ~ 25	5			
	9	5 × 2 宽槽		游标卡尺	0 ~ 125	10			
	10	表面粗糙度	$R_a1.6\mu m$	表面粗糙度样板	$R_a1.6\mu m$	5			
	11	表面粗糙度	$R_a3.2\mu m$	表面粗糙度样板	$R_a3.2\mu m$	5			
	12	同轴度	$\phi0.03$	百分表	0 ~ 1	20			
	13	$R20$ 凹弧		半径规	$R20$	5			
	14	M36 × 2 螺纹		螺纹千分尺	25 ~ 50	10			
尺寸检测结果总计						85			

所用方案	工序	加工时间	基本检查结果	尺寸检测结果	成绩
学生签字			实习老师签字		

2. 实施方案对比分析

请项目实施的各小组，根据项目实施的过程、产品质量和效率分析的结果，相互探讨，分析不同方案的优、缺点，进行方案优化，最终确定“最佳方案”，用于批量生产。

3. 个人总结

1）通过本项目的实施，你有哪些收获（可从学会、掌握、深层理解三个层次说明）？

2）通过本项目的实施，你尚有哪些问题（不懂或疑惑之处）？

项目思考题

15-1 如图 15-31 所示的数控车床项目图样，数量要求为 150 件，所用材料为 45 钢。现根据图样和生产要求，制定完成该产品生产的“最佳”实施方案和工艺过程。

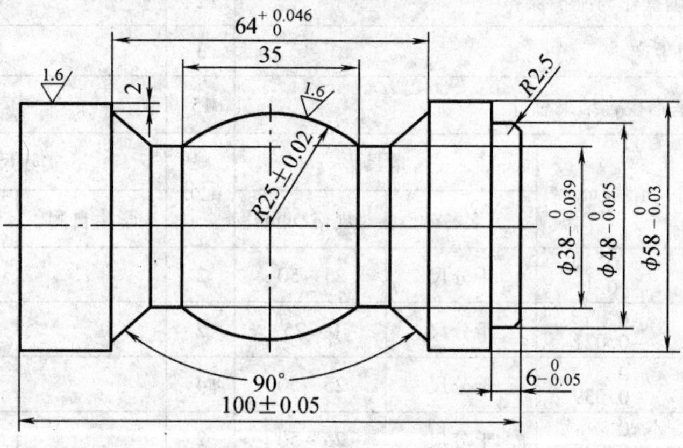

图 15-31 数控车床项目习题图样 1

15-2 如图 15-32 所示的数控车床项目图样，数量要求为 150 件，所用材料为 45 钢。现根据图样和生产要求，制定完成该产品生产的“最佳”实施方案和工艺过程。

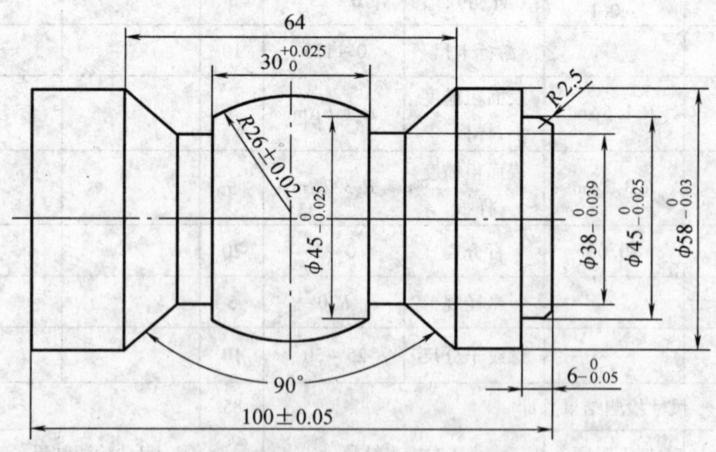

图 15-32 数控车床项目习题图样 2

15-3 如图 15-33 所示的数控车床项目图样，数量要求为 150 件，所用材料为 45 钢。现根据图样和生产要求，制定完成该产品生产的“最佳”实施方案和工艺过程。

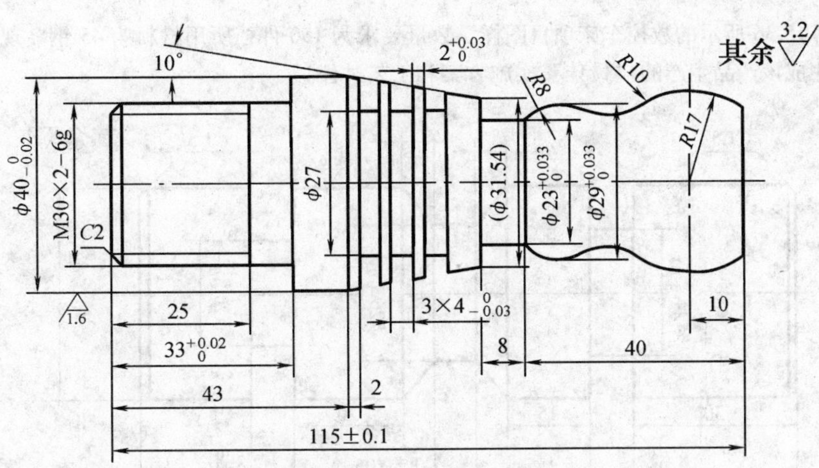

图 15-33　数控车床项目习题图样 3

15-4　如图 15-34 所示的数控车床项目图样，数量要求为 150 件，所用材料为 45 钢。现根据图样和生产要求，制定完成该产品生产的“最佳”实施方案和工艺过程。

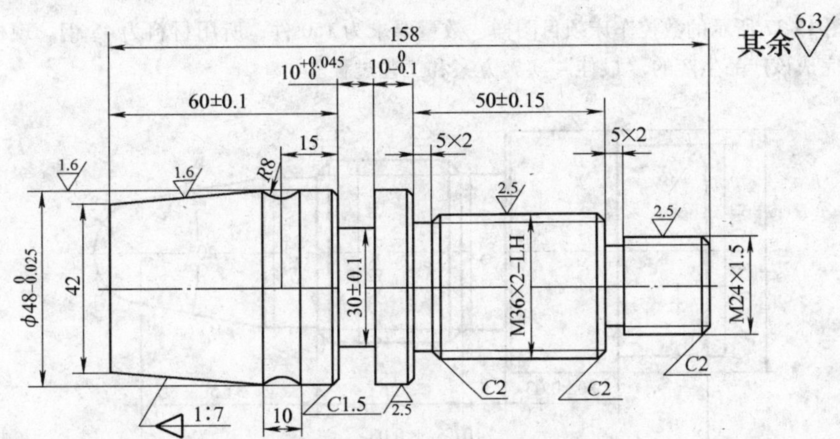

图 15-34　数控车床项目习题图样 4

15-5　如图 15-35 所示的数控车床项目图样，数量要求为 150 件，所用材料为 45 钢。现根据图样和生产要求，制定完成该产品生产的“最佳”实施方案和工艺过程。

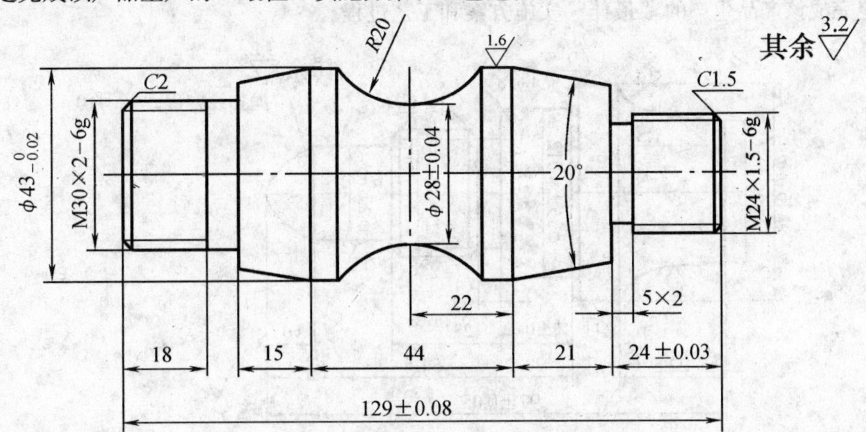

图 15-35　数控车床项目习题图样 5

15-6 如图 15-36 所示的数控车床项目图样，数量要求为 150 件，所用材料为 45 钢。现根据图样和生产要求，制定完成该产品生产的“最佳”实施方案和工艺过程。

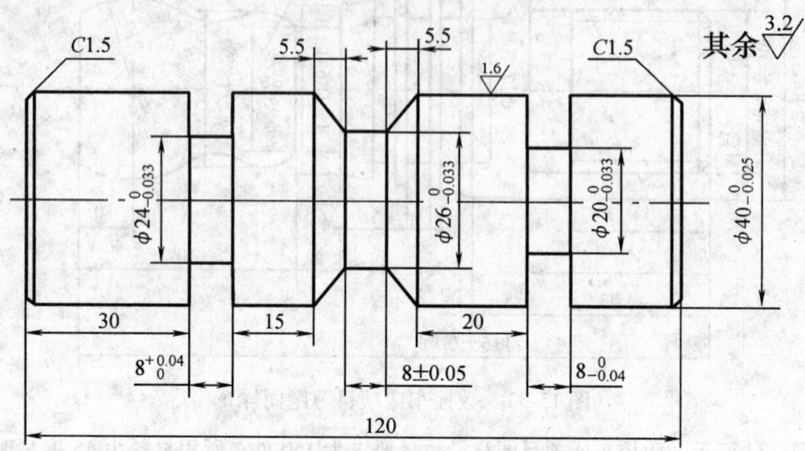

图 15-36 数控车床项目习题图样 6

15-7 如图 15-37 所示的数控车床项目图样，数量要求为 150 件，所用材料为 45 钢。现根据图样和生产要求，制定完成该产品生产的“最佳”实施方案和工艺过程。

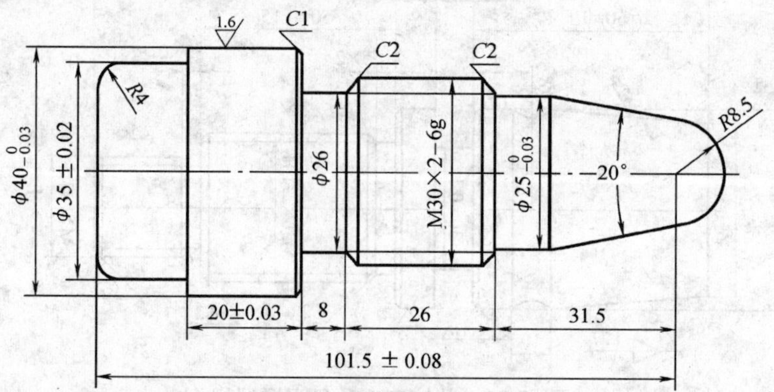

图 15-37 数控车床项目习题图样 7

15-8 如图 15-38 所示的数控车床项目图样，数量要求为 150 件，所用材料为 45 钢。现根据图样和生产要求，制定完成该产品生产的“最佳”实施方案和工艺过程。

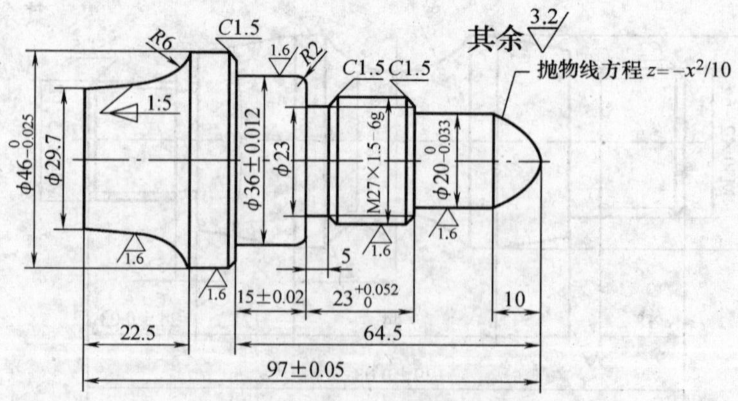

图 15-38 数控车床项目习题图样 8

15-9　如图 15-39 所示的数控车床项目图样，数量要求为 150 件，所用材料为 45 钢。现根据图样和生产要求，制定完成该产品生产的“最佳”实施方案和工艺过程。

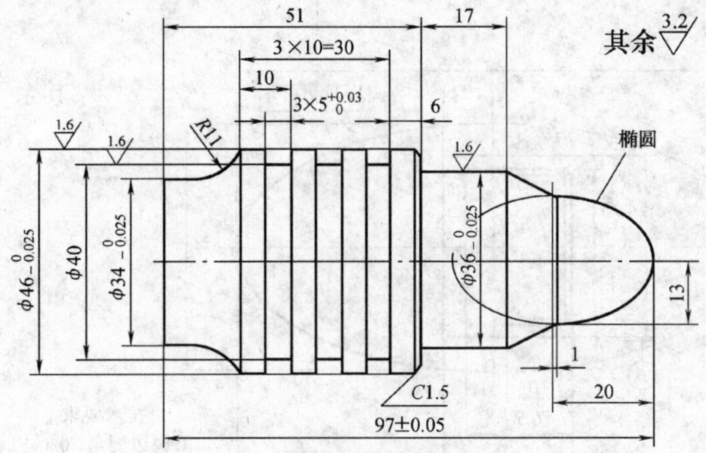

图 15-39　数控车床项目习题图样 9

15-10　如图 15-40 所示的数控车床项目图样，数量要求为 150 件，所用材料为 45 钢。现根据图样和生产要求，制定完成该产品生产的“最佳”实施方案和工艺过程。

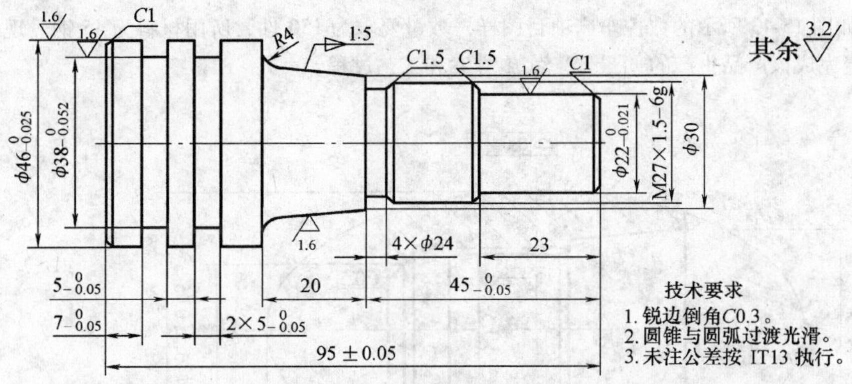

图 15-40　数控车床项目习题图样 10

15-11　如图 15-41 所示的数控车床项目图样，数量要求为 150 件，所用材料为 45 钢。现根据图样和生产要求，制定完成该产品生产的“最佳”实施方案和工艺过程。

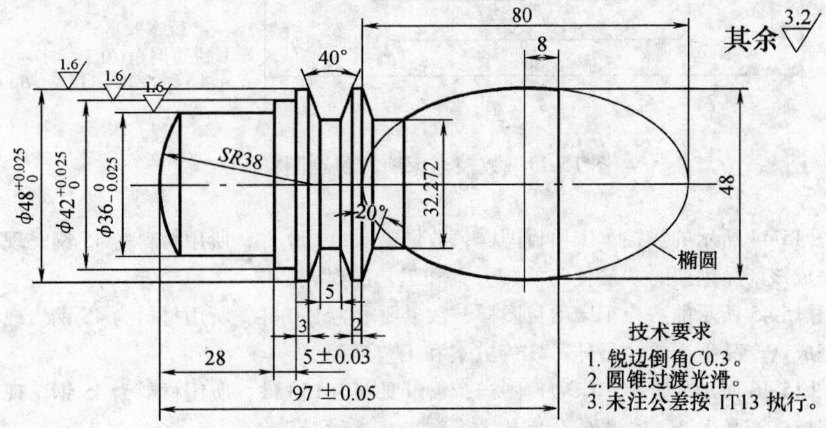

图 15-41　数控车床项目习题图样 11

15-12 如图 15-42 所示的数控车床项目图样，数量要求为 150 件，所用材料为 45 钢。现根据图样和生产要求，制定完成该产品生产的“最佳”实施方案和工艺过程。

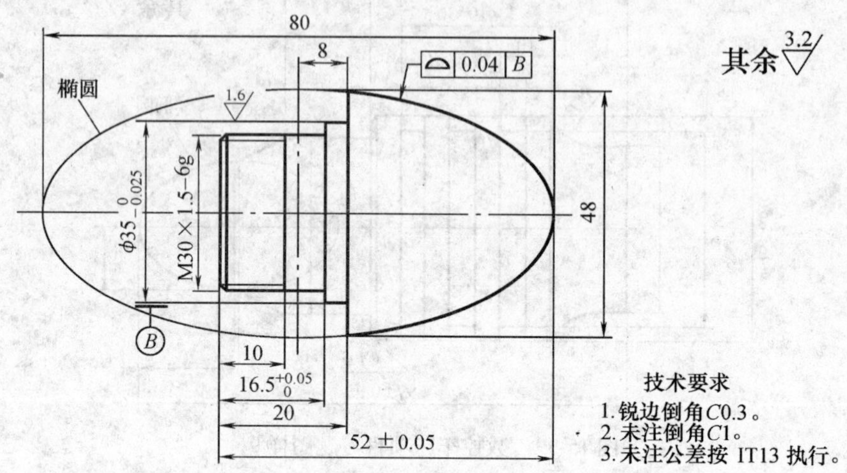

图 15-42 数控车床项目习题图样 12

15-13 如图 15-43 所示的数控车床项目图样，数量要求为 150 件，所用材料为 45 钢。现根据图样和生产要求，制定完成该产品生产的“最佳”实施方案和工艺过程。

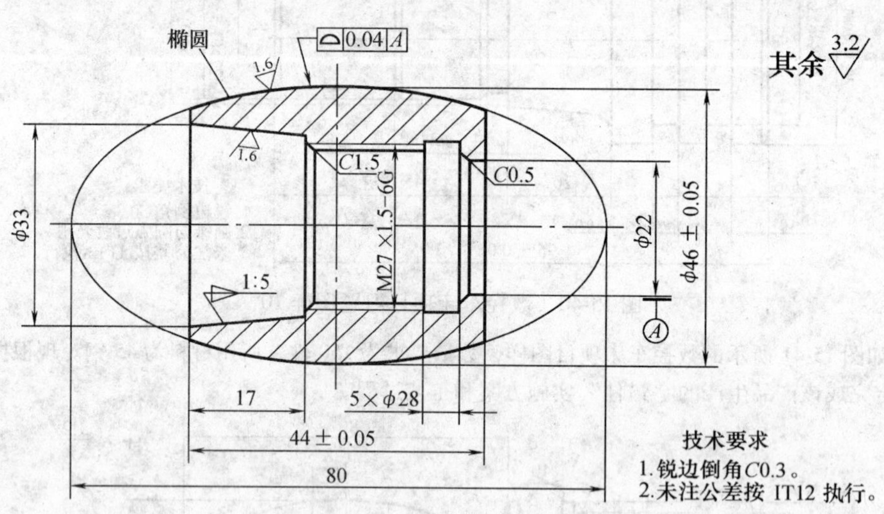

图 15-43 数控车床项目习题图样 13

15-14 如图 15-44 所示的数控车床项目图样，数量要求为 150 件，所用材料为 45 钢。现根据图样和生产要求，制定完成该产品生产的“最佳”实施方案和工艺过程。

15-15 如图 15-45 所示的数控车床项目图样，数量要求为 150 件，所用材料为 45 钢。现根据图样和生产要求，制定完成该产品生产的“最佳”实施方案和工艺过程。

15-16 如图 15-46 所示的数控车床项目图样，数量要求为 150 件，所用材料为 45 钢。现根据图样和生产要求，制定完成该产品生产的“最佳”实施方案和工艺过程。

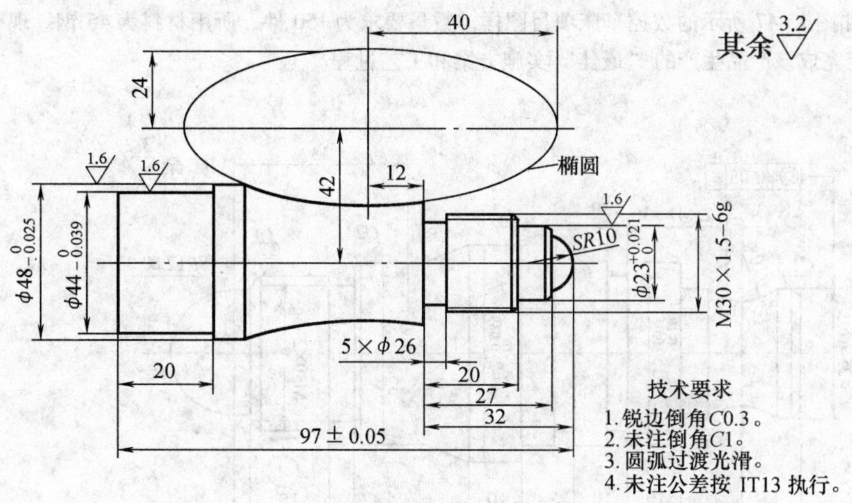

图 15-44　数控车床项目习题图样 14

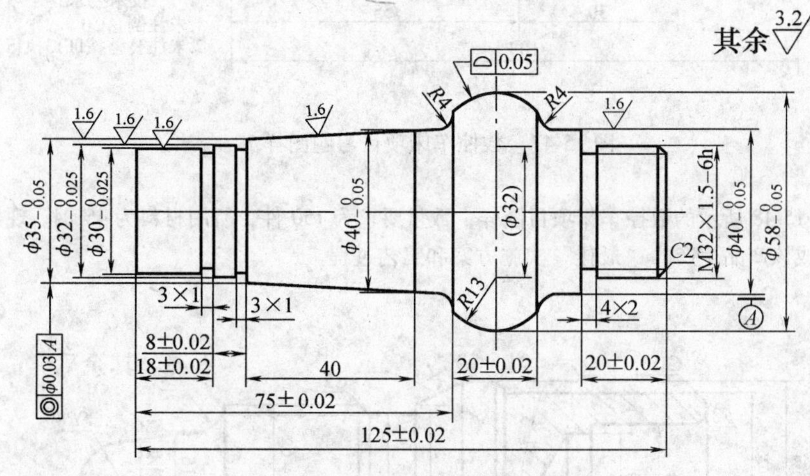

图 15-45　数控车床项目习题图样 15

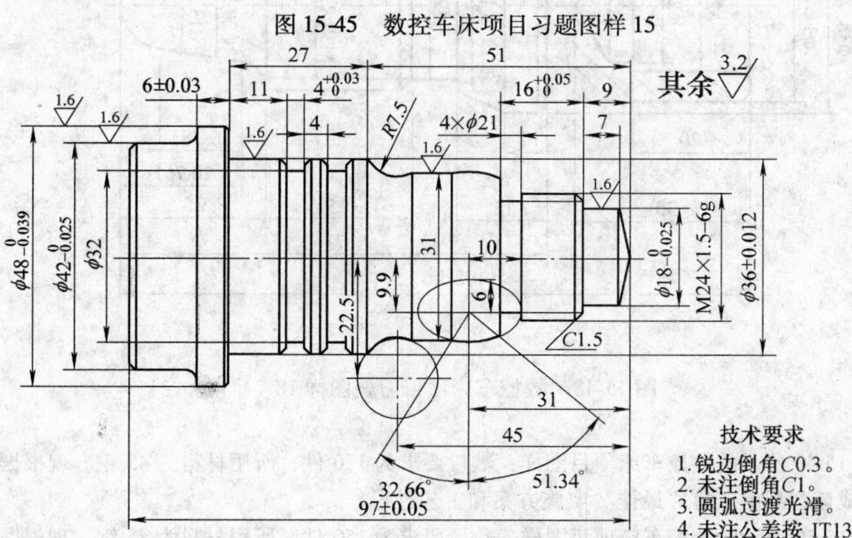

图 15-46　数控车床项目习题图样 16

15-17 如图 15-47 所示的数控车床项目图样，数量要求为 150 件，所用材料为 45 钢。现根据图样和生产要求，制定完成该产品生产的“最佳”实施方案和工艺过程。

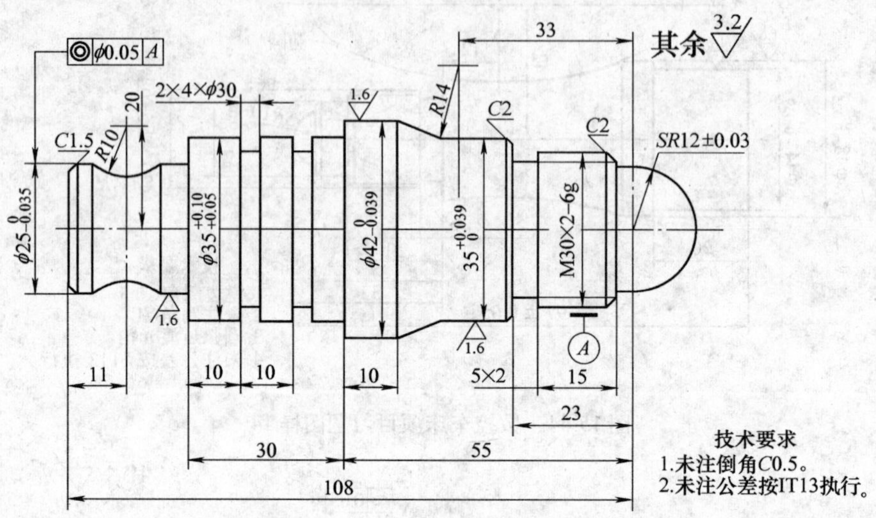

图 15-47 数控车床项目习题图样 17

15-18 如图 15-48 所示的数控车床项目图样，数量要求为 150 件，所用材料为 45 钢。现根据图样和生产要求，制定完成该产品生产的“最佳”实施方案和工艺过程。

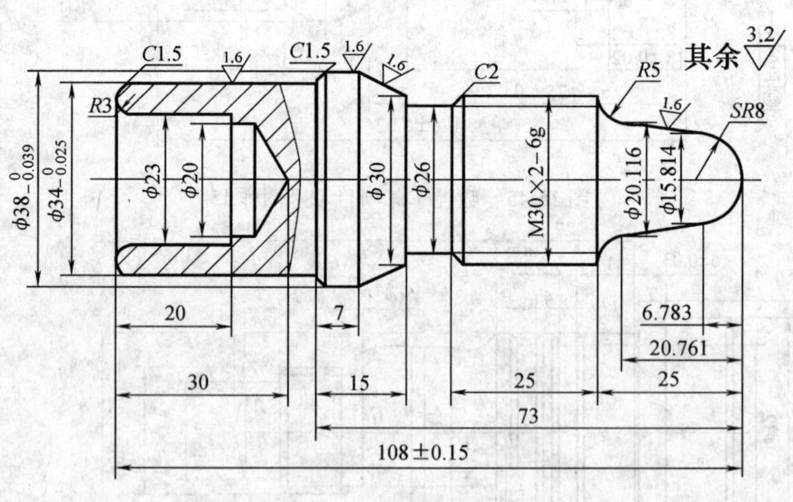

图 15-48 数控车床项目习题图样 18

15-19 如图 15-49 所示的数控车床项目图样，数量要求为 150 件，所用材料为 45 钢。现根据图样和生产要求，制定完成该产品生产的“最佳”实施方案和工艺过程。

15-20 如图 15-50 所示的数控车床项目图样，数量要求为 150 件，所用材料为 45 钢。现根据图样和生产要求，制定完成该产品生产的“最佳”实施方案和工艺过程。

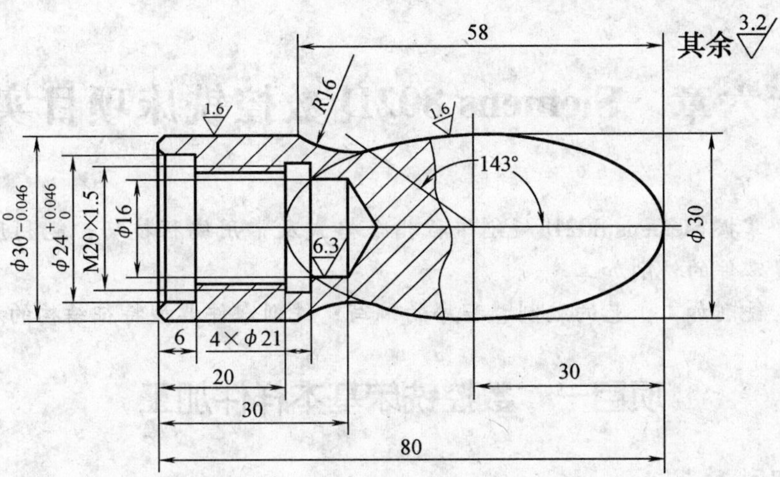

图 15-49　数控车床项目习题图样 19

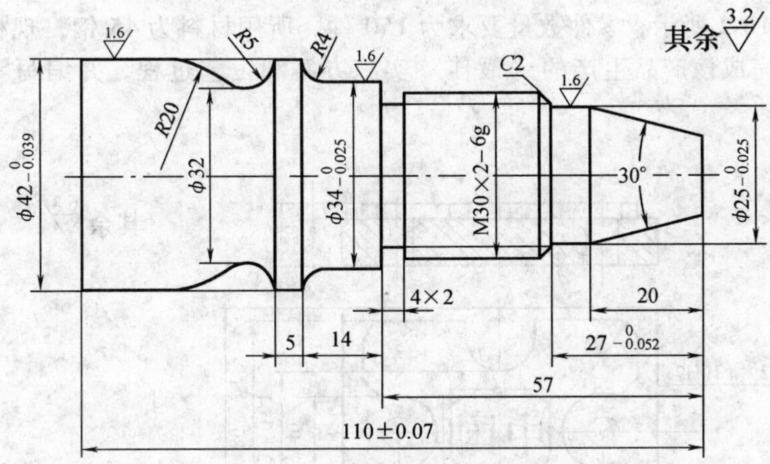

图 15-50　数控车床项目习题图样 20

第十六章　Siemens 802D 数控铣床项目实训

学习目的：掌握 Siemens 802D 铣削编程指令格式及常用编程技巧；能利用数控铣床完成中等复杂程度零件的铣削加工。

学习重点：铣削加工工艺的编制、程序的编写；铣削零件典型特征结构的加工。

项目一　数控铣床基本样件加工

一、项目实例

如图 16-1 所示为某厂生产的模板零件图样，“中国”两字的背吃刀量为 0.5mm，文字尺寸如图 16-2 所示，零件数量要求为 150 件，所用材料为 45 钢，现根据图样和生产要求，制定完成该产品生产的“最佳”实施方案和工艺过程，并编写零件的加工程序。

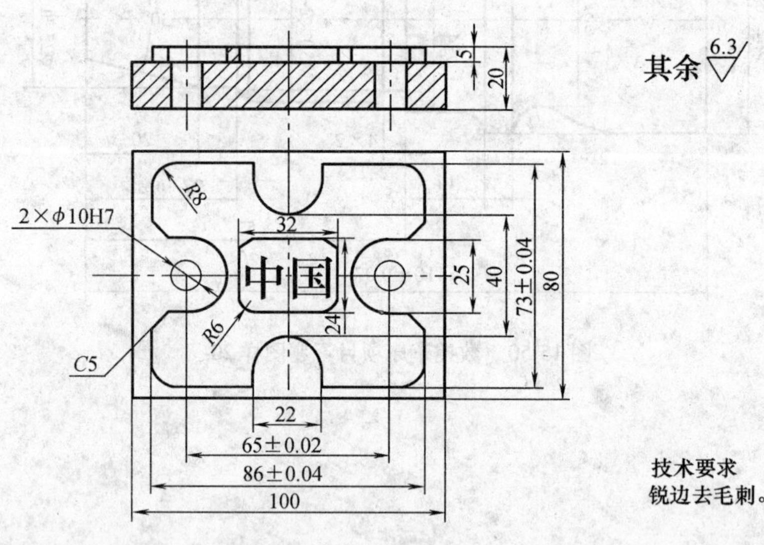

图 16-1　模板图样

二、项目实施计划

为了获得“最佳方案”，采用“一项目多方案”的实训模式，即将实训学生分为两组或多组（第一小组、第二小组、……），由各组成员分别采用不同的加工方案生产产品，通过对不同加工方案生产产品的对比分析，优化所用方案，最终确定“最佳”方案，用于批量生产。

项目实施计划内容，见表 16-1。

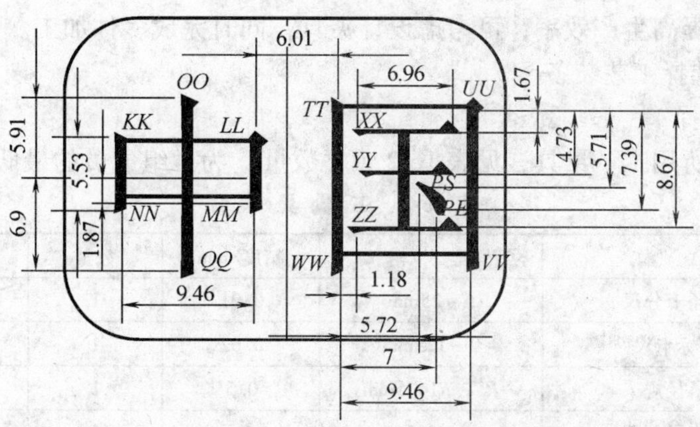

图 16-2 “中国”文字尺寸图

表 16-1 项目实施计划表

	第一小组		第二小组	
设备类型	数控铣床		数控铣床	
数控系统	Siemens 802D		Siemens 802D	
设备编号	M01		M02	
人员构成	四名学生		四名学生	
加工方案	方案一		方案二	
工装夹具	精密平口钳、角尺		精密平口钳、角尺	
生产任务	六面铣削（工序号 1）	图样铣削（工序号 2）	六面铣削（工序号 1）	图样铣削（工序号 2）
所用程序	MDA 方式	MB1601. MPF	自动方式	MB1601. MPF
工艺参数	见工序卡		见工序卡	
加工时间	预计 45min		预计 40min	

三、项目分析

（一）坯料选择

根据图样尺寸要求，并综合考虑毛坯六面的加工、表面质量、加工余量、加工效率、市场所供材料和生产成本等因素可知：选用毛坯尺寸为 82mm × 22mm 的板材，并锯成 102mm 长，数量为 150 根。

（二）定位和装夹方式

数控铣床夹具的选用主要根据生产零件的批量来确定：对单件、小批量、工作量较大的模具加工来说，一般可直接在机床工作台面上通过调整实现定位与夹紧，然后通过加工坐标系的设定来确定零件的位置；对有一定批量的生产零件来说，为了提高装夹效率，可选用或设计具有快速定位和夹紧功能的专业夹具。

如图 16-1 所示图样，表面粗糙度要求 R_a6. 3μm，需进行毛坯六面加工；零件尺寸公差要求不高（最高为 ±0. 02mm）；需完成凸台、凹槽以及孔的加工。根据图样特点，单件产品时，可采用“平口台虎钳”装夹毛坯，毛坯伸出钳口 ≥7mm，并借助角尺快速定位零件；

批量生产时，为了提高生产效率，可考虑设计夹具，同时完成多件加工。

（三）设计和选择工艺装备

1. 工、量具选择

加工图样零件所用工、量具，见表16-2（“数量”为1组成员的最低配置量）。

表16-2 工 量 具 表

序号	名 称	规 格	精度/mm	数量	备 注
1	内径千分尺	5~25mm	0.01	1	
2	游标卡尺	0~125mm	0.02	1	
3	半径规	$R5 \sim R14.5$mm	0.5	1	
4	万能量角器	0~320°		1	
5	表面粗糙度样板	$R_a6.3\mu m$		1	
6	磁性表座			1	
7	杠杆百分表	0~5mm	0.01	1	
8	千分表	0~5mm	0.01	1	
9	计算器	函数计算器		1	
10	其他辅具	1）标准垫铁若干、油石等			
11		2）其他铣工常用工具			
12					
13	数控铣床	XK713	0.001	3	
14	数控系统	Siemens 802D	0.001	3	

2. 刀具的选择

数控铣床上所采用的刀具要根据被加工零件的材料、几何形状、表面质量要求、热处理状态、切削性能及加工余量等，选择刚性好、使用寿命长的刀具。数控铣刀选择原则，参见本教材第三章第二节“三、铣削刀具及其选择”。

（1）铣刀类型的选择 根据被加工零件的几何形状，选择铣刀类型。

1）端面铣刀。综合机床功率、机床主轴直径、毛坯尺寸、加工质量等因素，选用ϕ90mm的可转位硬质合金面铣刀（1号），粗、精加工如图16-1所示零件的六面。

2）端面立铣刀。如图16-1所示零件外轮廓的内圆角半径为12.5mm（槽宽25mm），侧面和底面的表面粗糙度要求皆为$R_a6.3\mu m$，要求不高，可选用4齿ϕ20mm的高速钢端面立铣刀（2号），粗、精加工外轮廓。

3）键槽铣刀。如图16-1所示零件的矩形槽圆角半径为6mm，可选择ϕ10mm高速钢键槽铣刀（3号），用作矩形内腔粗、精加工。

如图16-2所示“中国”文字图的尺寸，可选择ϕ1mm硬质合金键槽铣刀（6号），用作文字粗、精加工。

4）孔加工刀具。根据图16-1所示零件的孔2×ϕ10H7mm，可选择ϕ9.8mm麻花钻（4号），用作孔的粗加工；ϕ10AH7mm铰刀（5号），用做孔的精加工。

（2）铣刀刀柄选择 根据XK713数控铣床的主轴结构和机床性能，选择BT40整体式刀柄系统，其中 BT40—ER32—100 配套相应的弹簧套筒，用于 ϕ20mm 立铣刀、ϕ10mm 键槽铣刀；BT40—Z16—45 钻夹头，用于 ϕ9.8mm 的麻花钻、ϕ10AH7mm 的铰刀。

（3）数控加工刀具卡片　加工所用刀具，见表 16-3。

表 16-3　模板铣削加工刀具表

产品名称或代号			零件名称	模板铣削加工	零件图号	图 16-1	
序号	刀号	刀具名称	数量	加工内容	半径补偿	长度补偿	备注
1	T01	ϕ90mm 面铣刀	2	毛坯六面粗、精加工		H01	半径补偿 0
2	T02	ϕ20mm 端面立铣刀	2	外轮廓粗、精加工	D02	H02	4 齿
3	T03	ϕ10mm 键槽铣刀	2	矩形内腔粗、精加工	D03	H03	
4	T04	ϕ9.8mm 麻花钻	2	ϕ10H7mm 孔的粗加工		H04	半径补偿 0
5	T05	ϕ10AH7mm 铰刀	2	ϕ10H7mm 孔的精加工		H05	半径补偿 0
6	T06	ϕ1mm 键槽铣刀	2	文字粗、精加工		H06	半径补偿 0
编制		审核		批准		第 1 页共 1 页	

（四）加工方案及工序

1. 铣削方法

（1）面铣削加工　常用的平面加工方法有以下几种：

1）双向横坐标平行法。该方法为刀具沿平行于横坐标方向加工，并且可以变换方向，如图 16-3a 所示。

2）单向横坐标平行法。该方法为刀具仅沿一个方向平行于横坐标加工，如图 16-3b 所示。

3）单向纵坐标平行法。该法为刀具仅沿一个方向平行于纵坐标加工，如图 16-3c 所示。

4）双向纵坐标平行法。该法为刀具沿平行于纵坐标方向加工，并且可以变换方向，如图 16-3d 所示。

5）内向环切法。该法为刀具以矩形轨迹分别平行于纵坐标、横坐标由外向内加工，并且可以变换方向，如图 16-3e 所示。

6）外向环切法。该法为刀具以矩形轨迹分别平行于纵坐标、横坐标由内向外加工，并且可以变换方向，如图 16-3f 所示。

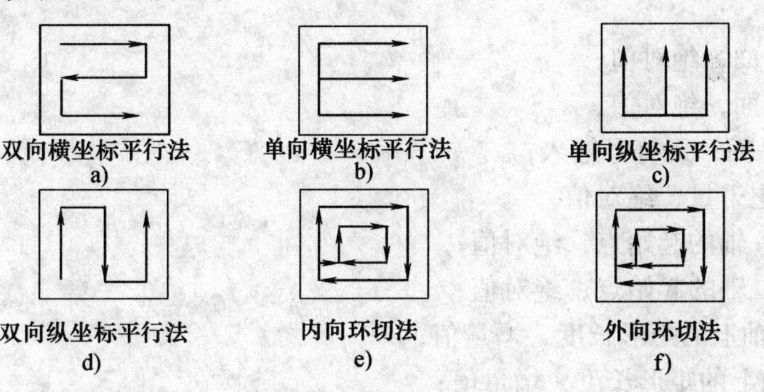

图 16-3　平面铣削方法

（2）外轮廓加工

1）精加工时采用顺铣法，可提高表面加工质量。

2）立铣刀垂直下刀时，应避免铣刀直接切削工件。

3）合理选择铣削时的进给路线，尽量沿轮廓切向进刀和退刀。

4）合理使用刀具半径补偿、刀具长度补偿功能是精确加工零件的基本方法。

（3）槽铣削加工　型腔加工是铣削加工的重要内容，而槽加工一般是用于切除一个封闭区域内的材料，我们可以使用基本指令 G01、G02/G03 等，也可以使用 Siemens 802D 系统的矩形凹槽循环 POCKET3 铣削矩形槽。

注意事项：

1）内腔加工下刀方法有：垂直下刀、斜线下刀、螺旋下刀。

2）键槽铣刀的垂直进给量不能太大，约为平面进给量的 1/3～1/2。

3）对于内轮廓加工，刀具半径值不能大于内轮廓最小圆角半径值。

（4）孔的加工　孔有深孔（孔深 >4×孔径）和浅孔（孔深 <4×孔径），对于浅孔，可采用基本指令 G01，“直进”切削至孔底；对于深孔，则常采用孔加工基本循环，“间歇进给”切削至孔底。本项目即使用 Siemens 802D 系统的 CYCLE82 指令完成中心钻孔和麻花钻孔，铰孔用 CYCLE85 指令。

注意事项：

1）钻孔时一般不要调整进给修调开关和主轴转速倍率开关，以提高钻孔表面质量。

2）麻花钻的垂直进给量不能太大，约为平面进给量的 1/4～1/3。

3）ϕ10mm 孔的正下方不能放置垫铁，并应控制钻头的进给深度，避免和台虎钳碰撞。

4）铰孔时主轴转速和进给速度应相对小些，参照金属切削手册。

2. Siemens 802D 系统铣削指令

（1）端面铣削 CYCLE71

1）格式。CYCLE71（RTP，_RFP，_SDIS，_DP，_PA，_PO，_LENG，_WID，_STA，_MID，_MIDA，_FDP，_FALD，_FFP1，_VARI，_FDP1）

2）功能。CYCLE71 可以切削任何矩形端面。该指令能识别粗加工（分步连续加工端面直至精加工余量）和精加工（端面的最后一步加工）；可以定义最大宽度和深度进给量。

3）说明。

RTP：返回平面，绝对值；

RFP：参考平面，绝对值；

SDIS：安全平面，无符号输入；

DP：端面背吃刀量，绝对值；

PA：平面第一轴的起始点，绝对值；

PO：平面第二轴的起始点，绝对值；

LENG：第一轴上的矩形长度，增量值；

WID：第二轴上的矩形长度，增量值；

STA：纵轴和横轴间的夹角，无符号输入，0°≤STA<180°；

MID：每次进给的最大背吃刀量；

MIDA：连续加工时的最大进给宽度，无符号输入，增量值，如图 16-4 所示；

FDP：沿切削方向的返回行程，无符号输入，增量值；

FALD：深度方向的精加工余量，无符号输入，增量值；

FFP1：平面切削进给率；

VARI：加工类型，无符号输入，其值为 11、12、21、22、31、32、41、42；

FDP1：进给方向的越程量，无符号输入，增量值。

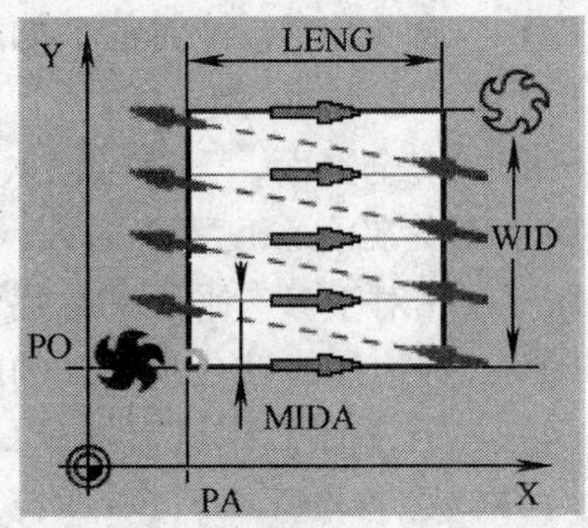

图 16-4 端面铣削 CYCLE71

（2）轮廓铣削 CYCLE72

1）格式。CYCLE72（_KNAME，_RTP，_RFP，_SDIS，_DP，_MID，_FAL，_FALD，_FFP1，_FFD，_VARI，RL，_AS1，_LP1，_FF3，_AS2，_LP2）

2）功能。使用 CYCLE72 可以铣削定义在子程序中的任何轮廓，轮廓不一定是封闭的。通过刀具半径补偿的位置（轮廓中央、左或右）来定义内部或外部加工。

3）说明。CYCLE72（_KNAME，_RTP，_RFP，_SDIS，_DP，_MID，_FAL，_FALD，_FFP1，_FFD，_VARI，RL，_AS1，_LP1，_FF3，_AS2，_LP2）

KNAME：轮廓子程序名称；

RTP：返回平面，绝对值；

RFP：参考平面，绝对值；

SDIS：安全平面，无符号输入；

DP：轮廓背吃刀量，绝对值；

MID：每次进给的最大背吃刀量；

FAL：轮廓边缘精加工余量，无符号输入，增量值，如图 16-5 所示；

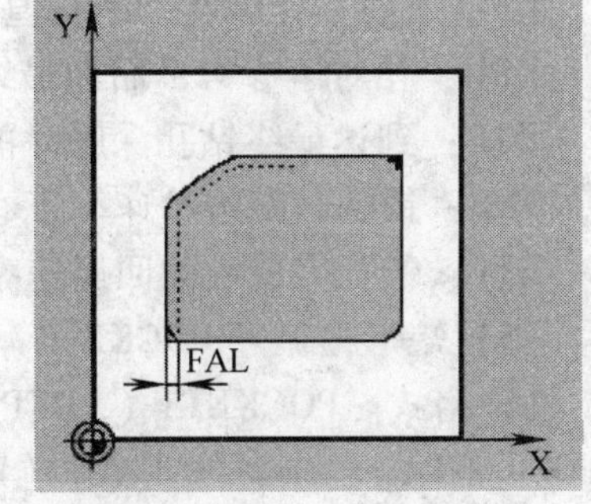

图 16-5 轮廓铣削 CYCLE72

FALD：轮廓深度方向的精加工余量，无符号输入，增量值；

FFP1：平面切削进给率；

FFD：深度方向进给率；

VARI：加工类型，无符号输入；

RL：轮廓绕行方向，其值为 42（G42）、41（G41）、40（G40）；

AS1：逼近方向/逼近路径的定义，其值为 1、2、3、11、12、13；

LP1：接近路径的长度（直线运动时）或接近圆弧的半径（圆弧运动时）；

FF3：中间定位的返回速率；

AS2：返回方向/返回路径的定义；

LP2：返回路径的长度（直线运动时）或返回圆弧的半径（圆弧运动时）。

（3）中心钻孔 CYCLE82

1）格式。CYCLE82（RTP，RFP，SDIS，DP，DPR，DTB）

2）功能。刀具按照编程的主轴速度和进给率钻孔，直至到达输入的最后钻孔深度。到达最后钻孔深度时，允许停顿一定时间。

3）说明。

RTP：返回平面，绝对值，如图 16-6 所示；

RFP：参考平面，绝对值；

SDIS：安全平面，无符号输入；

DP：最终钻孔深度，绝对值；

DPR：相对于参考平面的最终钻孔深度；

DTB：到达最终钻孔深度时的断屑停顿时间。

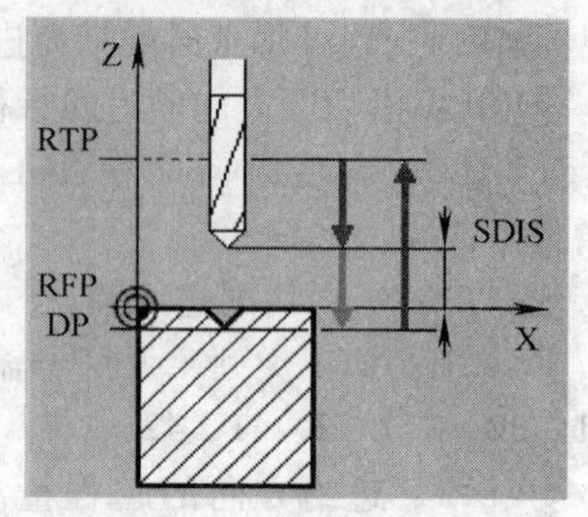

图 16-6 中心钻孔 CYCLE82

（4）铰孔循环 CYCLE85

1）格式。CYCLE85（RTP，RFP，SDIS，DP，DPR，DTB，FFR，RFF）

2）功能。刀具按照编程的主轴速度和进给率钻孔，直至到达定义的最后钻孔深度，钻孔时向内、向外移动的进给率分别是参数 FFR 和 RFF 的值。

3）说明。RTP：返回平面，绝对值，如图 16-7 所示；

RFP：参考平面，绝对值；

SDIS：安全平面，无符号输入；

DP：最终钻孔深度，绝对值；

DPR：相对于参考平面的最终钻孔深度；

DTB：到达最终钻孔深度时的断屑停顿时间；

FFR：铰孔时的进给速率；

RFF：铰孔完成后的回退速率。

图 16-7 铰孔循环 CYCLE85

（5）矩形槽循环 POCKET3

1）格式。POCKET3（_RTP，_RFP，_SDIS，_DP，_LENG，_WID，_CRAD，_PA，_PO，_STA，_MID，_FAL，_FALD，_FFP1，_FFD，_CDIR，_VARI，_MIDA，_AP1，_AP2，_AD，_RAD1，_DP1）

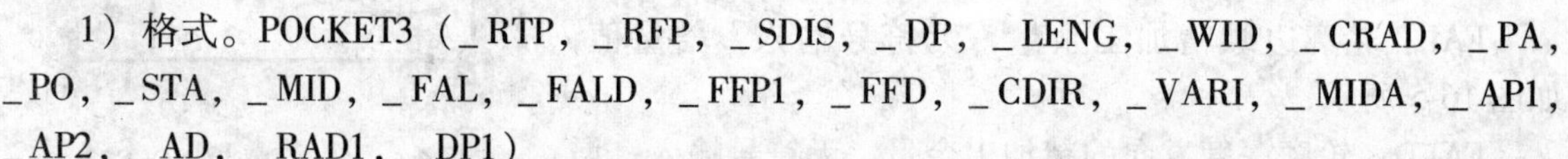

2）功能。此循环可以用于粗、精加工矩形槽。精加工时，要求使用带端面齿的键槽铣刀。深度进给始终从槽中心点开始并在垂直方向上执行，这样才能在此位置完成预铣削。

3）说明。

RTP：返回平面，绝对值；

RFP：参考平面，绝对值；

SDIS：安全平面，无符号值；

DP：矩形型腔的深度，绝对值；

LENG：矩形型腔的长度，带符号值；

WID：矩形型腔的宽度，带符号值；

CRAD：矩形型腔的拐角半径，无符号值；

PA：矩形型腔第一轴（X）的起始点，绝对值；

PO：矩形型腔第二轴（Y）的起始点，绝对值；

STA：纵轴（X）和横轴（Y）间的夹角，无符号输入，0°≤STA＜180°，如图 16-8 所示；

MID：每次进给的最大背吃刀量，无符号值；

FAL：矩形型腔边缘的精加工余量，无符号值；

FALD：矩形型腔底部的精加工余量，无符号值；

FFP1：平面切削进给率；

FFD：深度方向进给率；

CDIR：铣削方向，无符号值，其值为：0（顺铣）、1（逆铣）、2（G2）、3（G3）；

VARI：加工类型，无符号值，其值为 1、2、11、12、21、22、31、32；

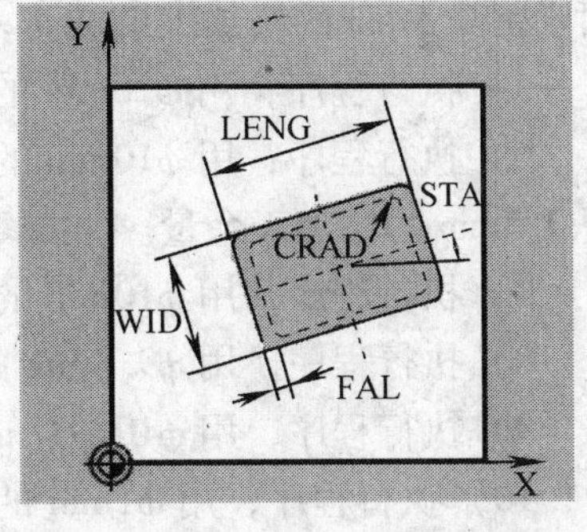

图 16-8 矩形槽循环 POCKET3

MIDA：连续加工时的最大进给宽度，无符号输入，增量值；

AP1：矩形型腔长度方向的空白尺寸；

AP2：矩形型腔宽度方向的空白尺寸；

AD：矩形型腔深度方向（距离参考平面）的空白尺寸；

RAD1：螺旋下刀的半径值；

DP1：螺旋下刀时每转的进给深度。

3. 加工方案

方案一：表面粗糙度值为 R_a6. 3μm，要求不高，平面铣削时，用 ϕ90mm 的面铣刀，采用 MDA 方式，粗加工→精加工；外轮廓铣削时，用 ϕ20mm 的端面立铣刀，采用基本编程指令 G01、G02/G03，粗加工→精加工，粗加工采用逆铣，精加工采用顺铣；矩形型腔铣削时，用 ϕ10mm 的键槽铣刀，采用基本编程指令 G01、G02/G03，粗加工→精加工，粗加工采用逆铣，精加工采用顺铣；孔粗加工时，用 ϕ9. 8mm 的麻花钻，采用基本编程指令 G01；孔精加工时，用 ϕ10AH7mm 的铰刀，采用基本编程指令 G01；文字铣削时，用 ϕ1mm 的键槽铣刀，采用基本编程指令 G01 完成粗加工→精加工。

方案二：与方案一不同的是：平面铣削时，采用端面铣削循环 CYCLE71，粗加工→精加工；外轮廓铣削时，用 ϕ20mm 的端面立铣刀，采用外轮廓循环 CYCLE72，粗加工→精加工；矩形型腔铣削时，采用矩形槽循环 POCKET3，粗加工→精加工；孔粗加工时，采用中心钻孔循环 CYCLE82；孔精加工时，采用铰孔循环 CYCLE85。

4. 工艺过程

1）用平口钳装夹毛坯（102mm×82mm×22mm），在自动或 MDA 方式下，用 ϕ90mm 的面铣刀（T01）完成六面铣削，至图样尺寸（100mm×80mm×20mm）。

2）装夹毛坯（100mm×80mm×20mm），取毛坯顶面高出平口钳顶面 8mm（＞5mm 即可），同时用杠杆百分表校正水平度，达到要求后，紧固毛坯。

注意：零件安装时，在 2 个 ϕ10H7mm 孔位的正下方不能安装垫铁；可借助角尺定位零件。

3）对刀，并设置各刀具的长度补偿、半径补偿值和工件坐标系值（G54）。

注意：建立工件坐标系找原点时，一定要找两边，然后取中，这样可以消除刀具跳动、主轴间隙等误差，保证位置精度。

4）执行程序，用 ϕ20mm 的端面立铣刀（T02）分层粗加工外轮廓并除残料，侧面和底面皆留 0.5mm 的精加工余量。

5）执行程序，用 ϕ20mm 的端面立铣刀（T02）精加工外轮廓。

6）执行程序，用 ϕ10mm 的键槽铣刀（T03）粗加工矩形内腔并除残料，侧面和底面皆留 0.5mm 的精加工余量。

7）执行程序，用 ϕ10mm 的键槽铣刀（T03）精加工矩形内腔。

8）执行程序，用 ϕ9.8mm 的麻花钻粗加工 2 个 ϕ10H7mm 孔。

9）执行程序，用 ϕ10AH7mm 的铰刀精加工 2 个 ϕ10H7mm 孔。

10）执行程序，用 ϕ1mm 的键槽铣刀（T06）完成文字的粗、精加工。

5. 工序卡

模板铣削工序卡，见表 16-4。

表 16-4 模板铣削工序卡

单位名称		产品名称或代号		零件名称	毛坯规格		工件材质
				模板铣削	102mm×82mm×22mm		45 钢
工序号	程序编号	夹具名称		使用设备	数控系统		车间
2	- O1601	精密平口钳		XK713	Siemens 802D		数控车间
工步	工步内容	刀号	刀具规格 R/mm	主轴转速 n/(r/min)	进给速度/(mm/min)	背吃刀量/mm	备注
1	毛坯六面粗加工，各面留精加工余量 0.2mm	T01	ϕ90	300	180	0.8	
2	毛坯六面精加工至尺寸	T01	ϕ90	500	100	0.2	
3	粗加工外轮廓并除残料，精加工余量 0.5mm	T02	ϕ20	800	200	2.5	4 齿
4	精铣外型轮廓至尺寸要求	T02	ϕ20	2000	100	0.5	4 齿
5	粗铣矩形槽，精加工余量 0.5mm	T03	ϕ10	1000	120	1.5	中心下刀速度 30mm/min
6	精铣矩形槽至尺寸要求	T03	ϕ10	2000	100	0.5	中心下刀速度 30mm/min
7	粗钻 2×ϕ10H7mm 孔	T04	ϕ9.8	600	60		
8	精铰 2×ϕ10H7mm 孔	T05	ϕ10AH7	200	15		
9	粗加工文字	T06	ϕ1	1000	100	0.4	
10	精加工文字	T06	ϕ1	3000	50	0.1	
编制	审核	批准		日期		共 1 页第 1 页	

四、项目实施

1. 数值计算

（1）编程尺寸计算　图样上有公差值的尺寸，编程时取极限尺寸的平均值，如图 16-1 所示图样中相关尺寸的平均值，见表 16-5。

表 16-5　图样尺寸平均值　（单位：mm）

图样尺寸	73 ±0.04	65 ±0.02	86 ±0.04	ϕ10H7
编程尺寸	73	65	86	10.0165

（2）基点坐标计算

1）外轮廓。如图 16-9 所示，若将编程原点选择为毛坯中心，则外轮廓各基点的坐标，见表 16-6。

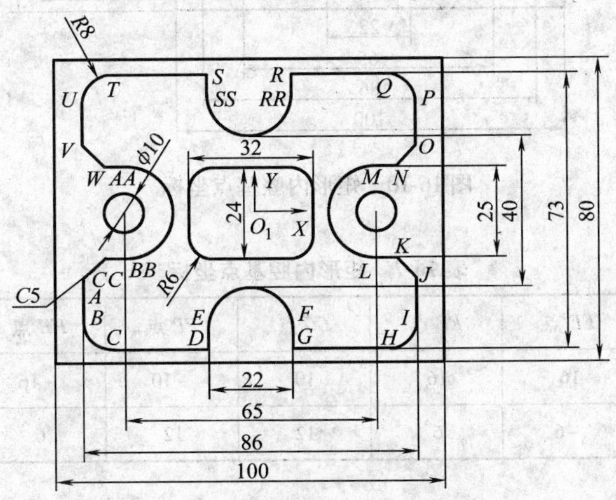

图 16-9　外轮廓基点坐标

表 16-6　外轮廓基点坐标　（单位：mm）

基点	A 点	B 点	C 点	D 点	E 点	BB 点	CC 点
X 坐标值	-43	-43	-35	-11	-11	-32.5	-38
Y 坐标值	-17.5	-28.5	-36.5	-36.5	-31	-12.5	-12.5
基点	J 点	I 点	H 点	G 点	F 点	L 点	K 点
X 坐标值	43	43	35	11	11	32.5	38
Y 坐标值	-17.5	-28.5	-36.5	-36.5	-31	-12.5	-12.5
基点	V 点	U 点	T 点	S 点	SS 点	AA 点	W 点
X 坐标值	-43	-43	-35	-11	-11	-32.5	-38
Y 坐标值	17.5	28.5	36.5	36.5	31	12.5	12.5
基点	O 点	P 点	Q 点	R 点	RR 点	M 点	N 点
X 坐标值	43	43	35	11	11	32.5	38
Y 坐标值	17.5	28.5	36.5	36.5	31	12.5	12.5

2）矩形内腔。如图16-10所示，若将编程原点选择为毛坯中心，则矩形内腔各基点的坐标，见表16-7。

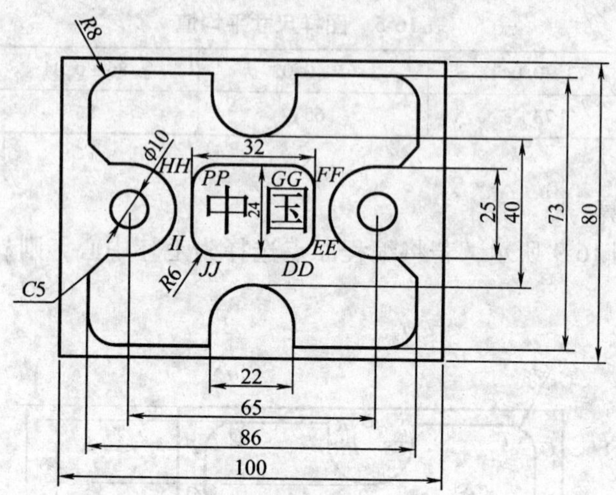

图16-10 矩形内腔基点坐标

表16-7 矩形内腔基点坐标 （单位：mm）

基点	*DD* 点	*EE* 点	*FF* 点	*GG* 点	*PP* 点	*HH* 点	*II* 点	*JJ* 点
X 坐标值	10	16	16	10	−10	−16	−16	−10
Y 坐标值	−12	−6	6	12	12	6	−6	−12

3）文字铣削。如图16-2所示，若将编程原点选择为毛坯中心，则“中国”文字各基点的坐标，见表16-8。

表16-8 “中国”文字基点坐标 （单位：mm）

基点	*KK* 点	*LL* 点	*MM* 点	*NN* 点	*OO* 点	*QQ* 点	*TT* 点	*UU* 点
X 坐标值	−12.465	−3.005	−3.005	−12.465	−7.735	−7.735	3.005	12.465
Y 坐标值	3.66	3.66	−1.87	−1.87	5.91	−6.9	5.91	5.91
基点	*VV* 点	*WW* 点	*XX* 点	*YY* 点	*ZZ* 点	*PS* 点	*PE* 点	
X 坐标值	12.465	3.005	4.185	4.185	4.185	8.725	10.005	
Y 坐标值	−6.9	−6.9	4.24	1.18	−2.76	0.2	−2.76	

2. 程序编制

（1）平面加工

方案一：采用MDA方式，粗加工→精加工，具体操作参见本教材第十三章第二节的“手动数据输入（MDA）运行”。

方案二：模板上表面粗加工参考程序，见表16-9。

表 16-9　模板上表面粗加工参考程序（方案二）

程序名:XPMIAN. MPF(MB1601. MPF 之一)		工序号:2
程序段号	程序内容	说　明
	G17G90G40G71	设定加工环境
	G54	建立工件坐标系
	T1	选定 1 号刀具
	M3S300	起动主轴,设定转速
	M8	打开切削液
	G94F180	设定进给速度
	G0X-100Y0	刀具定位于工件左外侧
	Z20	(下刀时不能碰撞工件)
	CYCLE71(20,10,5,-0.8,-50,0,100,80,0,0.8,0,5,0.2,180,31,5)	端面加工
	G90G0X100Y0	刀具定位于工件右外侧
	M9	关闭切削液
	M5	停止主轴
	M2	程序结束

(2) 外轮廓加工

1) 刀具路径。如图 16-9 所示，刀具路径为：下刀→进刀→*U*→*V*→*W*→*AA*→*BB*→*CC*→*A*→*B*→*C*→*D*→*E*→*F*→*G*→*H*→*I*→*J*→*K*→*L*→*M*→*N*→*O*→*P*→*Q*→*R*→*RR*→*SS*→*S*→*T*→*U*→*V*→退刀→抬刀。

2) 外轮廓加工程序。

方案一：外轮廓加工参考程序，见表 16-10。

表 16-10　外轮廓加工参考主程序（方案一）

程序名:XWXING1. MPF (MB1601. MPF 之一)		工序号:2	程序名:XWXING1. MPF (MB1601. MPF 之一)		工序号:2
程序段号	程序内容	说　明	程序段号	程序内容	说　明
	G17G90G40G71	设定加工环境		SBXWXING	调用轮廓铣削子程序,粗加工
	G55	建立工件坐标系		G0X-50 Y60	
	T2	选定 2 号刀具,并建立刀具长度补偿		S2000	设置精加工工艺参数
	G0X-50Y60	刀具定位于工件左上角		G1Z-5F100	下刀,深度至 5mm
	Z10	刀具定位于安全平面		SBXWXING	调用轮廓铣削子程序,精加工
	M3S800	起动主轴,设定转速		G0X-50 Y60	
	M8	打开切削液		Z50	定位于返回平面
	G1Z-2.5F200	下刀,深度至 2.5mm		M9	关闭切削液
	SBXWXING	调用外轮廓铣削子程序,粗加工		M5	停止主轴
	G0X-50 Y60	定位于工件左上角		M2	程序结束
	G1Z-4.5F200	下刀,深度至 4.5mm			

方案二：外轮廓加工参考程序，见表16-11所示。

表16-11　外轮廓加工参考主程序（方案二）

程序名:XWXING2. MPF(MB1601. MPF之一)		工序号:2
程序段号	程序内容	说　明
	G17G90G40G71	设定加工环境
	G55	建立工件坐标系
	T2	选定2号刀具,并建立刀具长度补偿
	M3S800	起动主轴,设定转速
	M8	打开切削液
	G94 F200	设定进给速度
	G0X-65Y60	刀具定位于工件左上角
	Z20	刀具定位于返回平面
	CYCLE72("SBXWXING",20,0,10,-5,2.5,0.5,0.5,200,30,11,42,2,15,400,2,15)	调用外轮廓铣削循环
	G0Z50	退刀
	M9	关闭切削液
	M5	停止主轴
	M2	程序结束

子程序：外轮廓加工子程序，见表16-12。

表16-12　外轮廓加工参考子程序（方案一、二）

程序名:SBXWXING. SPF (MB1601. MPF之一)		工序号:2	程序名:SBXWXING. SPF (MB1601. MPF之一)		工序号:2
程序段号	程序内容	说　明	程序段号	程序内容	说　明
	G1G42X-43Y40D2	进刀,并建立刀具半径补偿		X38Y-12.5	*K*点
				X32.5	*L*点
	Y17.5	*V*点		G2X32.5Y12.5 I0J12.5	*M*点
	X-38Y12.5	*W*点		G1X38	*N*点
	X-32.5	*AA*点		X43 Y17.5	*O*点
	G2X-32.5Y-12.5I0J-12.5	*BB*点		Y28.5	*P*点
	G1X-38	*CC*点		G3X35 Y36.5 I-8J0	*Q*点
	X-43Y-17.5	*A*点		G1X11	*R*点
	Y-28.5	*B*点		Y31	*RR*点
	G3X-35Y-36.5 I8J0	*C*点		G2X-11 Y31I-11J0	*SS*点
	G1X-11	*D*点		G1 Y36.5	*S*点
	Y-31	*E*点		X-35	*T*点
	G2X11Y-31I11J0	*F*点		G3X-43Y28.5 I0J-8	*U*点
	G1Y-36.5	*G*点		G1Y0	经过*U*点
	X35	*H*点		G40X-70	退刀,并撤消刀具半径补偿
	G3X43Y-28.5 I0J8	*I*点			
	G1Y-17.5	*J*点		RET	返回主程序

（3）矩形内腔加工

1）刀具路径。如图 16-10 所示，刀具路径为：下刀→进刀→*JJ*→*DD*→*EE*→*FF*→*GG*→*PP*→*HH*→*II*→*JJ*→退刀→抬刀。

2）矩形内腔加工程序。

方案一：矩形内腔加工参考程序，见表 16-13。

表 16-13 矩形内腔加工参考主程序（方案一）

程序名:XJCAO. MPF (MB1601. MPF 之一)		工序号:2
程序段号	程序内容	说　明
	G17G90G40G71	设定加工环境
	G55	建立工件坐标系
	T3	选定 3 号刀具
	G0X0Y0	刀具定位于工件中心
	Z10	定位于安全平面
	M03S1000	起动主轴,设定转速
	M8	打开切削液
	G01Z-1. 5F30	下刀,深度至 1. 5mm
	F200	粗加工进给速率
	SBXJCAO	调用矩形槽铣削子程序
	G01Z-3F30	下刀,深度至 3mm
	F200	
	SBXJCAO	调用矩形槽铣削子程序
	G01Z-4. 5F30	下刀,深度至 4. 5mm
	F200	
	SBXJCAO	调用矩形槽铣削子程序
	G01Z-5F30	下刀,深度至 5mm
	S2000F100	精加工转速和进给速率
	SBXJCAO	调用矩形槽铣削子程序
	G00Z50	退刀
	M09	关闭切削液
	M05	停止主轴
	M2	程序结束

表 16-14 矩形内腔加工参考子程序（方案一）

程序名:SBXJCAO. SPF (MB1601. MPF 之一)		工序号:2
程序段号	程序内容	说　明
	G01G41X-10D3	进刀,并建立刀具半径补偿
	Y-12	*JJ* 点
	X10	*DD* 点
	G03X16. Y-6. I0. J6	*EE* 点
	G01Y6	*FF* 点
	G03X10. Y12. I-6. J0	*GG* 点
	G01X-10	*PP* 点
	G03X-16. Y6. I0. J-6	*HH* 点
	G01Y-6	*II* 点
	G03X-10. Y-12. I6. J0	*JJ* 点
	G40X0Y0	退刀,并撤消刀具半径补偿
	RET	返回主程序

方案二：矩形内腔加工参考程序，见表 16-15。

表 16-15 矩形内腔加工参考程序（方案二）

程序名:XJCAO. MPF(MB1601. MPF 之一)		工序号:2
程序段号	程序内容	说　明
	G17G90G40G71	设定加工环境
	G55	建立工件坐标系
	T3D3	选定 3 号刀具
	G0X0Y0	刀具定位于工件中心

（续）

程序名:XJCAO. MPF(MB1601. MPF之一)		工序号:2
程序段号	程序内容	说　明
	Z20	刀具定位于安全平面
	M3S1000	起动主轴,设定转速
	M8	打开切削液
	POCKET3(20,0,10,-5,32,24,6,0,0,0,1.5,0.5,0.5,120,30,1,11,6,,,,,)	调用矩形槽铣削循环
	M9	关闭切削液
	M5	停止主轴
	M2	程序结束

注：矩形凹槽铣削循环 POCKET3 的参数说明（按照出现顺序）：

返回平面：20；

参考平面：0；

安全平面：10；

槽深：-5；

槽长：32；

槽宽：24；

槽拐角半径：6；

图形中心 *X* 坐标：0；

图形中心 *Y* 坐标：0；

图形倾角：0；

最大进给深度：1.5；

槽边缘的精加工余量：0.5；

槽底的精加工余量：0.5；

端面加工进给率：120；

深度进给率：30；

铣削方向：1；

加工类型：11；

最大进给宽度：6；

其余参数为空。

（4）钻孔加工

方案一：钻孔加工参考程序，见表16-16。

表16-16　钻孔加工参考程序（方案一）

程序名:ZKONG. MPF (MB1601. MPF之一)		工序号:2	程序名:ZKONG. MPF (MB1601. MPF之一)		工序号:2
程序段号	程序内容	说　明	程序段号	程序内容	说　明
	G17G90G40G71	设定加工环境		G55	建立工件坐标系

（续）

程序名:ZKONG. MPF（MB1601. MPF 之一）		工序号:2	程序名:ZKONG. MPF（MB1601. MPF 之一）		工序号:2
程序段号	程序内容	说　明	程序段号	程序内容	说　明
	T4	选定 4 号刀具		G00X-32. 5Y0	刀具定位于左孔上方
	G00X32. 5Y0	刀具定位于右孔上方		G01Z-25F30	钻通孔，深度为 25mm
	Z10	刀具定位于起刀平面		Z10F300	退刀
	M3S600	起动主轴，设定转速		G00Z50	刀具定位于返回平面
	M8	打开切削液		M9	关闭切削液
	G01Z-25F30	钻通孔，深度为 25mm		M5	停止主轴
	Z10F300	退刀		M2	程序结束

方案二：钻孔加工参考程序，见表 16-17。

表 16-17　钻孔加工参考程序（方案二）

程序名:ZKONG. MPF（MB1601. MPF 之一）		工序号:2
程序段号	程序内容	说　明
	G17G90G40G71	设定加工环境
	G55	建立工件坐标系
	T4	选定 4 号刀具
	G00X32. 5Y0	刀具定位于右孔上方
	Z20	刀具定位于安全平面
	M3S600	起动主轴，设定转速
	M8	打开切削液
	CYCLE82（20，0，10，25，，2）	调用钻孔循环，钻通孔，深度为 25mm
	G00X-32. 5Y0	刀具定位于左孔上方
	CYCLE82（20，0，10，25，，2）	调用钻孔循环，钻通孔，深度为 25mm
	M9	关闭切削液
	M5	停止主轴
	M2	程序结束

（5）铰孔加工

方案一：铰孔加工参考程序，见表 16-18。

方案二：铰孔加工参考程序，见表 16-19。

表 16-18　铰孔加工参考程序（方案一）

程序名:JKONG. MPF（MB1601. MPF 之一）		工序号:2
程序段号	程序内容	说　明
	…… T5 …… M3S200 …… G01Z-25F15 ……	（省略部分同钻孔的方案一）

表 16-19　铰孔加工参考程序（方案二）

程序名:JKONG. MPF（MB1601. MPF 之一）		工序号:2
程序段号	程序内容	说　明
	…… T5 …… CYCLE85（20，0，10，25，25，2，15，60） G00X-32. 5Y0 CYCLE85（20，0，10，25，25，2，15，60） ……	（省略部分同钻孔的方案二）

（6）铣削“中国”文字 铣削“中国”文字参考程序，见表16-20和表16-21。

表16-20 铣削“中国”文字主程序

程序名:KEZI. MPF(MB1601. MPF之一)		工序号:2
程序段号	程序内容	说　明
	G17G90G40G71	设定加工环境
	G55	建立工件坐标系
	T6	选定6号刀具
	M3S1000	起动主轴,设定转速
	M8	打开切削液
	G0X-12. 465Y3. 66	刀具定位于*KK*点
	Z10	刀具定位于安全平面
	G1Z-2. 9F100	粗加工下刀起始点(留0. 1mm精加工余量)
	SBKEZI	调用刻字子程序
	G1Z-3F100	精加工下刀起始点(精加工背吃刀量0. 1mm)
	G0X-12. 465Y3. 66	刀具定位于*KK*点
	S3000	精加工转速(手动调节进给速度为50%)
	SBKEZI	调用刻字子程序
	G90G0Z50	定位于返回平面
	M9	关闭切削液
	M5	停止主轴
	M2	程序结束

表16-21 铣削“中国”文字子程序

程序名:SBKEZI. MPF (MB1601. MPF之一)		工序号:2	程序名:SBKEZI. MPF (MB1601. MPF之一)		工序号:2
程序段号	程序内容	说　明	程序段号	程序内容	说　明
	G91G1Z-2. 5F30	相对下刀		G90X4. 185Y4. 24	刀具定位于*XX*点
	G90X-3. 005 F100	刻至*LL*点		G1G91Z-5F20	
	Y-1. 87	刻至*MM*点		G91X6. 96 F100	刻长为:6. 96mm
	X-12. 465	刻至*NN*点		G0G91Z5	
	Y3. 66	刻至*KK*点		G90X4. 185Y1. 18	刀具定位于*YY*点
	G0G91Z5	相对提刀		G1G91Z-5F20	
	G90X-7. 735Y5. 91	刀具定位于*OO*点		G91X6. 96 F100	刻长为:6. 96mm
	G1G91Z-5F20	相对下刀		G0G91Z5	
	G90Y-6. 9 F100	刻至*QQ*点		G90X4. 185Y-2. 76	刀具定位于*ZZ*点
	G0G91Z5			G1G91Z-5F20	
	G90X3. 005Y5. 91	刀具定位于*TT*点		G91X6. 96 F120	刻长为:6. 96mm
	G1G91Z-5F20	相对下刀		G0G91Z5	
	G90X12. 465 F100	刻至*UU*点		G90X8. 725Y0. 2	刀具定位于*PS*点
	Y-6. 9	刻至*VV*点		G1G91Z-5F20	
	X3. 005	刻至*WW*点		G91X10. 005 Y-2. 76F100	刻至*PE*点
	Y5. 91	刻至*TT*点		G00G90Z5	
	G0G91Z5			RET	子程序结束

3. 对刀及刀补、坐标系参数的设置

使用 Siemens 802D 数控铣床完成该部分内容的详细操作过程，参见本教材第十三章第二节的“三、对刀及数据设置”。

4. 程序的调试与执行（产品加工）

使用 Siemens 802D 数控铣床完成该部分内容的详细操作过程，参见本教材第十三章第二节的“四、程序的建立、调试与运行”。

5. 尺寸修正

对于试切的零件，在粗加工后使用程序暂停指令（M00），暂停机床的动作，测量零件尺寸是否符合要求，如有偏差，则要在精加工前及时修正，修正的方法是：修改相应刀具的长度补偿值和半径补偿值。

五、评估反馈

1. 产品质量和效率分析

根据表 16-22 所示评分标准，完成方案一、方案二加工零件的检测评分，对比两种方案所加工产品的质量和效率。若发现问题，分析原因，进行方案优化，最终确定“最佳方案”，用于批量生产。

表 16-22 项目评估表

<table>
<tr><td colspan="2">班级</td><td></td><td>姓名</td><td colspan="2"></td><td>学号</td><td></td><td>日期</td><td></td></tr>
<tr><td colspan="2">项目课题</td><td colspan="5">模板样件铣削加工</td><td colspan="2">零件图号</td><td>图 16-1</td></tr>
<tr><td rowspan="6">基本检查</td><td></td><td>序号</td><td colspan="3">检测项目</td><td>配分</td><td colspan="2">学生自评分</td><td>教师评分</td></tr>
<tr><td rowspan="3">编程</td><td>1</td><td colspan="3">切削加工工艺制定正确</td><td>2</td><td colspan="2"></td><td></td></tr>
<tr><td>2</td><td colspan="3">切削用量选用合理</td><td>2</td><td colspan="2"></td><td></td></tr>
<tr><td>3</td><td colspan="3">程序正确、简单、明确且规范</td><td>6</td><td colspan="2"></td><td></td></tr>
<tr><td rowspan="2">操作</td><td>4</td><td colspan="3">设备的正确操作与维护保养</td><td>2</td><td colspan="2"></td><td></td></tr>
<tr><td>5</td><td colspan="3">安全、文明生产</td><td>3</td><td colspan="2"></td><td></td></tr>
<tr><td colspan="6">基本检查结果总计</td><td>15</td><td colspan="3"></td></tr>
<tr><td rowspan="15">尺寸检测</td><td rowspan="2">序号</td><td rowspan="2">图样尺寸/mm</td><td rowspan="2">允差/mm</td><td colspan="2">量具</td><td rowspan="2">配分</td><td colspan="2">实际尺寸</td><td rowspan="2">分数</td></tr>
<tr><td>名称</td><td>规格/mm</td><td>学生自测</td><td>教师检测</td></tr>
<tr><td>1</td><td>长 100</td><td></td><td>游标卡尺</td><td>0～125</td><td>5</td><td></td><td></td><td></td></tr>
<tr><td>2</td><td>宽 80</td><td></td><td>游标卡尺</td><td>0～125</td><td>5</td><td></td><td></td><td></td></tr>
<tr><td>3</td><td>高 20</td><td></td><td>游标卡尺</td><td>0～125</td><td>5</td><td></td><td></td><td></td></tr>
<tr><td>4</td><td>长 86</td><td>±0.04</td><td>游标卡尺</td><td>0～125</td><td>10</td><td></td><td></td><td></td></tr>
<tr><td>5</td><td>长 65</td><td>±0.02</td><td></td><td></td><td>10</td><td></td><td></td><td></td></tr>
<tr><td>6</td><td>长 73</td><td>±0.04</td><td>游标卡尺</td><td>0～125</td><td>10</td><td></td><td></td><td></td></tr>
<tr><td>7</td><td>槽宽 22</td><td></td><td>半径规</td><td>R11</td><td>5</td><td></td><td></td><td></td></tr>
<tr><td>8</td><td>槽宽 25</td><td></td><td>半径规</td><td>R12.5</td><td>5</td><td></td><td></td><td></td></tr>
<tr><td>9</td><td>圆角 R8</td><td></td><td>半径规</td><td>R8</td><td>5</td><td></td><td></td><td></td></tr>
<tr><td>10</td><td>倒角 C5</td><td></td><td>量角器</td><td>0～320</td><td>5</td><td></td><td></td><td></td></tr>
<tr><td>11</td><td>轮廓深 5</td><td></td><td>游标卡尺</td><td>0～125</td><td>5</td><td></td><td></td><td></td></tr>
<tr><td>12</td><td>2×ϕ10 孔</td><td>H7</td><td>内径尺</td><td>0～25</td><td>10</td><td></td><td></td><td></td></tr>
<tr><td>13</td><td>表面粗糙度</td><td>R_a6.3μm</td><td>表面粗糙度样板</td><td>R_a6.3μm</td><td>5</td><td></td><td></td><td></td></tr>
<tr><td colspan="6">尺寸检测结果总计</td><td>85</td><td colspan="3"></td></tr>
<tr><td colspan="2">所用方案</td><td>工序</td><td>加工时间</td><td colspan="2">基本检查结果</td><td colspan="3">尺寸检测结果</td><td>成绩</td></tr>
<tr><td colspan="2"></td><td></td><td></td><td colspan="2"></td><td colspan="3"></td><td></td></tr>
<tr><td colspan="2"></td><td></td><td></td><td colspan="2"></td><td colspan="3"></td><td></td></tr>
<tr><td colspan="3">学生签字</td><td></td><td colspan="5">实习老师签字</td><td></td></tr>
</table>

2. 实施方案对比分析

项目实施的各小组，根据项目实施的过程、产品质量和效率分析的结果，相互探讨，分析不同方案的优、缺点，进行方案优化，最终确定“最佳方案”，用于批量生产。

3. 个人总结

1）通过本项目的实施，你有哪些收获（可从学会、掌握、深层理解三个层次说明）？

2）通过本项目的实施，你尚有哪些问题（不懂或疑惑之处）？

项目二　泵体端盖底板加工

一、项目实例

如图 16-11 所示为某厂生产的泵体端盖底板图样，数量要求为 500 件，所用材料为铝合金。现根据图样和生产要求，制定完成该产品生产的“最佳”实施方案和工艺过程。

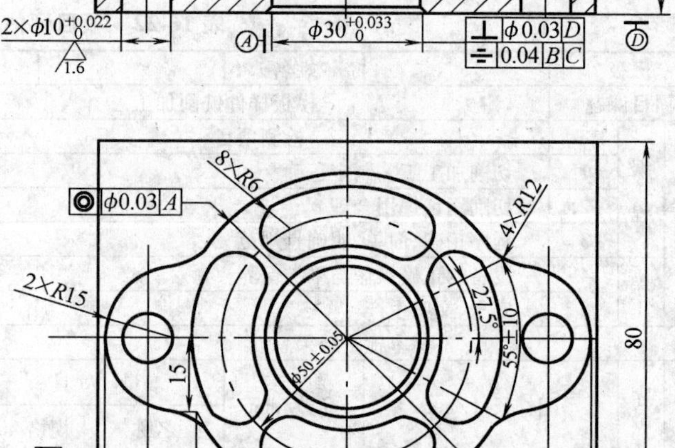

图 16-11　泵体端盖底板图样

二、项目实施计划

根据图样特点，为了获得加工“最佳方案”，采用“一项目多方案”的实训模式，即将实训学生分为两组或多组（第一小组、第二小组、……），由各组成员分别采用不同的加工方案生产产品，通过对不同加工方案生产产品的对比分析，优化所用方案，最终确定“最佳”方案，用于批量生产。

项目实施计划内容，见表 16-23。

三、项目分析

（一）坯料选择

根据图样尺寸要求，并综合考虑毛坯六面的加工、表面质量、加工余量、加工效率、市场所供材料和生产成本等因素可知：选用毛坯尺寸为 82mm × 22mm 的方形铝合金材料，并锯成 102mm 长的铝块，数量为 500 根。

表 16-23　项目实施计划表

	第一小组	第二小组
设备类型	数控铣床	数控铣床
数控系统	Siemens 802D	Siemens 802D
设备编号	M01	M02

（续）

	第一小组		第二小组	
人员构成	四名学生		四名学生	
加工方案	方案一		方案二	
工装夹具	精密平口钳、角尺		精密平口钳、角尺	
生产任务	六面铣削（工序号1）	图样铣削（工序号2）	六面铣削（工序号1）	图样铣削（工序号2）
所用程序	MDA 方式	BT1602. MPF	MDA 方式	BT1602. MPF
工艺参数	见工序卡		见工序卡	
加工时间	预计 120min		预计 100min	

（二）定位和装夹方式

如图16-11 所示图样，表面粗糙度要求 R_a6. 3μm，有垂直度（ϕ0. 03mm）、对称度（0. 04mm）、同轴度（ϕ0. 03mm）等要求，需进行毛坯六面精确加工；零件尺寸公差要求较高（最高为0～0. 022mm）；需完成凸台、弧形槽、圆形通腔以及孔的加工。根据图样特点，单件产品时，可采用“精密平口台虎钳”装夹毛坯，毛坯伸出钳口≥7mm，并借助角尺快速定位零件；批量生产时，为了提高生产效率，可考虑设计夹具，同时完成多件加工。

（三）设计和选择工艺装备

1. 工、量具选择

加工图样零件所用工、量具，见表16-24（“数量”为1组成员的最低配置量）。

表16-24 工 量 具 表

序号	名　称	规　格	精度/mm	数量	备　注
1	内径千分尺	5～25mm	0. 01	1	
2	内径千分尺	25～50mm	0. 01	1	
3	游标卡尺	0～125mm	0. 02	1	
4	半径规	$R5$～$R14.5$mm	0. 5	1	
5	半径规	$R15$～35mm	0. 5	1	
6	万能量角器	0～320°		1	
7	计算器	函数计算器		1	
8	表面粗糙度样板	R_a1. 6μm 和 R_a6. 3μm		1	
9	磁性表座			1	
10	杠杆百分表	0～5mm	0. 01	1	
11	千分表	0～5mm	0. 01	1	
12	其他辅具	1）标准垫铁若干、油石等			
13		2）其他铣工常用工具			
14					
15	数控铣床	XK713	0. 001	1	
16	数控系统	Siemens 802D	0. 001	1	

2. 刀具的选择

数控铣床上所采用的刀具要根据被加工零件的材料、几何形状、表面质量要求、热处理状态、切削性能及加工余量等，选择刚性好、使用寿命长的刀具。数控铣刀选择原则，参见本教材第三章第二节“三、铣削刀具及其选择”。

（1）铣刀类型的选择　根据被加工零件的几何形状，选择铣刀类型。

1）端面铣刀。综合机床功率、机床主轴直径、毛坯尺寸、加工质量等因素，选用 ϕ90mm 的可转位硬质合金面铣刀（1号），粗、精加工如图16-11所示零件的六面。

2）端面立铣刀。如图16-11所示，零件外轮廓的内圆角半径为12mm（$4\times R12$mm），侧面和底面的表面粗糙度要求皆为 R_a6.3μm，要求不高，可选用直径 $<\phi$24mm的端面立铣刀，本项目实施选4齿 ϕ20mm 的高速钢端面立铣刀（2号），粗、精加工外轮廓。

3）键槽铣刀。如图16-11所示，零件的4个弧形槽圆角半径为6mm（$8\times R6$mm），且没有尺寸公差要求，可选择直径 $\leqslant\phi$12mm 的键槽铣刀。

零件的 ϕ30mm 圆形通腔，残料去除量较大，为了实现下刀后一次内轮廓加工即去除残料，需选用直径 $\geqslant\phi$10mm 的键槽铣刀。

零件的 $2\times\phi$10mm 孔为正偏差（$\phi10^{+0.022}_{0}$mm），可用 ϕ10mm 的键槽铣刀作扩孔加工。

综上可知，键槽铣刀选择方案如下：

方案一：选择 ϕ10mm 的高速钢键槽铣刀（3号），粗、精加工4个弧形槽；粗、精加工 ϕ30mm 圆形通腔（把握不好，会留残料）；粗加工 $2\times\phi$10mm 孔（扩孔）。

方案二：选择 ϕ12mm 的高速钢键槽铣刀（4号），加工4个弧形槽（粗、精加工不分，一次完成）；粗加工 ϕ30mm 圆形通腔（不会留残料）。

4）孔加工刀具。如图16-11所示，孔 $2\times\phi10^{+0.022}_{0}$mm 的粗加工，需选用直径 $<\phi$10mm 的麻花钻；从工艺角度来讲，ϕ30mm 圆形通腔的粗加工，最好先钻工艺孔，可选用直径 $<\phi$30mm的麻花钻。

孔 $2\times\phi10^{+0.022}_{0}$mm 和 $\phi30^{+0.033}_{0}$mm 的表面粗糙度为 R_a1.6μm，尺寸公差和表面质量要求皆较高，需要进行铰孔、镗孔精加工。

综上可知，孔加工刀具选择方案如下：

方案一：选择 ϕ9.8mm 麻花钻（5号），用作孔的粗加工；选择 ϕ10H6 的可调镗刀（6号）来作孔 $2\times\phi10^{+0.022}_{0}$mm 和 ϕ30mm 圆形通腔的精加工。

方案二：选择 ϕ9.8mm 麻花钻（5号），用作孔的粗加工；选择 ϕ30H7mm 的可调镗刀（7号）作 ϕ30mm 圆形通腔的精加工；选择 ϕ10AH6mm 铰刀（8号）作 $2\times\phi10^{+0.022}_{0}$mm 孔的精加工。

5）成形刀。如图16-11所示，零件有 $C1$ 的倒角，需选用45°锥形刀（9号），作 ϕ30mm 圆形通腔两棱边的倒角。

（2）铣刀刀柄选择　根据XK713数控铣床的主轴结构和机床性能，选择BT40整体式刀柄系统，其中BT40—ER32—100配套相应的弹簧套筒，如图16-12a所示，用于 ϕ20mm 立铣刀、ϕ10mm 键槽铣刀、ϕ12mm 键槽铣刀；BT40—Z16—45钻夹头，如图16-12b所示，用于 ϕ9.8mm 的麻花钻、ϕ10AH7mm 的铰刀。

（3）数控加工刀具卡片　实施本项目所用刀具，见表16-25所示。

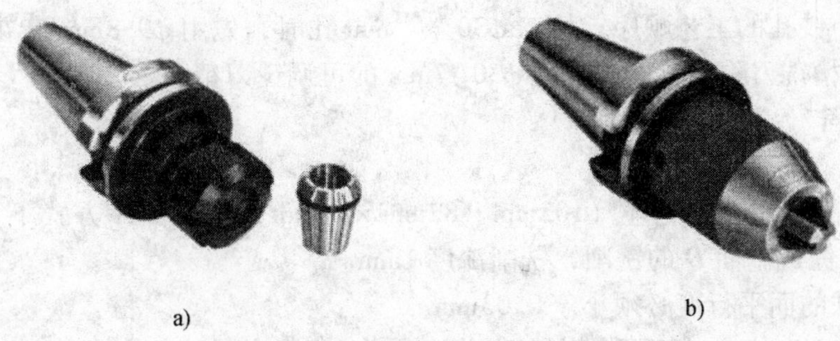

a)　b)

图 16-12　BT40 整体式刀柄系统

a）BT40—ER32—100 刀柄及配套的弹簧套筒　b）BT40—Z16—45 钻夹头

表 16-25　泵体端盖底板加工刀具表　（单位：mm）

产品名称或代号			零件名称	泵体端盖底板加工	零件图号	图 16-11	
序号	刀号	刀具名称	数量	加工内容	半径补偿	长度补偿	备注
1	T01	ϕ90mm 面铣刀	2	粗、精加工毛坯六面		H01	方案一、二
2	T02	ϕ20mm 端面立铣刀	2	外轮廓粗、精加工	D02	H02	方案一、二
3	T03	ϕ10mm 键槽铣刀	1	粗、精加工弧形槽和圆腔	D03	H03	方案一
4	T04	ϕ12mm 键槽铣刀	1	粗、精加工弧形槽和圆腔	D04	H04	方案二
5	T05	ϕ9.8mm 麻花钻	2	ϕ10mm、ϕ30mm 孔的粗加工		H05	方案一、二
6	T06	ϕ10mm 可调镗刀	1	精加工 ϕ10mm 孔		H06	方案一
7	T07	ϕ30mm 可调镗刀	2	精加工 ϕ30mm 孔		H07	方案一、二
8	T08	ϕ10AH6mm 铰刀	1	ϕ10mm 孔的精加工		H08	方案二
9	T09	锥形刀	2	ϕ30mm 孔 45°倒角		H09	方案一、二
编制		审核		批准		第 1 页共 1 页	

（四）加工方案及工序

1. 加工方案

方案一：平面铣削时，用 ϕ90mm 的面铣刀，采用 MDA 方式，粗加工→精加工毛坯六面至图样尺寸；外轮廓铣削时，用 ϕ20mm 的端面立铣刀，粗加工→精加工；4 个弧形槽铣削时，用 ϕ10mm 的键槽铣刀，粗加工→精加工；加工 $2\times\phi10^{+0.022}_{0}$mm 孔时，先用 ϕ9.8mm 麻花钻粗加工，再用 ϕ10mm 的键槽铣刀扩孔，最后用 ϕ10mm 的镗刀精加工，即为钻孔→扩孔→镗孔的工艺顺序；加工 $\phi30^{+0.033}_{0}$mm 孔时，先用 ϕ9.8mm 麻花钻粗加工，再用 ϕ10mm 的键槽铣刀除残料，最后用 ϕ30H7mm 的可调镗刀精加工。

方案二：与方案一不同的是：4 个弧形槽铣削时，用 ϕ12mm 的键槽铣刀，粗加工→精加工；加工 $2\times\phi10^{+0.022}_{0}$mm 孔时，先用 ϕ9.8mm 麻花钻粗加工，再用 ϕ10AH6mm 铰刀精加工，即为钻孔→铰孔的工艺顺序；加工 $\phi30^{+0.033}_{0}$ mm 孔时，先用 $\phi9.8$mm 麻花钻粗加工，再用 $\phi12$mm 的键槽铣刀除残料，最后用 $\phi30$H7mm 的可调镗刀精加工。

2. 工艺过程

方案一：

1）用精密平口钳装夹毛坯（102mm × 82mm × 22mm），在 MDA 方式下，用 $\phi90$mm 的平面刀（T01）完成基面 D 的铣削，铣削深度 1mm。

注意：垫铁的面平行度必须小于 0.03mm。

2）以基面 D 为基准（D 面靠钳口不动侧），在 MDA 方式下，完成基面 C 的铣削，铣削深度 1mm。

3）以基面 D 为基准（D 面靠钳口不动侧），在 MDA 方式下，完成基面 B 的铣削，铣削深度 1mm。

4）以基面 D、B 为基准（D 面为底面，B 面靠钳口不动侧），在 MDA 方式下，分别铣削基面 D、基面 C 的对面，铣削深度 1mm。

5）以基面 D、B 为基准（B 面为底面，D 面靠钳口不动侧），在 MDA 方式下，铣削基面 B 的对面，铣削深度 1mm。

6）以基面 D、B 为基准（D 面为底面，B 面靠钳口不动侧）装夹零件，取毛坯顶面高出平口钳顶面 8mm（ > 5mm 即可)，同时用杠杆百分表校正水平度，达到要求后，紧固毛坯。

注意：零件安装时，在 $\phi30$mm 圆形腔和 2 个 $\phi10$mm 孔位的正下方不能安装垫铁；可借助角尺定位零件。

7）对刀，并设置各刀具的长度补偿、半径补偿值和工件坐标系值（G54）。

注意：建立工件坐标系找原点时，一定要找两边，然后取中，这样可以消除刀具跳动、主轴间隙等误差，保证位置精度。

8）执行程序，用 $\phi20$mm 的端面立铣刀（T02）分层粗加工外轮廓并除残料，侧面和底面皆留 0.5mm 的精加工余量。

9）执行程序，用 $\phi20$mm 的端面立铣刀（T02）精加工外轮廓。

10）执行程序，用 $\phi9.8$mm 的麻花钻（T05）完成以下加工：分别在 $\phi30$mm 圆形腔中心、2 个 $\phi10$mm 孔的中心钻孔，钻削深度 25mm；分别在 4 个弧形轨道的下刀点钻孔，钻削深度 4.8mm。

11）运行程序，用 $\phi10$mm 的键槽刀（T03）完成以下加工：粗、精加工 4 个弧形轨道并除残料，深度为 5mm；铣削 $\phi30$mm 圆形腔到下偏差值，深度为 20.5mm；扩孔 2 个 $\phi10$mm 的孔，深度为 20.5mm。

12）运行程序，用 $\phi10$mm 的镗刀（T06）镗铣 2 个 $\phi10$mm 的孔至公差范围。

13）运行程序，用 $\phi30$mm 的镗刀（T07）镗铣 $\phi30$mm 圆形腔至公差范围。

14）运行程序，用 45°锥形刀（T09）倒角 $\phi30$mm 圆形腔的上边沿。

15）以上表面（D 面的对面）为底面，基面 B 为基准（B 面靠钳口不动侧），装夹零件，运行程序，用 45°锥形刀（T09）倒角 $\phi30$mm 圆形腔的下边沿。

方案二：

步骤 1）到 10）同方案一。

11）运行程序，用ϕ12mm的键槽刀（T04）完成以下加工：粗、精加工4个弧形轨道并除残料，深度为5mm；铣削ϕ30mm圆形腔到下偏差值，深度为20.5mm。

12）运行程序，用ϕ10AH6mm的铰刀（T08）铰2个ϕ10mm的孔至公差范围。

步骤13）到15）同方案一。

当然还有其他的加工方案，由于篇幅限制，这里就介绍这两种方案，目的在于引出“一项目多方案”的教学模式。通过同一项目不同方案的对比教学，学生才能体会优劣方案的差别，加深学生对于“工艺”的理解和掌握，利于选择“最佳方案”。

3. 工序卡

端盖底板加工方案二的工序卡，见表16-26和表16-27。由于篇幅限制，方案一的加工工序卡请读者参考工艺过程自行完成。

（1）六面铣削工序卡　六面铣削工序卡，见表16-26。

表16-26　六面铣削工序卡（方案二）

单位名称			产品名称或代号		零件名称	毛坯规格		工件材质
			泵体		端盖底板	102mm×82mm×22mm		铝合金
工序号		程序编号	夹具名称		使用设备	数控系统		车间
1		MDA方式	精密平口钳		XK713	Siemens 802D		数控车间
工步	工步内容		刀号	刀具规格	主轴转速 n/（r/min）	进给速度（mm/min）	背吃刀量/mm	备　注
1	铣削基面 *D*		T01	ϕ90mm面铣刀	500	75	1	
2	铣削基面 *C*		T01	ϕ90mm面铣刀	500	75	1	*D*为基准
3	铣削基面 *B*		T01	ϕ90mm面铣刀	500	75	1	*D*为基准
4	铣削基面 *D* 的对面		T01	ϕ90mm面铣刀	500	75	1	以基面*D*、*B*为基准
5	铣削基面 *C* 的对面		T01	ϕ90mm面铣刀	500	75	1	以基面*D*、*B*为基准
6	铣削基面 *B* 的对面		T01	ϕ90mm面铣刀	500	75	1	以基面*D*、*B*为基准
编制		审核	批准		日期			共1页第1页

（2）端盖底板加工工序卡　端盖底板加工工序卡，见表16-27。

表16-27　端盖底板加工工序卡（方案二）

单位名称			产品名称或代号		零件名称	毛坯规格		工件材质
			泵体		端盖底板	102mm×82mm×22mm		铝合金
工序号		程序编号	夹具名称		使用设备	数控系统		车间
2		BT1602.MPF	精密平口钳		XK713	Siemens 802D		数控车间
工步	工步内容		刀号	刀具规格	主轴转速 n/（r/min）	进给速度（mm/min）	背吃刀量/mm	备　注
1	粗加工外轮廓并除残料，精加工余量0.5mm		T02	ϕ20mm端面立铣刀	800	200	2.5	4齿

（续）

工步	工步内容	刀号	刀具规格	主轴转速 n/（r/min）	进给速度（mm/min）	背吃刀量/mm	备　注
2	精铣外型轮廓至尺寸要求	T02	ϕ20mm 端面立铣刀	2000	100	0.5	4 齿
3	粗钻 ϕ30mm 圆形腔	T05	ϕ9.8mm 钻头	600	60		钻深 25mm
4	粗钻 2×ϕ10mm 孔	T05	ϕ 9.8mm 钻头	600	60		钻深 25mm
5	粗钻 4 个弧形轨道下刀点	T05	ϕ9.8mm 钻头	600	60		钻深 4.8mm
6	粗、精铣 4 个弧形轨道	T04	ϕ12mm 键刀	1000	120	1.5	铣深 5mm
7	粗加工 ϕ30mm 圆形腔	T04	ϕ12mm 键刀	1000	120	1.5	铣深 20.5mm
8	精铰 2×ϕ10mm 孔	T08	ϕ10AH6mm 铰刀	200	15		铰深 25mm
9	精镗 ϕ30mm 圆形腔至公差	T07	ϕ30mm 镗刀	500	15		镗深 20.5mm
10	倒角 ϕ30mm 圆形腔上边沿	T09	45°锥刀	1000	50	1	
11	倒角 ϕ30mm 圆形腔下边沿	T09	45°锥刀	1000	50	1	翻面
编制	审核	批准		日期		共 1 页第 1 页	

四、项目实施

1. 数值计算

（1）编程尺寸计算　图样上有公差值的尺寸，编程时取极限尺寸的平均值，图样中相关尺寸的平均值，见表 16-28。

表 16-28　图样尺寸平均值　（单位：mm）

图样尺寸	$\phi10^{+0.022}_{0}$	$\phi12^{+0.07}_{0}$	$\phi30^{+0.033}_{0}$	$\phi68^{0}_{-0.12}$	$5^{+0.075}_{0}$	80±0.015	$\phi98^{0}_{-0.14}$
编程尺寸	10.011	12.035	30.017	67.94	5.038	80	97.93

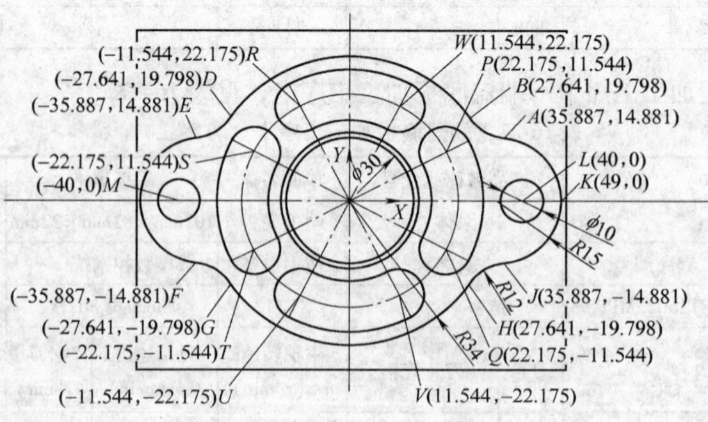

图 16-13　基点坐标

（2）基点坐标计算　若将编程原点选择为毛坯中心，则各基点的坐标，如图 16-13 所示。

（3）残料点计算　用 ϕ20mm 的端面立铣刀粗、精加工外轮廓时，残料关键点的坐标，如图 16-14 所示。根据这些关键点合理地安排刀路，可提高加工效率。

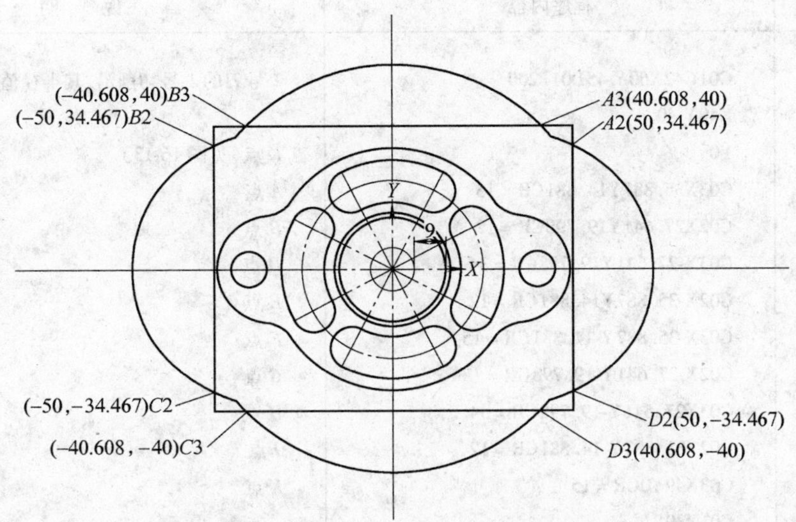

图 16-14　外轮廓残料关键点坐标

2. 程序编制

由于篇幅限制，仅介绍方案二的加工程序，方案一的加工程序请读者自行完成。

（1）粗、精加工外轮廓并除残料

主程序：参考主程序，见表 16-29。

表 16-29　外轮廓加工参考主程序

程序名：WAIKUO. MPF（BT1602. MPF 之一）		工序号：2	程序名：WAIKUO. MPF（BT1602. MPF 之一）		工序号：2
程序段号	程序内容	说　明	程序段号	程序内容	说　明
	G54	坐标系偏置		L01	调用子程序粗加工
	T2	ϕ20mm 立铣刀		M03S2000	精加工转速
	M03S800	粗加工转速		G01Z-5. 0385F45	下刀至精加工深度 5. 0385mm
	G00X65Y-50	起刀点		L01	调用子程序精加工
	Z5			Z50	
	G01Z-2. 5F45	下刀至粗加工深度 2. 5mm		M05	
	L01	调用子程序粗加工		M30	
	G01Z-4. 5F45	下刀至粗加工深度 4. 5mm			

子程序：特征点编程除残料，参考子程序，见表16-30。

表16-30　特征点编程除残料子程序

程序名:L01. SPF(子程序)		工序号:2
程序段号	程序内容	说　明
	G01G42X60Y-45D01F200	2号刀的1号切削沿,其半径值为10mm
	X49Y-40	
	Y0	*K*点(见图16-13)
	G03X35. 887Y14. 881CR = 15	*A*点
	G02X27. 641Y19. 798CR = 12	*B*点
	G03X-27. 641Y19. 798CR = 34	*D*点
	G02X-35. 887Y14. 881CR = 12	*E*点
	G03X-35. 887Y-14. 881CR = 15	*F*点
	G02X-27. 641Y-19. 798CR = 12	*G*点
	G03X27. 641Y-19. 798CR = 34	*H*点
	G02X35. 887Y-14. 881CR = 12	*J*点
	G03X49Y0CR = 15	*K*点
	G01Y30	
	G40 X50Y34. 467	残料关键点*A2*(见图16-14)
	X40. 608 Y40	*A3*点
	Y55	退刀,防止刀具损坏已加工表面
	G00X-40. 608	
	G01Y40	*B3*点
	X-50 Y34. 467	*B2*点
	X-65	退刀,防止刀具损坏已加工表面
	G00 Y-34. 467	
	G01 X-50	*C2*点
	X-40. 608Y-40	*C3*点
	Y-55	退刀,防止刀具损坏已加工表面
	G00 X40. 608	
	G01Y-40	*D3*点
	X50Y-34. 467	*D2*点
	X65	
	Y-50	
	RET	

(2) 钻孔加工

方法一：非固定循环编程孔加工，参考程序，见表16-31。

方法二：固定循环编程孔加工，参考程序，见表16-32。

表 16-31 非固定循环孔加工参考程序

程序名:ZUANKONG1. MPF (BT1602. MPF 之一)		工序号:2
程序段号	程序内容	说 明
	G54	坐标系偏置
	T05	ϕ9. 8mm 钻头
	M03S600	
	G00X0Y0	定位于中心点
	Z5	
	G01Z-25F45	钻孔,孔深 25mm
	G00Z5	
	X40Y0	定位于 *L* 点(见图 16-13)
	G01Z-25	钻孔,孔深 25mm
	G00Z5	
	X22. 175Y11. 544	定位于 *P* 点
	G01Z-4. 8	钻孔,孔深 4. 8mm
	G00Z5	
	X-11. 544Y22. 175	定位于 *R* 点
	G01Z-4. 8	钻孔,孔深 4. 8mm
	G00Z5	
	X-40Y0	定位于 *M* 点
	G01Z-25	钻孔,孔深 25mm
	G00Z5	
	X-22. 175Y-11. 544	定位于 *T* 点
	G01Z-4. 8	钻孔,孔深 4. 8mm
	G00Z5	
	X11. 544Y-22. 175	定位于 *V* 点
	G01Z-4. 8	钻孔,孔深 4. 8mm
	G00Z20	
	M05	
	M30	

表 16-32 固定循环孔加工参考程序

程序名:ZUANKONG2. MPF (BT1602. MPF 之一)		工序号:2
程序段号	程序内容	说 明
	G54	坐标系偏置
	T05	ϕ9. 8mm 钻头
	M03S600	
	G00X0Y0	定位于中心点
	Z20	
	CYCLE82(20,0,5,,25,1)	钻孔,孔深 25mm
	G00X40Y0	定位于 *L* 点
	CYCLE82(20,0,5,,25,1)	钻孔,孔深 25mm
	G00X22. 175Y11. 544	定位于 *P* 点
	CYCLE82(20,0,5,, 4. 8,1)	钻孔,孔深 4. 8mm
	X-11. 544Y22. 175	定位于 *R* 点
	CYCLE82(20,0,5,, 4. 8,1)	钻孔,孔深 4. 8mm
	X-40Y0	定位于 *M* 点
	CYCLE82(20,0,5,,25,1)	钻孔,孔深 25mm
	X-22. 175Y-11. 544	定位于 *T* 点
	CYCLE82(20,0,5,, 4. 8,1)	钻孔,孔深 4. 8mm
	X11. 544Y-22. 175	定位于 *V* 点
	CYCLE82(20,0,5,, 4. 8,1)	钻孔,孔深 4. 8mm
	G00Z20	
	M05	
	M30	

(3) 粗、精加工弧形轨道并除残料 弧形轨道粗、精加工参考程序，见表 16-33。

表 16-33 弧形轨道加工参考程序

程序名:GUIDAO. MPF (BT1602. MPF 之一)		工序号:2	程序名:GUIDAO. MPF (BT1602. MPF 之一)		工序号:2
程序段号	程序内容	说 明	程序段号	程序内容	说 明
	G54	坐标系偏置		Z5	
	T4	ϕ12mm 键槽刀		G01Z-4F45	下刀至粗加工深度
	M03S1000	粗加工转速		G02X22. 175Y-11. 544CR =25	圆弧铣削至 *Q* 点
	G00X22. 175Y11. 544	定位于 *P* 点		G01Z5	

（续）

程序名:GUIDAO.MPF (BT1602.MPF之一)		工序号:2	程序名:GUIDAO.MPF (BT1602.MPF之一)		工序号:2
程序段号	程序内容	说明	程序段号	程序内容	说明
	X11.544Y-22.175	定位于 V 点		G01Z5	
	Z-4			X11.544Y-22.175	定位于 V 点
	G02X-11.544Y-22.175CR=25	圆弧铣削至 U 点		Z-5.0385	
	G01Z5			G02X-11.544Y-22.175CR=25	圆弧铣削至 U 点
	X-22.175Y-11.544	定位于 T 点		G01Z5	
	Z-4			X-22.175Y-11.544	定位于 T 点
	G02X-22.175Y11.544CR=25	圆弧铣削至 S 点		Z-5.0385	
	G01Z5			G02X-22.175Y11.544CR=25	圆弧铣削至 S 点
	X-11.544Y22.175	定位于 R 点		G01Z5	
	Z-4			X-11.544Y22.175	定位于 R 点
	G02X11.544Y22.175CR=25	圆弧铣削至 W 点		Z-5.0385	
	G01Z5			G02X11.544Y22.175CR=25	圆弧铣削至 W 点
	M03S2000	精加工转速		G01Z5	
	G00X22.175Y11.544	定位于 P 点		M05	
	G01Z-5.0385F45	下刀至精加工深度		M30	
	G02X22.175Y-11.544CR=25	圆弧铣削至 Q 点			

（4）粗、精加工 ϕ30mm 中心通孔并除残料

方法一：多次调用子程序

主程序：参考主程序，见表16-34。

表16-34 ϕ30mm 中心通孔加工主程序（方法一）

程序名:ZHONGXKONG.MPF (BT1602.MPF之一)		工序号:2	程序名:ZHONGXKONG.MPF (BT1602.MPF之一)		工序号:2
程序段号	程序内容	说明	程序段号	程序内容	说明
	G54	坐标系偏置		G01Z-16F30	
	T4	ϕ12mm 键槽刀		L03	
	M03S1000	粗加工转速		G01Z-20F30	
	G00X0Y0	起刀点		L03	
	Z5			G01Z-20.5	下刀至精加工深度
	G01Z-4F30	下刀至粗加工深度		M03S2000	精加工转速
	L03	调用子程序粗加工		L03	调用子程序精加工
	G01Z-8F30			G00Z20	
	L03			M05	
	G01Z-12F30			M30	
	L03				

子程序：参考子程序，见表16-35。

表16-35 ϕ30mm 中心通孔加工子程序（方法一）

程序名:L03. SPF(BT1602. MPF 之一)		工序号:2
程序段号	程序内容	说　明
	G01G42X15. 0085Y0D01 G02I-15. 0085J0 G01G40X0Y0 RET	4 刀的 1 号切削沿 整圆铣削 除残料

方法二：一次调用子程序，多层铣削。

主程序：参考主程序，见表16-36。

表16-36 ϕ30mm 中心通孔加工主程序（方法二）

程序名:ZHONGXKONG. MPF (BT1602. MPF 之一)		工序号:2	程序名:ZHONGXKONG. MPF (BT1602. MPF 之一)		工序号:2
程序段号	程序内容	说　明	程序段号	程序内容	说　明
	G54 T4 M03S1000 G90G00X0Y0 Z0. 5	坐标系偏置 ϕ12mm 键槽刀 起刀点		L03P5 G00Z20 M05 M30	5 次调用子程序加工

子程序：参考子程序，见表16-37。

表16-37 ϕ30mm 中心通孔加工子程序（方法二）

程序名:L03. SPF(BT1602. MPF 之一)		工序号:2
程序段号	程序内容	说　明
	G91G01Z-4. 2F30 G90G42X15. 0085Y0D01F200 G02I-15. 0085J0 G01G40X0Y0 RET	相对前一刀下刀 4 号刀的 1 号切削沿 整圆铣削 返回中心

方法三：调用圆形孔铣削固定循环，参考程序，见表16-38。

表16-38 用圆形孔铣削固定循环加工 ϕ30mm 中心通孔（方法三）

程序名:ZHONGXKONG. MPF(BT1602. MPF 之一)		工序号:2
程序段号	程序内容	说　明
	G54 T04 M03S1000 G90G00X0Y0 Z5 POCKET4(20,0,5,－20,15. 0085,0,0,4,0. 5,0,200,45,1,21,0,0,0,2,3) G00Z50 M05 M30	坐标系偏置 ϕ12mm 键槽刀 起刀点 圆形孔铣削固定循环

（5）铰孔、镗孔加工 该部分加工关键在于刀具的选择、装夹和调整，其加工程序请读者参考以上程序，自行编制。

3. 对刀及刀补、坐标系参数的设置

使用 Siemens 802D 数控铣床完成该部分内容的详细操作过程，参见本教材第十三章第二节的“三、对刀及数据设置”。

4. 程序的调试与执行（产品加工）

使用 Siemens 802D 数控铣床完成该部分内容的详细操作过程，参见本教材第十三章第二节的“四、程序的处理与自动运行”。

5. 尺寸修正

对于试切的零件，在粗铣后使用程序暂停指令（M00），暂停机床的动作，测量零件尺寸是否符合要求，如有偏差，则要在精铣前及时修正，修正的方法是：修改相应刀具的长度和半径补偿值。

五、评估反馈

1. 产品质量和效率分析

根据表 16-39 所示评分标准，完成方案一、方案二加工零件的检测评分，对比两种方案所加工产品的质量和效率。若发现问题，分析原因，进行方案优化，最终确定“最佳方案”，用于批量生产。

表 16-39 项目评估表

班级			姓名	学号		日期	
项目课题			泵体端盖底板加工		零件图号	图 16-11	
		序号	检测项目	配分	学生自评分	教师评分	
基本检查	编程	1	切削加工工艺制定正确	2			
		2	切削用量选用合理	2			
		3	程序正确、简单、明确且规范	6			
	操作	4	设备的正确操作与维护保养	2			
		5	安全、文明生产	3			
基本检查结果总计				15			

	序号	图样尺寸/mm	允差/mm	量具 名称	量具 规格/mm	配分	实际尺寸 学生自测	实际尺寸 教师检测	分数
尺寸检测	1	2×ϕ10	$^{+0.022}_{0}$	内径千分尺	10～25	4			
	2	ϕ30	$^{+0.033}_{0}$	内径千分尺	25～50	4			
	3	ϕ68	$^{0}_{-0.12}$	游标卡尺	0～125	2			
	4	2×R15 圆弧		半径规	R15	2			
	5	8×R6 圆弧		半径规	R6	4			
	6	4×R12 圆弧		半径规	R12	2			
	7	C1（2 端）		角度尺		4			
	8	4×12 槽宽	$^{+0.07}_{0}$	游标卡尺	0～125	4			
	9	80	±0.015	游标卡尺	0～125	4			

（续）

	序号	图样尺寸/mm	允差/mm	量具 名称	量具 规格/mm	配分	实际尺寸 学生自测	实际尺寸 教师检测	分数
尺寸检测	10	98	$^{0}_{-0.14}$	游标卡尺	0～125	4			
	11	5	$^{+0.075}_{0}$	游标卡尺	0～125	4			
	12	长 100		游标卡尺	0～125	2			
	13	宽 80		游标卡尺	0～125	2			
	14	高 20		游标卡尺	0～125	2			
	15	ϕ30 垂直度	ϕ0.03	千分表	0～5	10			
	16	ϕ30 对称度	0.04	杠杆百分表	0～5	10			
	17	ϕ68 同轴度	ϕ0.03	千分表	0～5	10			
	18	2×ϕ10 表面粗糙度	R_a1.6μm	表面粗糙度样板	R_a1.6μm	6			
	19	表面粗糙度	R_a3.2μm	粗糙度样板	R_a3.2μm	5			
尺寸检测结果总计						85			

所用方案	工序	加工时间	基本检查结果	尺寸检测结果	成绩
方案二	2				
学生签字			实习老师签字		

2. 实施方案对比分析

项目实施的各小组，根据项目实施的过程、产品质量和效率分析的结果，相互探讨，分析不同方案的优、缺点，进行方案优化，最终确定“最佳方案”，用于批量生产。

3. 个人总结

1）通过本项目的实施，你有哪些收获（可从学会、掌握、深层理解三个层次说明）？

2）通过本项目的实施，你尚有哪些问题（不懂或疑惑之处）？

项目思考题

16-1 如图 16-15 所示的数控铣床项目图样，数量要求为 150 件，所用材料为 45 钢。现根据图样和生产要求，制定完成该产品生产的“最佳”实施方案和工艺过程。

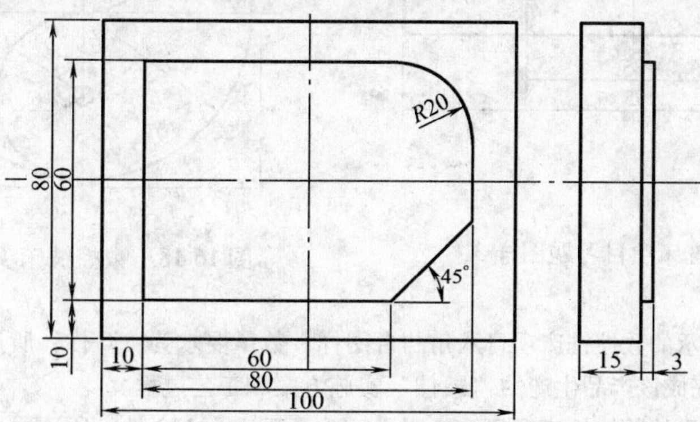

图 16-15 数控铣床项目习题图样 1

16-2 如图 16-16 所示的数控铣床项目图样，数量要求为 150 件，所用材料为 45 钢。现根据图样和生产要求，制定完成该产品生产的“最佳”实施方案和工艺过程。

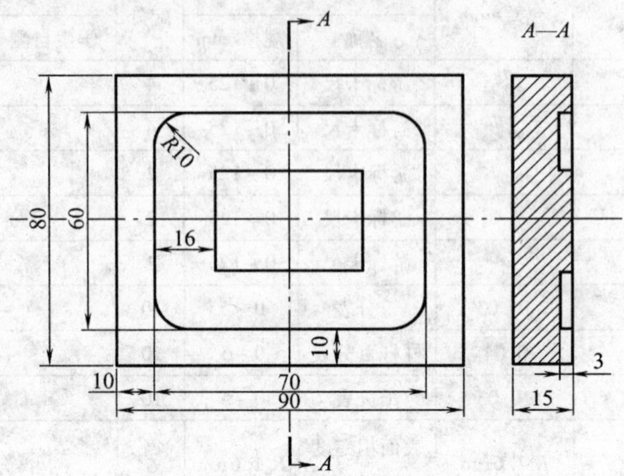

图 16-16 数控铣床项目习题图样 2

16-3 如图 16-17 所示的数控铣床项目图样，孔深为 10mm，参考点坐标为 X5.0 Y10.0，数量要求为 150 件，所用材料为 45 钢。现根据图样和生产要求，制定完成该产品生产的“最佳”实施方案和工艺过程。

16-4 如图 16-18 所示的数控铣床项目八卦图样，数量要求为 150 件，所用材料为 45 钢。现根据图样和生产要求，制定完成该产品生产的“最佳”实施方案和工艺过程。

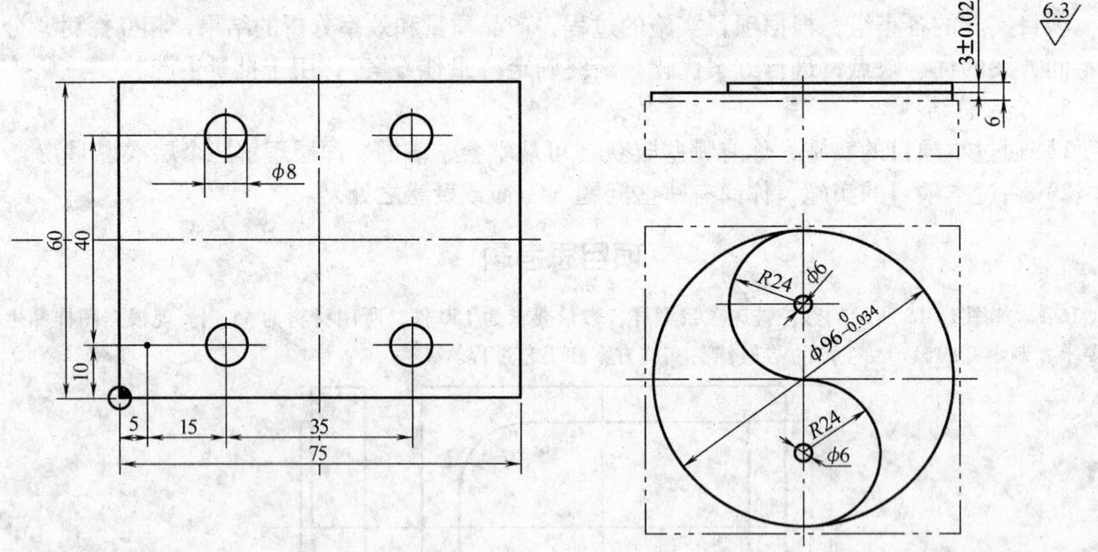

图 16-17 数控铣床项目习题图样 3

图 16-18 数控铣床项目习题八卦图样

16-5 如图 16-19 所示的数控铣床项目八角凸台图样，数量要求为 150 件，所用材料为 45 钢。现根据图样和生产要求，制定完成该产品生产的“最佳”实施方案和工艺过程。

16-6 如图 16-20 所示的数控铣床项目槽轮图样，数量要求为 150 件，所用材料为 45 钢。现根据图样和生产要求，制定完成该产品生产的“最佳”实施方案和工艺过程。

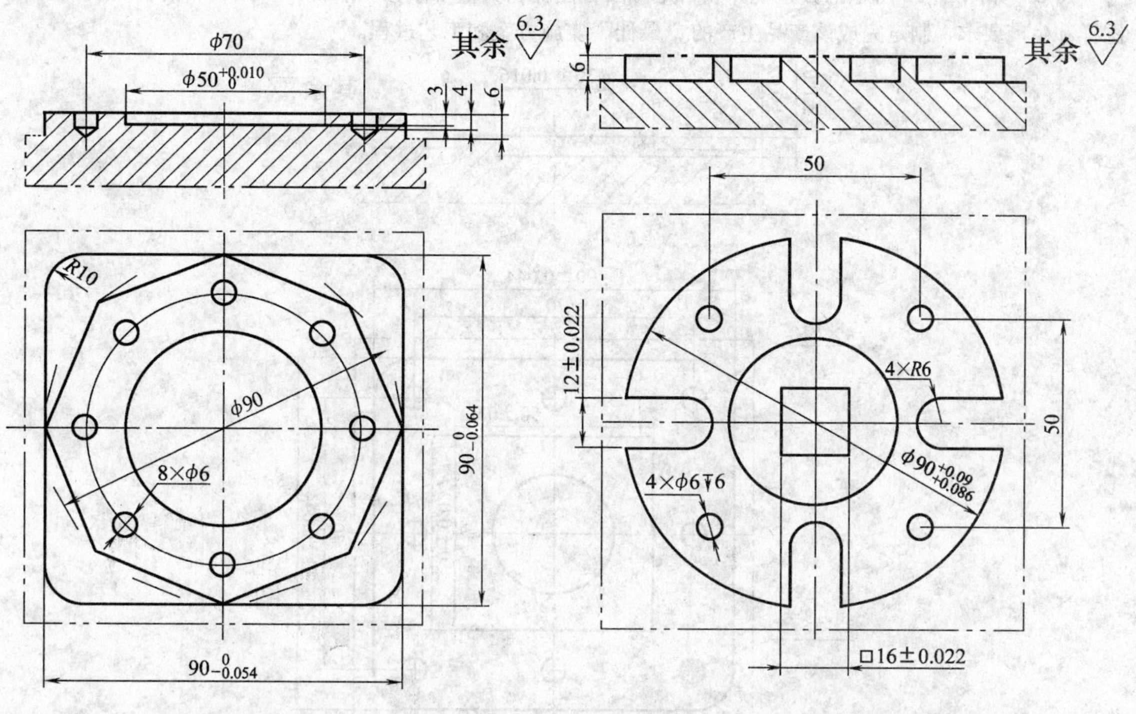

图 16-19　数控铣床项目习题八角凸台图样　　　图 16-20　数控铣床项目习题槽轮图样

16-7　如图 16-21 所示的数控铣床项目棘轮图样，数量要求为 150 件，所用材料为 45 钢。现根据图样和生产要求，制定完成该产品生产的“最佳”实施方案和工艺过程。

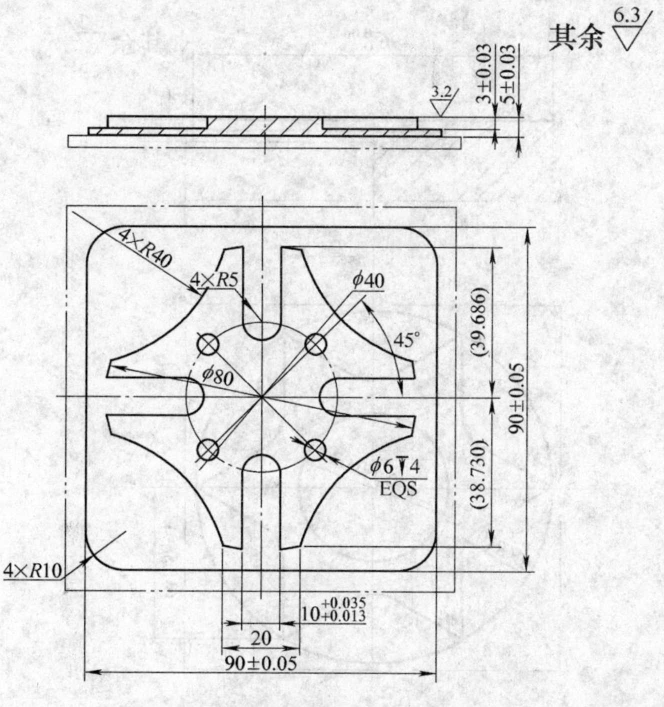

图 16-21　数控铣床项目习题棘轮图样

16-8 如图 16-22 所示的数控铣床项目矩形凸台图样，数量要求为 150 件，所用材料为 45 钢。现根据图样和生产要求，制定完成该产品生产的“最佳”实施方案和工艺过程。

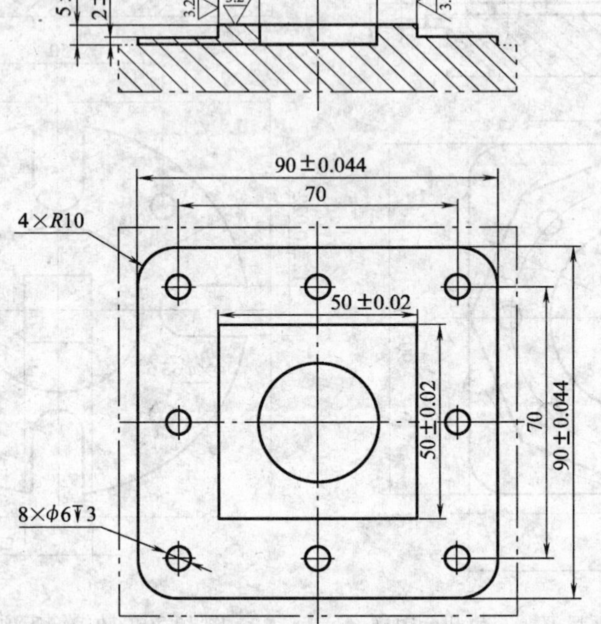

图 16-22 数控铣床项目习题矩形凸台图样

16-9 如图 16-23 所示的数控铣床项目六角图样，数量要求为 150 件，所用材料为 45 钢。现根据图样和生产要求，制定完成该产品生产的“最佳”实施方案和工艺过程。

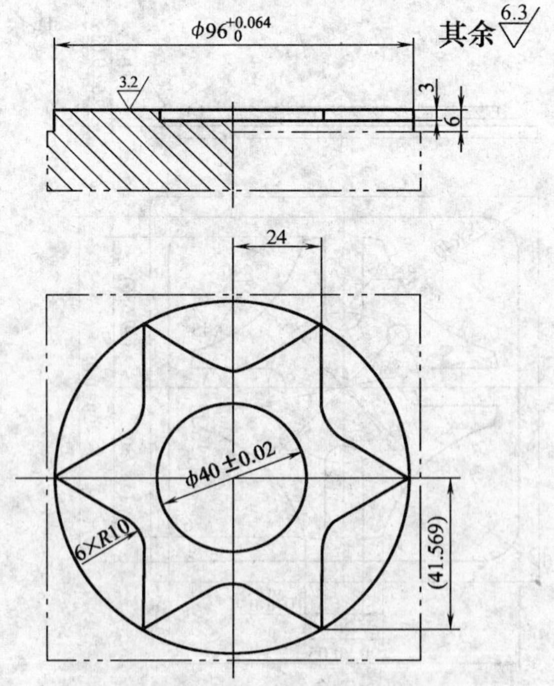

图 16-23 数控铣床项目习题六角图样

16-10　如图 16-24 所示的数控铣床项目六角槽图样，数量要求为 150 件，所用材料为 45 钢。现根据图样和生产要求，制定完成该产品生产的“最佳”实施方案和工艺过程。

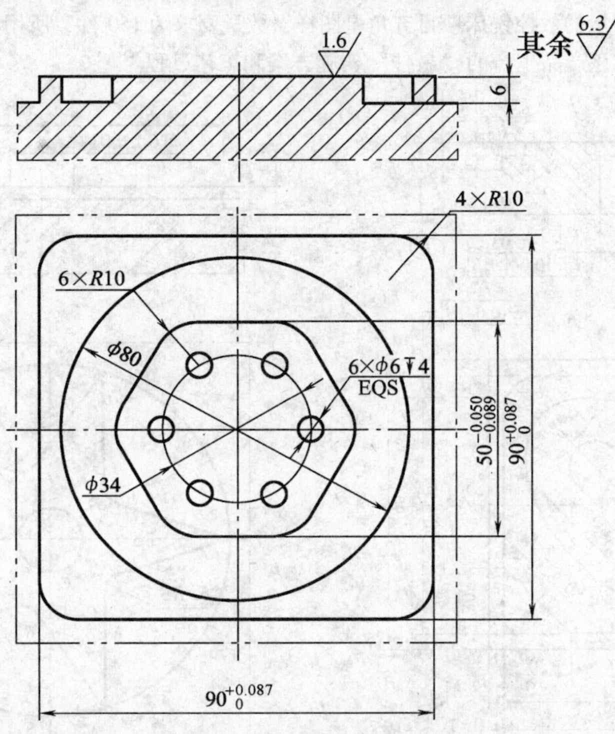

图 16-24　数控铣床项目习题六角槽图样

16-11　如图 16-25 所示的数控铣床项目四角凸台图样，数量要求为 150 件，所用材料为 45 钢。现根据图样和生产要求，制定完成该产品生产的“最佳”实施方案和工艺过程。

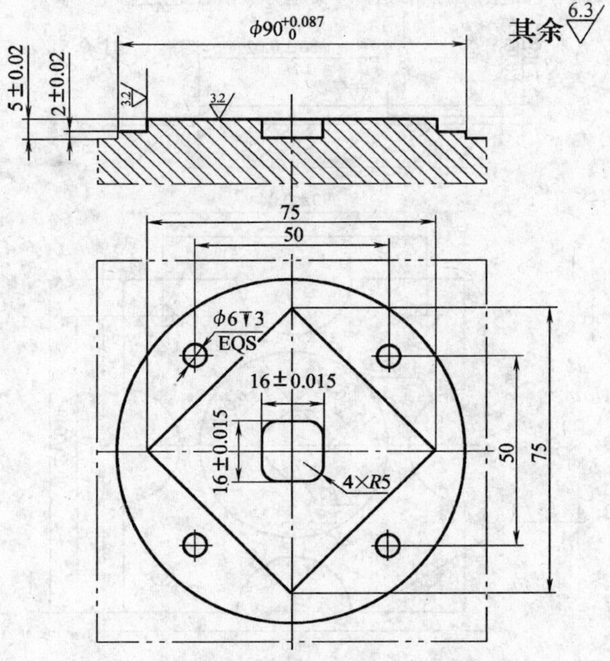

图 16-25　数控铣床项目习题四角凸台图样

16-12 如图 16-26 所示的数控铣床项目椭圆板图样，数量要求为 150 件，所用材料为 45 钢。现根据图样和生产要求，制定完成该产品生产的“最佳”实施方案和工艺过程。

16-13 如图 16-27 所示的数控铣床项目五角星图样，数量要求为 150 件，所用材料为 45 钢。现根据图样和生产要求，制定完成该产品生产的“最佳”实施方案和工艺过程。

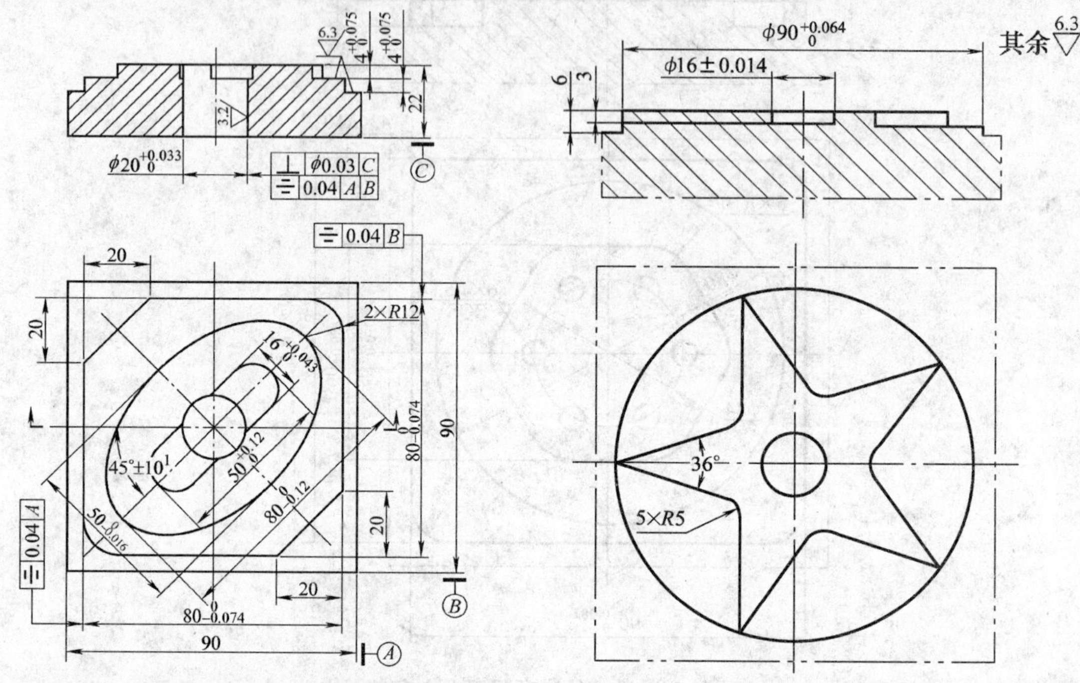

图 16-26 数控铣床项目习题椭圆板图样　　图 16-27 数控铣床项目习题五角星图样

16-14 如图 16-28 所示的数控铣床项目圆形凸台图样，数量要求为 150 件，所用材料为 45 钢。现根据图样和生产要求，制定完成该产品生产的“最佳”实施方案和工艺过程。

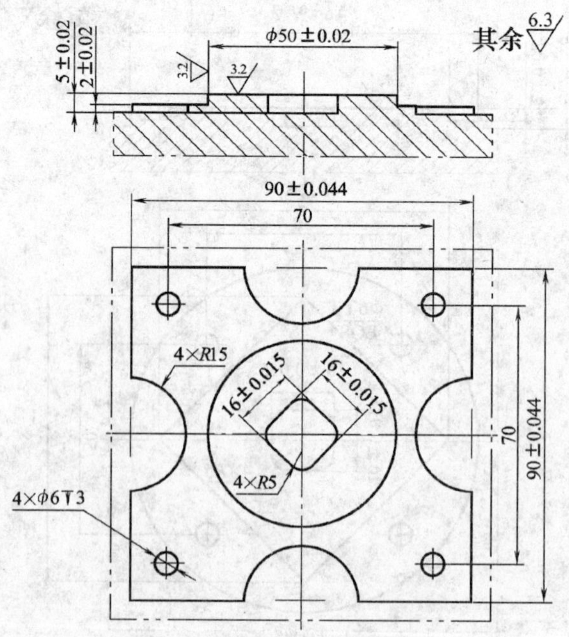

图 16-28 数控铣床项目习题圆形凸台图样

16-15　如图 16-29 所示的数控铣床项目凸模零件图样，数量要求为 150 件，所用材料为 45 钢。现根据图样和生产要求，制定完成该产品生产的“最佳”实施方案和工艺过程。

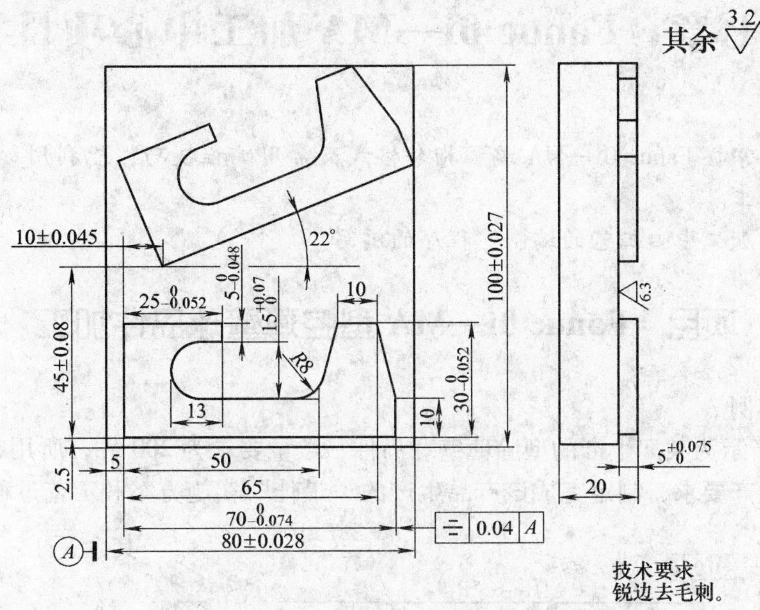

技术要求
锐边去毛刺。

图 16-29　数控铣床项目习题凸模零件图样

第十七章 Fanuc 0i—MA 加工中心项目实训

学习目的：掌握 Fanuc 0i—MA 编程指令格式及常用编程技巧；能利用加工中心完成复杂零件的铣削加工。

学习重点：加工中心工艺的编制、程序的编写。

项目 Fanuc 0i—MA 型腔薄壁球岛件加工

一、项目实例

如图 17-1 所示为某厂生产的型腔薄壁球岛件，数量要求为 200 件，所用材料为铝合金。现根据图样和生产要求，制定完成该产品生产的“最佳”实施方案和工艺过程。

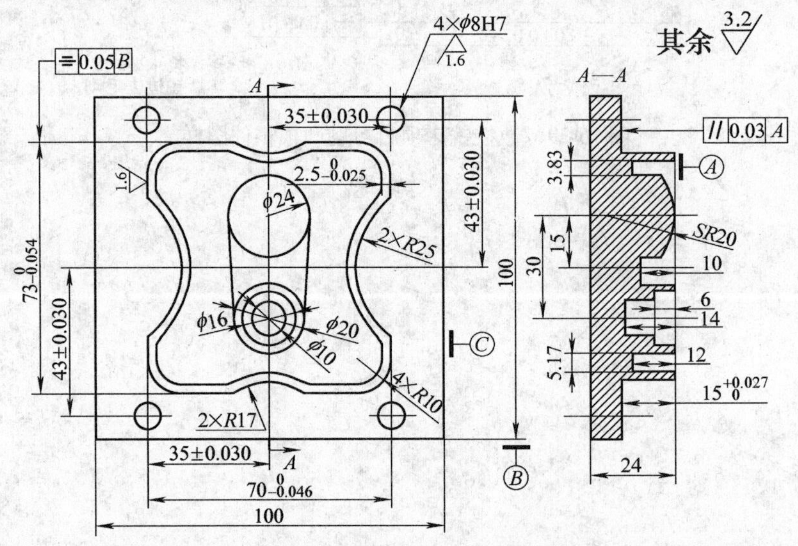

图 17-1 型腔薄壁球岛件图样

技术要求：

1）型腔内尖角以加工刀具的半径值自然代替。

2）各尖角去毛刺。

3）工件各表面不得使用砂纸、锉刀等进行抛光。

二、项目实施计划

为了获得“最佳方案”，采用“一项目多方案”的实训模式，即将实训学生分为两组或多组（第一小组、第二小组、……），由各组成员分别采用不同的加工方案生产产品，通过对不同加工方案生产产品的对比分析，优化所用方案，最终确定“最佳”方案，用于批量生产。

项目实施计划内容，见表17-1所示。

表17-1 项目实施计划表

	第一小组		第二小组	
设备类型	加工中心		加工中心	
数控系统	Fanuc 0i—MA		Fanuc 0i—MA	
设备编号	V01		V02	
人员构成	四名学生		四名学生	
加工方案	方案一		方案二	
工装夹具	精密平口钳、角尺		精密平口钳、角尺	
生产任务	六面铣削（工序号1）	型腔铣削（工序号2）	六面铣削（工序号1）	型腔铣削（工序号2）
所用程序	MDI方式	O1701	MDI方式	O1701
工艺参数	见工序卡		见工序卡	
加工时间	预计240min		预计210min	

三、项目分析

（一）坯料选择

根据图样尺寸要求，并综合考虑毛坯六面的加工、表面质量、加工余量、加工效率、市场材料供应情况和生产成本等因素可知：选用102mm×26mm的方形铝合金材料，并将其锯成102mm长，数量为200块。

（二）定位和装夹方式

加工中心夹具的选用主要根据生产零件的批量来确定：对单件、小批量、工作量较大的模具加工来说，一般可直接在机床工作台面上通过调整实现定位与夹紧，然后通过加工坐标系的设定来确定零件的位置；对有一定批量的生产零件来说，为了提高装夹效率，可选用或设计具有快速定位和夹紧功能的专业夹具。

如图17-1所示图样，表面粗糙度要求 $R_a1.6\mu m$（侧壁）、$R_a3.2\mu m$，有对称度（0.05mm）、平行度（0.03mm）等要求，需进行毛坯六面精确加工；零件尺寸公差要求较高（最高为0~0.027mm）；需完成薄壁、球岛、型腔、圆形腔以及孔的加工。根据图样特点，单件产品时，可采用“精密平口台虎钳”装夹毛坯，毛坯伸出钳口≥17mm，并借助角尺快速定位零件；批量生产时，为了提高生产效率，可考虑设计夹具，同时完成多件加工。

（三）设计和选择工艺装备

1. 工、量具选择

加工图样零件所用工、量具，见表17-2（“数量”为1组成员的最低配置量）。

2. 刀具的选择

加工中心刀具的选择，包括刃具的选择和刀柄的配置。首先，根据加工工艺要求并综合考虑机床性能、夹具要求、工件材料性能、加工工序、切削用量以及其他相关因素合理选择刃具，然后配置相应的刀柄。例如，工艺要求钻一个直径5mm的小孔，则首先综合各种因素选用钻头（假定选用直径5mm直柄麻花钻），然后再配置能夹持钻头的刀柄。

表17-2 工量具表

序号	名称	规格	精度/mm	数量	备注
1	内径千分尺	5～25mm	0.01	1	
2	深度卡尺	0～150mm	0.02	1	
3	游标卡尺	0～125mm	0.02	1	
4	半径规	$R5$～$R14.5$mm	0.5	1	
5	半径规	$R15$～$R35$mm	0.5	1	
6	万能量角器	0°～320°		1	
7	计算器	函数计算器		1	
8	表面粗糙度样板	$R_a1.6\mu m$和$R_a6.3\mu m$		1	
9	磁性表座			1	
10	杠杆百分表	0～5mm	0.01	1	
11	千分表	0～5mm	0.01	1	
12	其他辅具	1）标准垫铁若干、油石等			
13		2）其他加工中心常用工具			
14		3）常用的各种锉刀			
15	加工中心	台中精机V70	0.001	1	
16	数控系统	Fanuc 0i—MA	0.001	1	

刀具选择总的原则是：刀具的安装和调整方便、刚性好、寿命长和精度高，在保证安全和满足加工要求的前提下，刀具长度应尽可能短，以提高刀具的刚性。加工中心刀具的选择，参见本教材第三章第二节“三、铣削刀具及其选择”。

(1) 铣刀类型的选择　根据被加工零件的几何形状，选择铣刀类型。

1）端面铣刀。综合机床功率、机床主轴直径、毛坯尺寸（102mm×102mm）、加工质量等因素，选用ϕ120mm的可转位硬质合金面铣刀（1号），粗、精加工如图17-1所示零件的六面。

2）端面立铣刀。如图17-1所示，零件外轮廓的内圆角半径为17mm（2×$R17$mm），侧面表面粗糙度要求为$R_a1.6\mu m$，底面表面粗糙度要求为$R_a3.2\mu m$，要求较高，可选用直径<ϕ34mm的端面立铣刀。

方案一：选用4齿ϕ20mm的高速钢端面立铣刀（2号），粗、精加工外轮廓。

方案二：选用3齿ϕ28mm的硬质合金端面立铣刀（3号），粗、精加工外轮廓。

3）孔加工刀具。如图17-1所示，孔4×ϕ8H7mm的粗加工，需选用直径<ϕ8mm的麻花钻；从工艺角度来讲，ϕ10mm圆形腔的粗加工，最好先钻工艺孔，可选用直径<ϕ10mm的麻花钻。

孔4×ϕ8H7mm的表面粗糙度为$R_a1.6\mu m$，尺寸公差和表面质量要求皆较高，需要进行铰孔或镗孔精加工。

综上可知，孔加工刀具选择方案如下：

方案一：选择 ϕ7.8mm 麻花钻（4 号），用作孔的粗加工；选择 ϕ8H7mm 的可调镗刀（5 号）来做 4×ϕ8H7mm 孔的精加工。

方案二：选择 ϕ7.8mm 麻花钻（4 号），用作孔的粗加工；选择 ϕ8AH7mm 铰刀（6 号）作 4×ϕ8H7mm 孔的精加工。

4）键槽铣刀。如图 17-1 所示，零件的 ϕ10mm、ϕ16mm 圆形腔，可选用直径 < ϕ10mm 的键槽铣刀，来作粗、精加工。

零件的型腔，有较多的残料需要去除，可选用直径 > ϕ3.83mm 的键槽铣刀，来作粗加工。

综上可知，键槽铣刀选择方案如下：

方案一：选择 ϕ8mm 高速钢键槽铣刀（7 号），用作型腔内去残料粗加工，ϕ10mm、ϕ16mm 圆形腔粗、精加工；选择 ϕ3mm 高速钢键槽铣刀（8 号）来作型腔精加工。

方案二：选择 ϕ8mm 高速钢键槽铣刀（7 号），用作型腔内去残料粗加工，ϕ10mm、ϕ16mm 圆形腔粗、精加工；选择 ϕ3.5mm 硬质合金键槽铣刀（9 号）来作型腔精加工。

5）球头铣刀。如图 17-1 所示，零件的 *SR*20mm 球面，需选用直径 < ϕ3.83mm 的球头铣刀，来作粗、精加工。

方案一：选择 ϕ3mm 高速钢球头铣刀（10 号），用作 *SR*20mm 球面粗、精加工。

方案二：选择 ϕ3.5mm 硬质合金球头铣刀（11 号），用作 *SR*20mm 球面粗、精加工。

（2）铣刀刀柄选择　根据台中精机 V70 加工中心的主轴结构和机床性能，选择 BT40 整体式刀柄系统，其中 BT40—ER32—100 配套相应的弹簧套筒，如图 16-12a 所示，用于 ϕ20mm 等端面立铣刀、ϕ8mm 等键槽铣刀、ϕ3mm 等球头铣刀；BT40—Z16—45 钻夹头，如图 16-12b 所示，用于 ϕ7.8mm 的麻花钻、ϕ8AH7mm 的铰刀。

（3）数控加工刀具卡片　实施本项目所用刀具，见表 17-3。

表 17-3　型腔薄壁球岛件加工刀具表　（单位：mm）

产品名称或代号			零件名称	型腔薄壁球岛件	零件图号	图 17-1	
序号	刀号	刀具名称	数量	加工内容	半径补偿	长度补偿	备注
1	T01	ϕ120mm 平面铣刀	2	粗、精加工六面		H01	方案一、二
2	T02	ϕ20mm 端面立铣刀	1	粗、精加工外轮廓	D02	H02	方案一
3	T03	ϕ28mm 端面立铣刀	1	粗、精加工外轮廓	D03	H03	方案二
4	T04	ϕ7.8mm 钻头	1	ϕ8mm 等孔粗加工		H04	方案一、二
5	T05	ϕ8H7mm 镗刀	1	ϕ8mm 孔精加工		H05	方案一
6	T06	ϕ8AH7mm 铰刀	1	ϕ8mm 孔精加工		H06	方案二
7	T07	ϕ8mm 高速钢键槽铣刀	1	粗铣型腔内部		H07	方案一、二
8	T08	ϕ3mm 高速钢键槽铣刀	1	精铣型腔内部	D08	H08	方案一
9	T09	ϕ3.5mm 硬质合金键刀	1	精铣型腔内部	D09	H09	方案二
10	T10	ϕ3mm 高速钢球头铣刀	1	粗、精加工球面		H10	方案一
11	T11	ϕ3.5mm 硬质合金球刀	1	粗、精加工球面		H11	方案二
编制		审核		批准	页数	第 1 页共 1 页	

（四）加工方案及工序

1. 加工方案

方案一：平面铣削时，用 ϕ120mm 的面铣刀，采用 MDI 方式，粗加工→精加工毛坯六面至图样尺寸；外轮廓铣削时，用 ϕ20mm 端面立铣刀，粗加工→精加工；加工 4 × ϕ8H7mm 孔时，先用 ϕ7. 8mm 麻花钻粗加工，再用 ϕ8H7mm 镗刀精加工，即为钻孔→镗孔的工艺顺序；加工 ϕ10mm、ϕ16mm 圆形腔时，先用 ϕ7. 8mm 麻花钻粗加工，再用 ϕ8mm 高速钢键槽铣刀精加工；加工型腔时，先用 ϕ8mm 高速钢键槽铣刀粗加工，再用 ϕ3mm 高速钢键槽铣刀精加工；加工 *SR*20mm 球面时，用 ϕ3mm 高速钢球头铣刀粗、精加工。

方案二：与方案一不同的是：外轮廓铣削时，用 ϕ28mm 端面立铣刀，粗加工→精加工；加工 4 × ϕ8H7mm 孔时，先用 ϕ7. 8mm 麻花钻粗加工，再用 ϕ8AH7mm 铰刀精加工，即为钻孔→铰孔的工艺顺序；加工型腔时，先用 ϕ8mm 高速钢键槽铣刀粗加工，再用 ϕ3. 5mm 硬质合金键槽铣刀精加工；加工 *SR*20mm 球面时，用 ϕ3. 5mm 硬质合金球头铣刀粗、精加工。

2. 工艺过程

方案一：

1）用精密平口钳装夹毛坯（102mm × 102mm × 26mm），在 MDI 方式下，用 ϕ120mm 的平面刀（T01）完成基面 *B* 对面的铣削，铣削深度 1mm。

注意：垫铁的面平行度必须小于 0. 05mm。

2）以基面 *B* 的对面为基准（基面 *B* 的对面靠钳口不动侧），在 MDI 方式下，完成基面 *B* 的铣削，铣削深度 1mm。

3）以基面 *B* 为基准（*B* 面靠钳口不动侧），在 MDI 方式下，分别完成基面 *C* 对面、基面 *C* 的铣削，铣削深度各为 1mm。

4）以基面 *B* 为基准（*B* 面靠钳口不动侧），在 MDI 方式下，铣削基面 *A* 的对面，铣削深度 1mm。

5）以基面 *B* 为基准（*B* 面靠钳口不动侧且 *A* 对面为底面），在 MDI 方式下，铣削基面 *A*，铣削深度 1mm。

6）以基面 *B* 为基准（*B* 面靠钳口不动侧且 *A* 对面为底面）装夹零件，取毛坯顶面高出平口钳顶面 17mm（ >15. 5mm 即可），同时用杠杆百分表校正水平度，达到要求后，紧固毛坯。

注意：零件安装时，在 4 × ϕ8H7mm 孔位的正下方不能安装垫铁；可借助角尺定位零件。

7）对刀，并设置各刀具的长度补偿、半径补偿值和工件坐标系值（G54）。

注意：建立工件坐标系找原点时，一定要找两边，然后取中，这样可以消除刀具跳动、主轴间隙等误差，保证位置精度。

8）运行程序，用 ϕ20mm 的端面立铣刀（T02）分层粗加工外轮廓并除残料，侧面和底面皆留 0. 5mm 的精加工余量。

9）运行程序，用 ϕ20mm 的端面立铣刀（T02）精加工外轮廓。

10）运行程序，用 ϕ7. 8mm 钻头（T04）完成以下粗加工：在 4 个 ϕ8H7mm 的孔位钻孔，钻削深度 25mm；在型腔内部键槽刀的下刀点钻孔，钻削深度 11. 5mm；在 ϕ10mm 的孔位钻孔，钻削深度 13.5mm。

11）运行程序，用 ϕ8H7mm 的镗刀（T05）精加工 4 个 ϕ8H7mm 孔至公差范围。

12）运行程序，用 ϕ8mm 键槽铣刀（T07）完成以下加工：粗、精加工 ϕ10mm 和 ϕ16mm 圆形腔；粗铣型腔内部。

13）运行程序，用 ϕ3mm 键槽铣刀（T08）粗加工型腔内部并除残料。

14）运行程序，用 ϕ3mm 键槽铣刀（T08）精加工型腔侧壁和底面。

15）运行程序，用 ϕ3mm 球头铣刀（T10）粗、精加工 *SR*20mm 球面。

方案二：

1）到 7）同方案一。

8）运行程序，用 ϕ28mm 的端面立铣刀（T03）分层粗加工外轮廓，侧面和底面皆留 0.5mm 的精加工余量。

9）运行程序，用 ϕ28mm 的端面立铣刀（T03）精加工外轮廓。

10）同方案一。

11）运行程序，用 ϕ8AH7mm 铰刀（T06）精加工 4 个 ϕ8H7mm 孔至公差范围。

12）同方案一。

13）运行程序，用 ϕ3.5mm 硬质合金键槽铣刀（T09）粗加工型腔内部并除残料。

14）运行程序，用 ϕ3.5mm 硬质合金键槽铣刀（T09）精加工型腔侧壁和底面。

15）运行程序，用 ϕ3.5mm 硬质合金球头铣刀（T11）粗、精加工 *SR*20mm 球面。

当然还有其他的加工方案，由于篇幅限制，这里就介绍这两种方案，目的在于引出“一项目多方案”的教学模式。通过同一项目不同方案的对比教学，学生才能体会优劣方案的差别，加深学生对于“工艺”的理解和掌握，利于选择“最佳方案”。

3. 方案分析

方案一：通过实施步骤可以看出：用 ϕ20mm 端面立铣刀粗、精加工外轮廓时，需要编写除残料程序，效率不高；镗刀的效率不高，镗孔精度较高；用 ϕ3mm 键槽刀和球头刀粗、精加工型腔时，断刀比较严重。

方案二：通过实施步骤可以看出：用 ϕ28mm 端面立铣刀粗、精加工外轮廓时，无需编写除残料程序，效率有所提高；用 ϕ8AH7mm 铰刀铰孔，孔加工的效率高，但是孔的加工精度低于镗刀；用 ϕ3.5mm 的键槽刀和球头刀粗、精加工型腔时，断刀现象有所改观。

4. 工序卡

型腔薄壁球岛件加工方案二的工序卡，见表 17-4 和表 17-5。由于篇幅限制，方案一的加工工序卡请读者参考工艺过程自行完成。

（1）六面铣削工序卡　型腔薄壁球岛件六面铣削工序卡，见表 17-4。

（2）图样加工　型腔薄壁球岛件图样铣削加工工序卡，见表 17-5 所示。

四、项目实施

1. 数值计算

（1）编程尺寸计算　图样上有公差值的尺寸，编程时取极限尺寸的平均值，图样中相关尺寸的平均值，见表 17-6。

表 17-4 型腔薄壁球岛件六面铣削加工工序卡（方案二）

单位名称		产品名称或代号		零件名称	毛坯规格		工件材质
		型腔薄壁球岛件			102mm×102mm×26mm		铝合金
工序号	程序编号	夹具名称		使用设备	数控系统		车间
1	MDI 方式	精密平口钳		台精 V70	Fanuc 0i—MA		数控车间
工步	工步内容	刀号	刀具规格	主轴转速 n/(r/min)	进给速度/(mm/min)	背吃刀量/mm	备注
1	铣削基面 B 对面	T01	ϕ120mm 端面铣刀	350	75	1	
2	铣削基面 B	T01	ϕ120mm 端面铣刀	350	75	1	以基面 B 的对面为基准
3	铣削基面 C 及对面	T01	ϕ120mm 端面铣刀	350	75	1	以基面 B 为基准
4	铣削基面 A 的对面	T01	ϕ120mm 端面铣刀	350	75	1	以基面 B 为基准
5	铣削基面 A	T01	ϕ120mm 端面铣刀	350	75	1	以基面 B 为基准
编制	审核	批准		日期			共 1 页第 1 页

表 17-5 型腔薄壁球岛件图样铣削加工工序卡（方案二）

单位名称			产品名称或代号		零件名称	工件材质	毛坯规格
			型腔薄壁球岛件			铝合金	102mm×102mm×26mm
工序号	程序编号		夹具名称	机床种类	使用设备	数控系统	车间
2	O1701		精密平口钳	数控铣床	台精 V70	Fanuc 0i—MA	数控实训基地
工步号	工步内容	刀具号	刀具规格	主轴转速/(r/min)	进给速度/(mm/min)	背吃刀量/mm	备注
1	外轮廓的粗加工	T03	ϕ28mm 端面立铣刀	800	150	5	背吃刀量 14.5mm
2	外轮廓的精加工	T03	ϕ28mm 端面立铣刀	1500	100	0.5	背吃刀量 15.0135mm
3	4 个 ϕ8mm 的孔位钻孔	T04	ϕ7.8mm 钻头	600	45	5	背吃刀量 27mm
4	型腔下刀点钻孔	T04	ϕ7.8mm 钻头	600	45	5	背吃刀量 11.5mm
5	ϕ10mm 孔位钻孔	T04	ϕ7.8mm 钻头	600	45	5	背吃刀量 13.5mm
6	精加工 4 个 ϕ8mm 孔到公差值	T06	ϕ8AH7mm 铰刀	200	15		背吃刀量 25mm
7	粗加工 ϕ16mm 圆形腔	T07	ϕ8mm 键槽铣刀	600	200	2	背吃刀量 5.5mm
8	精加工 ϕ16mm 圆形腔	T07	ϕ8mm 键槽铣刀	2500	100	0.5	背吃刀量 6mm
9	粗加工 ϕ10mm 圆形腔	T07	ϕ8mm 键槽铣刀	600	150	2	背吃刀量 13.5mm
10	精加工 ϕ10mm 圆形腔	T07	ϕ8mm 键槽铣刀	2500	100	0.5	背吃刀量 14mm
11	粗铣型腔内部	T07	ϕ8mm 键槽铣刀	600	150	2	背吃刀量 11.5mm
12	粗加工型腔内部并除残料	T09	ϕ3.5mm 键槽铣刀	1000	150	1	背吃刀量 11.8mm
13	精加工型腔内壁及底面	T09	ϕ3.5mm 键槽铣刀	2500	50	0.1	背吃刀量 12mm
14	粗、精加工半球面	T11	ϕ3.5mm 的球头铣刀	2500	50	0.1	
编制	审核		批准		日期		共 1 页第 1 页

表 17-6　图样尺寸平均值　（单位：mm）

图样尺寸	ϕ8H7	35 ±0.030	43 ±0.030	$73\ _{-0.054}^{0}$	$70\ _{-0.046}^{0}$	$2.5\ _{-0.025}^{0}$	$15\ _{0}^{+0.027}$
编程尺寸	8.0075	35	43	72.973	69.977	2.4875	15.0135

（2）轮廓基点坐标计算　若将编程原点选择为毛坯中心，则各基点的坐标，如图 17-2 所示。

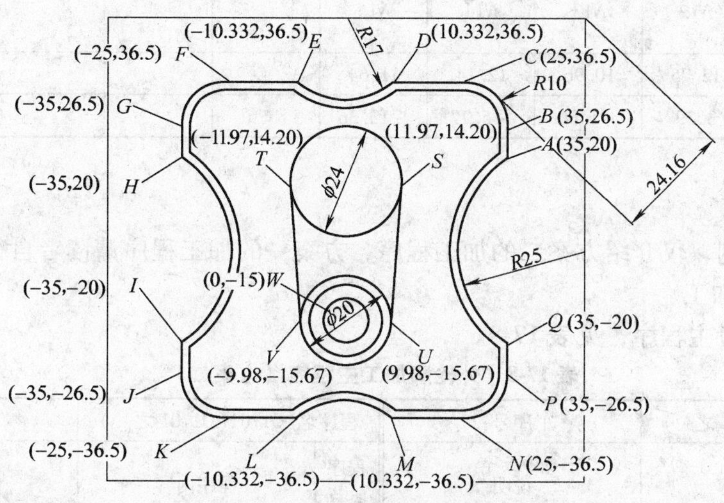

图 17-2　轮廓基点坐标

（3）残料点计算　用 ϕ8mm 键槽刀铣削型腔内部时，残料关键点，如图 17-3 所示，红色为 ϕ8mm 键槽刀刀轨，绿色为 ϕ3.5mm 键槽刀刀轨。残料关键点的坐标值，见表 17-7，根据这些关键点合理地安排刀路，可提高加工效率。

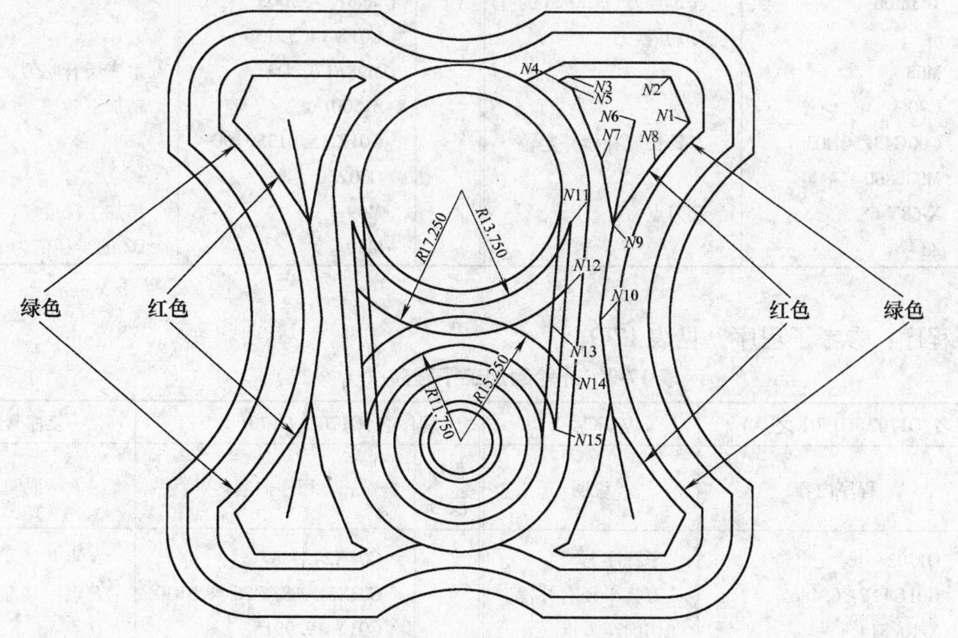

图 17-3　型腔内部残料关键点

表 17-7 型腔内部残料关键点坐标值 （单位：mm）

	$N1$	$N2$	$N3$	$N4$	$N5$	$N6$	$N7$	$N8$	$N9$	$N10$
X值	27.26	25	12.69	11.48	13.25	20.66	16.84	23.16	18.13	16.77
Y值	23.55	28.76	28.76	28.26	27.4	23.69	18.74	18.75	10.92	0
	$N11$	$N12$	$N13$	$N14$	$N15$					
X值	13.30	12.75	10.96	12.14	11.64					
Y值	11.50	3.39	−1.00	−5.77	−13.36					

2. 程序编制

由于篇幅限制，仅介绍方案二的加工程序，方案一的加工程序请读者自行完成。

(1) 外轮廓加工

主程序：参考主程序，见表 17-8。

表 17-8 外轮廓加工主程序（方案二）

程序名:O1701(O1701 之一)		工序号:2	程序名:O1701(O1701 之一)		工序号:2
程序段号	程序内容	说明	程序段号	程序内容	说明
	O1701	程序名		G01Z-5F150	第一层背吃刀量
	G17			M98P1702D03	轮廓偏置,D03 的半径值为 14mm
	G54	坐标系偏置			
	G91G28X0Y0	回换刀点		G01Z-10F150	第二层背吃刀量
	T03M06	选 3 号刀(ϕ28mm 的立铣刀)并换刀		M98P1702D03	
				G01Z-14.5F150	
	M08			M98P1702D03	第三层背吃刀量
	G90			S1500	精加工转速
	G00G43Z50H03	刀具长度补偿并定位		G01Z-15.0135F100	
	M03S800			G00Z50	
	X-68Y-68	起刀点		M09	精加工深度
	Z3			M30	D2 的半径值为 15mm

子程序：参考子程序，见表 17-9。

表 17-9 外轮廓加工子程序（方案二）

程序名:O1702(O1701 之一)		工序号:2	程序名:O1702(O1701 之一)		工序号:2
程序段号	程序内容	说明	程序段号	程序内容	说明
	O1702	子程序名		G01X24.9887	N 点
	G01G42Y-36.4865	刀具半径右补偿		G03X34.9887Y-26.4865R10	P 点
	X-10.314	切削至 L 点		G01Y-19.9915	Q 点
	G02X10.314R17	M 点		G02Y19.9915R25	A 点

（续）

程序名：O1702（O1701 之一）		工序号：2	程序名：O1702（O1701 之一）		工序号：2
程序段号	程序内容	说明	程序段号	程序内容	说明
	G01Y26.4865	*B* 点		G02Y-19.9915R25	*I* 点
	G03X24.9887Y36.4865R10	*C* 点		G01Y-26.4865	*J* 点
	G01X10.314	*D* 点		G03X-24.9887Y-36.4865R10	*K* 点
	G02X-10.314R17	*E* 点		G01G40Y-68	退刀至起刀点
	G01X-24.9887	*F* 点		X-68	
	G03X-34.9887Y26.4865R10	*G* 点		M99	子程序结束
	G01Y19.9915	*H* 点			

（2）钻孔加工　钻孔参考程序，见表 17-10。

表 17-10　钻孔加工程序

程序名：O1703（O1701 之一）		工序号：2
程序段号	程 序 内 容	说　明
	O1703	程序名
	G17	
	G54	坐标系偏置
	G91G28X0Y0	回换刀点
	T04M06	选 4 号刀（ϕ7.8mm 钻头）并换刀
	M08	
	G90	
	G00G43Z5H04	刀具长度补偿并定位于起刀位置
	S600M03	
	G60X-35Y-43	单向准确定位于第一个 ϕ8mm 孔位
	G98G83X-35Y-43Z-27Q-5K2R2F45	固定循环加工第一个 ϕ8mm 孔
	X35	
	Y43	
	X-35	
	G80	取消固定循环
	G60X0Y-15.33	单向准确定位于 ϕ10mm 孔位
	G98G83X0Y-15Z-13.5Q-5K2R2F45	预加工 ϕ10mm 孔
	G80	
	G60X20.66Y23.69	单向准确定位于型腔下刀点孔位
	G98G83X20.66Y23.69Z-11.5Q-5K2R2F45	预加工型腔内部第一下刀点
	G60X-20.66Y23.69	
	G98G83X-20.66Y23.69Z-11.5Q-3K1R2F80	预加工型腔内部第二下刀点
	G80	
	G00Z50	
	M09	
	M30	

(3) ϕ10mm、ϕ16mm 圆形腔加工

主程序：圆形腔加工参考主程序，见表 17-11。

表 17-11 ϕ10mm、ϕ16mm 圆形腔加工主程序

程序名:O1704(O1701 之一)		工序号:2
程序段号	程序内容	说明
	O1704	程序名
	G17	
	G54	坐标系偏置
	G91G28X0Y0	回换刀点
	T07M06	选 7 号刀(ϕ8mm 键铣刀)并换刀
	M08	
	G90	
	G00X0Y-15	刀具长度补偿并定位于起刀位置
	G43Z5H07	
	S600M03	
	G01Z-2F30	调用加工 ϕ16mm 圆形腔的子程序 O1705
	F200	
	M98P1705D15	D15 的半径值为 4.25mm
	G01Z-4.F30	
	F200	
	M98P1705D15	
	G01Z-5.5F45	
	F200	
	M98P1705D15	
	G01Z-6F45	
	M03S2500F100	精加工 ϕ16mm 圆形腔转速
	M98P1705D07	精加工 ϕ16mm 圆形腔，D07 的半径值为 4.0mm
	G01Z-9F45	
	M03S600F200	粗加工 ϕ10mm 圆形腔转速
	M98P1706D17	调用加工 ϕ10mm 圆形腔的子程序 O1706
	G01Z-12F30	D17 的半径值为 4.1mm
	F200	
	M98P1706D17	
	G01Z-13.5F30	
	F200	
	M98P1706D17	
	G01Z-14F45	
	M03S2000F100	精加工 ϕ10mm 圆形腔工艺参数
	M98P1706D07	D07 的半径值为 4.0mm
	G00Z20	
	M05	
	M30	

子程序：圆形腔加工参考子程序，见表 17-12 和表 17-13。

表 17-12 ϕ16mm 圆形腔加工子程序

程序名:O1705(O1701 之一)		工序号:2
程序段号	程序内容	说明
	O1705	子程序名
	G01G42Y-15	
	X8	
	G02I-8	整圆铣削
	X0Y-25R8	除残料
	G01G40X0Y-15	
	M99	

表 17-13 ϕ10mm 圆形腔加工子程序

程序名:O1706(O1701 之一)		工序号:2
程序段号	程序内容	说明
	O1706	子程序名
	G01G42Y-15	
	X5	
	G02I-5	整圆铣削
	X0Y-20R5	除残料
	G01G40X0Y-15	
	M99	

（4）ϕ8mm 键铣刀型腔粗加工

主程序：型腔粗加工参考主程序，见表 17-14。

表 17-14 ϕ8mm 键铣刀型腔加工主程序

程序名:O1707(O1701 之一)		工序号:2	程序名:O1707(O1701 之一)		工序号:2
程序段号	程序内容	说明	程序段号	程序内容	说明
	O1707	程序名		G01Z-6F45	
	G17			F150	
	G54	坐标系偏置		M98P1708	
	G91G28X0Y0	回换刀点		G01Z-9F30	
	T07M06	选 7 号刀(ϕ8mm 键铣刀)并换刀		F150	
				M98P1708	
	M08			G01Z-11.8F30	
	G90			F180	
	G00X20.66Y23.69	定位于 N6 下刀点		M98P1708	精加工型腔
	G43Z5H07	刀具长度补偿并定位于起刀位置		M03S2000	
				G01Z-12F30	
	S600M03			F100	
	G01Z-3F45			M98P1708	
	F150			G00Z20	
	M98P1708	调用加工型腔的子程序 O1708		M05	
				M30	

子程序：型腔粗加工参考子程序，见表 17-15。

表 17-15 ϕ8mm 键铣刀型腔加工子程序

程序名:O1708(O1701 之一)		工序号:2	程序名:O1708(O1701 之一)		工序号:2
程序段号	程序内容	说明	程序段号	程序内容	说明
	O1708	子程序名		X27.26Y-23.55	N1 点的 X 轴对称点
	G01X18.13Y10.92	N9 点		X25.Y-28.76	N2 点的 X 轴对称点
	X23.16Y18.75	N8 点		X12.69Y-28.76	N3 点的 X 轴对称点
	X27.26Y23.55	N1 点		X11.48Y-28.26	N4 点的 X 轴对称点
	X25Y28.76	N2 点		X13.25Y-27.4	N5 点的 X 轴对称点
	X12.69Y28.76	N3 点		X16.84Y-18.74	N7 点的 X 轴对称点
	X11.48Y28.26	N4 点		X18.13Y-10.92	N9 点的 X 轴对称点
	X13.25Y27.4	N5 点		X20.66Y-23.69	N6 点的 X 轴对称点
	X16.84Y18.74	N7 点		G91G00Z17	
	X18.13Y10.92	N9 点		G90X-20.66Y23.69	N6 点的 Y 轴对称点
	X16.77Y0	N10 点		G91G01Z-17F30	
	X18.13Y-10.92	N9 点的 X 轴对称点		G90X-18.13Y10.92F200	N9 点的 Y 轴对称点
	X23.16Y-18.75	N8 点的 X 轴对称点		X-23.16Y18.75	N8 点的 Y 轴对称点

（续）

程序名:O1708(O1701之一)		工序号:2	程序名:O1708(O1701之一)		工序号:2
程序段号	程序内容	说明	程序段号	程序内容	说明
	X-27.26Y23.55	N1点的Y轴对称点		X-12.69Y-28.76	N3点的X、Y轴对称点
	X-25.Y28.76	N2点的Y轴对称点		X-11.48Y-28.26	N4点的X、Y轴对称点
	X-12.69Y28.76	N3点的Y轴对称点		X-13.25Y-27.4	N5点的X、Y轴对称点
	X-11.48Y28.26	N4点的Y轴对称点		X-16.84Y-18.74	N7点的X、Y轴对称点
	X-13.25Y27.4	N5点的Y轴对称点		X-18.13Y-10.92	N9点的X、Y轴对称点
	X-16.84Y18.74	N7点的Y轴对称点		X-20.66Y-23.69	N6点的X、Y轴对称点
	X-18.13Y10.92	N9点的Y轴对称点		G91G00Z17	
	X-16.77Y0	N10点的Y轴对称点		G90X20.66Y23.69	返回至下刀点
	X-18.13Y-10.92	N9点的X、Y轴对称点		G91G01Z-17F30	
	X-23.16Y-18.75	N8点的X、Y轴对称点		G90	
	X-27.26Y-23.55	N1点的X、Y轴对称点		M99	
	X-25Y-28.76	N2点的X、Y轴对称点			

（5）$\phi3.5$mm键铣刀型腔加工

主程序：$\phi3.5$mm键铣刀型腔加工参考主程序，见表17-16。

表17-16 $\phi3.5$mm键铣刀型腔加工主程序

程序名:O1709(O1701之一)		工序号:2	程序名:O1709(O1701之一)		工序号:2
程序段号	程序内容	说明	程序段号	程序内容	说明
	O1709	程序名		G01Z0.2F30	
	G17			F100	
	G54	坐标系偏置		M98P121710	12次调用加工型腔内壁和中心台阶的子程序O1710(背吃刀量11.8mm)
	G91G28X0Y0	回换刀点		G01Z-11.0F30	
	T09M06	选9号刀($\phi3.5$mm键铣刀)并换刀		M03S2500	精加工中心台阶
	M08			F50	
	G90	定位于N6下刀点		M98P1710	调用加工型腔内壁子程序O1710(背吃刀量12mm)
	G00X20.66Y23.69	刀具长度补偿并定位于起刀位置		G00Z20	
	G43Z5H09			M05	
	S600M03			M30	

子程序：$\phi3.5$mm键铣刀型腔加工参考子程序，见表17-17。

表 17-17 ϕ3.5mm 键铣刀型腔加工子程序

程序名:O1710(O1701 之一)		工序号:2	程序名:O1710(O1701 之一)		工序号:2
程序段号	程序内容	说明	程序段号	程序内容	说明
	O1710	子程序名		G01G40X20.66Y23.69	N6 点
	G91G01Z-1F30			X18.13Y10.92	N9 点
	G90X20.66Y23.69F150	N6 点		X13.30Y11.50	N11 点
	G41X23.16Y18.75D19	N8 点(D19 值为 4.2375mm)		G02X-13.30R13.75	N11 点的 Y 轴对称点
				G01X-12.75Y3.39	N12 点的 Y 轴对称点
	X34.9887Y19.9915	A 点偏置		G03X12.75R17.25	N12 点
	Y26.4865	B 点偏置		G01X10.96Y-1.00	N13 点
	G03X24.9887Y36.4865R10	C 点偏置		X12.14Y-5.77	N14 点
	G01X10.314	D 点偏置		G03X-12.14R15.25	N14 点的 Y 轴对称点
	G02X-10.314R17	E 点偏置		G01X-10.96Y-1.0	N13 点的 Y 轴对称点
	G01X-24.9887	F 点偏置		X-11.64Y-13.36	N15 点的 Y 轴对称点
	G03X-34.9887Y26.4865R10	G 点偏置		G02X11.64R11.75	N15 点
	G01Y19.9915	H 点偏置		G01G41X9.98Y-15.67D09	U 点(D09 值为 1.75mm)
	G02Y-19.9915R25	I 点偏置			
	G01Y-26.4865	J 点偏置		G02X-9.98R10.0	V 点
	G03X-24.9887Y-36.4865R10	K 点偏置		G01X-11.97Y14.20	T 点
	G01X-10.314	L 点偏置		G02X11.97R12.0	S 点
	G02X10.314R17	M 点偏置		G01X9.98Y-15.67	U 点
	G01X24.9887	N 点偏置		G40X11.64Y-13.36	N15 点
	G03X34.9887Y-26.4865R10	P 点偏置		X16.77Y0.0	N10 点
	G01Y-19.9915	Q 点偏置		X20.66Y23.69	N6 点
	G02Y19.9915R25	A 点偏置		M99	

(6)ϕ3.5mm 球头刀球面加工 ϕ3.5mm 球头刀球面加工参考宏程序,见表 17-18。

表 17-18 ϕ3.5mm 球头刀球面加工宏程序

程序名:O1712(O1701 之一)		工序号:2	程序名:O1712(O1701 之一)		工序号:2
程序段号	程序内容	说明	程序段号	程序内容	说明
	O1712	程序名		#3 = 89.95	最大值
	G17		N10	IF[#1GT#3]GOTO 20	
	G54	坐标系偏置		#4 = 22.0 * COS[#1]	球面母线点的 X 值
	G91G28X0Y0	回换刀点		#5 = -22.0 + 22.0 * SIN[#1]	球面母线点的 Z 值
	T11M06	选 11 号刀(ϕ3.5mm 球头刀)并换刀		#6 = -22.0 * COS[#1]	球面半径值
	M08			G18G01X#4Z#5	球面母线
	G90			G17G03I#6	球面底圆
	G00X15Y14.67	定位球头刀		#1 = #1 + #2	
	G43Z25H11	刀具长度补偿		GOTO 10	
	S2500M03		N20	G00 Z50	
	G01Z-4.4F50	定位于起刀位置		M09	
	#1 = 53.13			M30	
	#2 = 0.1	步增量			

3. 对刀及刀补、坐标系参数的设置

使用 Fanuc 0i—MA 加工中心完成该部分内容的详细操作过程，参见本教材第十四章第二节的“三、对刀及数据设置”。

4. 程序的调试与执行（产品加工）

使用 Fanuc 0i—MA 加工中心完成该部分内容的详细操作过程，参见本教材第十四章第二节的“四、程序的处理与自动运行”。

5. 尺寸修正

对于试切的零件，在粗铣后使用程序暂停指令（M00），暂停机床的动作，测量零件尺寸是否符合要求，如有偏差，则要在精铣前及时修正，修正的方法是：修改相应刀具的长度和半径补偿值。

五、评估反馈

1. 产品质量和效率分析

根据表 17-19 所示评分标准，完成方案一、方案二加工零件的检测评分，对比两种方案所加工产品的质量和效率。若发现问题，分析原因，进行方案优化，最终确定“最佳方案”，用于批量生产。

表 17-19 项目评估表

班级		姓名		学号		日期	
项目课题	型腔薄壁球岛件					零件图号	图 17-1

		序号	检测项目	配分	学生自评分	教师评分
基本检查	编程	1	切削加工工艺制定正确	2		
		2	切削用量选用合理	2		
		3	程序正确、简单、明确且规范	6		
	操作	4	设备的正确操作与维护保养	2		
		5	安全、文明生产	3		
基本检查结果总计				15		

	序号		图样尺寸/mm	允差/mm	量具名称	量具规格/mm	配分	实际尺寸 学生自测	实际尺寸 教师检测	分数
尺寸检测	1	毛坯	长 100		游标卡尺	0~125	1			
	2		宽 100		游标卡尺	0~125	1			
	3		高 24		游标卡尺	0~125	1			
	4	型腔	ϕ24		游标卡尺	0~125	2			
	5		ϕ20		游标卡尺	0~125	2			
	6		10mm 深度		深度卡尺	0~125	2			
	7		12mm 深度		深度卡尺	0~125	12			
	8		*SR*20 球面		半径规	*R*20	12			
	9		ϕ10 沉孔孔径		内径千分尺	0~25	2			

（续）

	序号		图样尺寸/mm	允差/mm	量具名称	量具规格/mm	配分	实际尺寸 学生自测	实际尺寸 教师检测	分数
尺寸检测	10	型腔	14mm 深度		深度卡尺	0～125	2			
尺寸检测	11	型腔	ϕ16 沉孔孔径		内径千分尺	0～25	2			
尺寸检测	12	型腔	6mm 深度		深度卡尺	0～125	2			
尺寸检测	13	型腔	2.5mm 型腔壁厚	$^{0}_{-0.025}$	游标卡尺	0～125	4			
尺寸检测	14	孔	4×ϕ8	H8	内径千分尺	0～25	4			
尺寸检测	15	孔	43mm 定位精度	±0.030			1			
尺寸检测	16	孔	35mm 定位精度	±0.030			1			
尺寸检测	17	孔	表面粗糙度	R_a1.6μm			2			
尺寸检测	18	轮廓外形	2×R25		半径规	R25	2			
尺寸检测	19	轮廓外形	2×R17		半径规	R17	2			
尺寸检测	20	轮廓外形	4×R10		半径规	R10	4			
尺寸检测	21	轮廓外形	73mm	$^{0}_{-0.054}$	游标卡尺	0～125	2			
尺寸检测	22	轮廓外形	73mm 对称度	0.05	百分表	0～5	4			
尺寸检测	23	轮廓外形	70mm	$^{0}_{-0.046}$	游标卡尺	0～125	2			
尺寸检测	24	轮廓外形	15mm	$^{+0.027}_{0}$	深度卡尺	0～125	4			
尺寸检测	25	轮廓外形	平行度	0.03	百分表	0～5	4			
尺寸检测	26	轮廓外形	外轮廓表面粗糙度	R_a1.6μm	表面粗糙度样板	R_a1.6μm	4			
尺寸检测	27		表面粗糙度	R_a3.2μm	表面粗糙度样板	R_a3.2μm	4			
			尺寸检测结果总计				85			

所用方案	工序	加工时间	基本检查结果	尺寸检测结果	成绩
方案二	2				
学生签字			实习老师签字		

2. 实施方案对比分析

项目实施的各小组，根据项目实施的过程、产品质量和效率分析的结果，相互探讨，分析不同方案的优、缺点，进行方案优化，最终确定“最佳方案”，用于批量生产。

3. 个人总结

1）通过本项目的实施，你有哪些收获（可从学会、掌握、深层理解三个层次说明）？

2）通过本项目的实施，你尚有哪些问题（不懂或疑惑之处）？

项目思考题

17-1 如图17-4所示的加工中心项目图样，数量要求为200件，所用材料为45钢。现根据图样和生产要求，制定完成该产品生产的“最佳”实施方案和工艺过程。

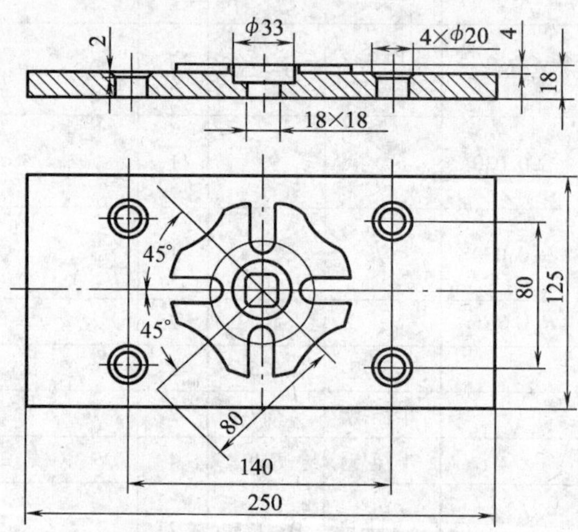

图17-4 加工中心项目习题图样1

17-2 如图17-5所示的加工中心项目图样，数量要求为20件，所用材料为正火处理的45钢，毛坯尺寸为210mm×150mm×50mm，未注公差尺寸按GB1804—M。现根据图样和生产要求，制定完成该产品生产的“最佳”实施方案和工艺过程。

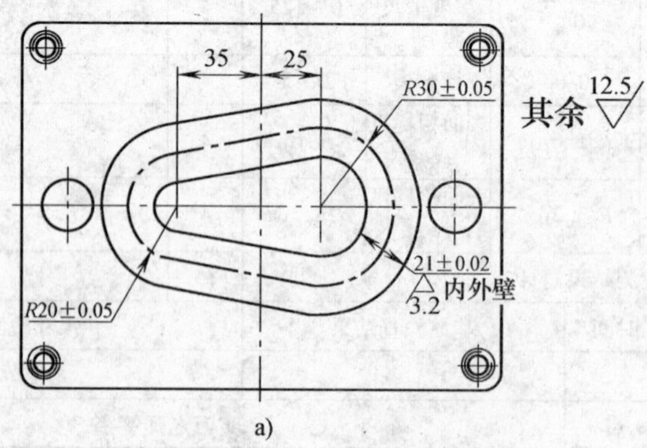

图17-5 加工中心项目习题图样2

a）仰视图

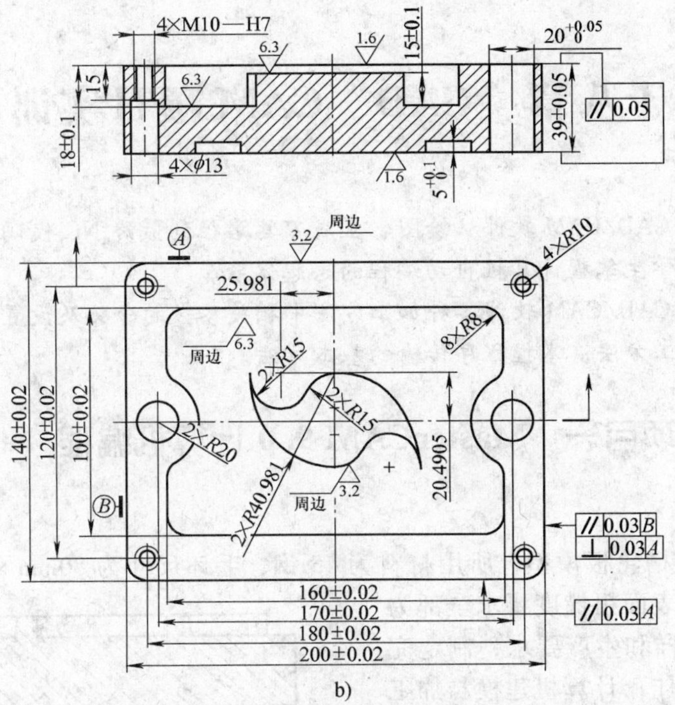

图 17-5 加工中心项目习题图样 2（续）

b）俯视、正视图

第十八章　CAD、CAM 项目实训

学习目的：掌握 CAD/CAM 软件从绘图、生成刀具路径到最终 NC 代码的全过程。通过本章的学习，可以使学生掌握计算机自动编程的思想体系。

学习重点：理解 CAD/CAM 软件各种加工方法中相关参数的含义及设置；根据加工的需要能正确选择各种加工方法；掌握程序传输的基本方法。

项目一　MasterCAM 9.0 计算机编程

一、项目实例

如图 18-1 所示的槽轮板模型，所用材料为 45 钢，毛坯尺寸为 80mm × 80mm × 21mm，毛坯六面已加工好，表面粗糙度要求全部为 R_a6.3μm，现根据图样和生产要求，制定完成该产品生产的“最佳”计算机建模与加工编程方案。

二、项目分析

（一）图样分析

毛坯为 80mm × 80mm × 21mm 板材，毛坯六面已加工好，只需完成上表面和外轮廓及槽的加工，该零件的表面粗糙度值为 R_a6.3μm。

（二）定位和装夹方式

根据图样特点，单件产品时，可采用“精密平口台虎钳”装夹毛坯，毛坯伸出钳口 8mm（≥3mm），并借助角尺快速定位零件；批量生产时，为了提高生产效率，可考虑设计夹具，同时完成多件加工。

（三）设计和选择工艺装备

1. 工、量具选择

加工图样零件所用工、量具，见表 18-1。

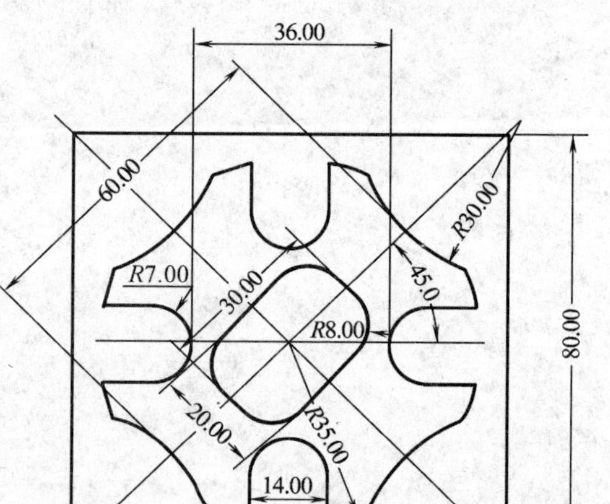

图 18-1　槽轮板模型图样

表 18-1　工 量 具 表

序号	名称	规格	精度/mm	数量	备注
1	游标卡尺	0 ~ 125mm	0.02	1	
2	半径规	R5 ~ R14.5mm	0.5	1	
3	半径规	R15 ~ R35mm	0.5	1	

（续）

序号	名称	规格	精度/mm	数量	备注
4	计算器	函数计算器		1	
5	表面粗糙度样板	R_a6.3μm		1	
6	磁性表座			1	
7	杠杆百分表	0～5mm	0.01	1	
8	千分表	0～5mm	0.01	1	
9	其他辅具	1）标准垫铁若干、油石等			
10		2）其他加工中心常用工具			
11		3）常用的各种锉刀			
12	加工中心	台中精机 V70	0.001	1	
13	数控系统	Fanuc 0i—MA	0.001	1	

2. 刀具选择

方案一：平面铣削采用 ϕ100mm 平面端铣刀；轮廓粗加工（R35mm 圆）采用 ϕ30mm 高速钢立铣刀；轮廓精加工采用 ϕ12mm 硬质合金立铣刀；槽粗、精加工采用 ϕ14mm 键槽刀。

方案二：平面铣削采用 ϕ40mm 平面端铣刀；轮廓粗、精加工采用 ϕ10mm 硬质合金立铣刀；槽粗、精加工用 ϕ5mm 键槽刀。

说明：为了更好地反映自动编程中的刀路，本项目的讲解采用方案二，实际加工时，请读者根据实际情况，采用更有效率的方案一或其他方案。

3. 刀具卡片

实施本项目的方案二所用刀具，见表 18-2。

表 18-2 槽轮板加工刀具表

产品名称或代号			零件名称	槽轮板	零件图号	图 18-1	
序号	刀号	刀具名称	数量	加工内容	半径补偿	长度补偿	备注
1	T01	ϕ10mm 硬质合金立刀	1	粗、精加工外轮廓	D01	H01	
2	T02	ϕ5mm 键槽刀	1	粗、精加工槽	D02	H02	
3	T03	ϕ40mm 平面端铣刀	1	粗、精加工平面		H03	
编制		审核		批准		页数	第 1 页共 1 页

4. 确定工艺方案及加工顺序

上表面用面铣刀铣削，因其表面粗糙度值为 R_a6.3μm，故采用粗铣→精铣方案；外轮廓及槽的加工均采用粗铣→精铣方案。具体加工顺序，见表 18-3。

表 18-3 数控加工工艺卡片

单位名称	实训中心	产品名称或代号		零件名称		零件图号	
				槽轮板		图 18-1	
工序号	程序编号	夹具名称		使用设备		数控系统	车间
		台虎钳		XK714D		Siemens 802D	数控车间
工步号	工步内容	刀具号	刀具规格	主轴转速 n/(r/min)	进给量 f/(mm/r)	背吃刀量 /mm	备注
1	粗、精铣坯料上表面	T03	ϕ40mm	477	57	0.8/0.2	
2	粗铣工件外轮廓，单边余量留 0.5mm	T01	ϕ10mm	800	60	2	
3	精铣工件外轮廓至尺寸要求	T01	ϕ10mm	1909	114	0.2	
4	粗、精铣键槽	T02	ϕ5mm	1500	90	2/0.2	
编制		审核	批准	日期		共 1 页	第 1 页

三、项目实施

（一）计算机编程步骤

1）几何造型。利用编程软件的 CAD 功能绘制零件加工用图形（必要的 2D 或 3D 图形）或将已有图形文件转换为编程软件需要的格式，并作适当的删减与增补。

2）设置刀具参数和零件材料。

3）生成刀具路径并作适当修改。

4）刀具路径模拟。

5）机床和后置处理设置。

6）根据不同的数控系统对 NC 代码做适当修改。

7）将正确的 NC 代码传送到数控系统。

对于较长的 NC 代码，大部分 CNC 系统的内存都很难容下，而对于大部分 CNC 系统来说，扩充系统内存非常昂贵，此时可使用 DNC 功能，实现边传送边加工。

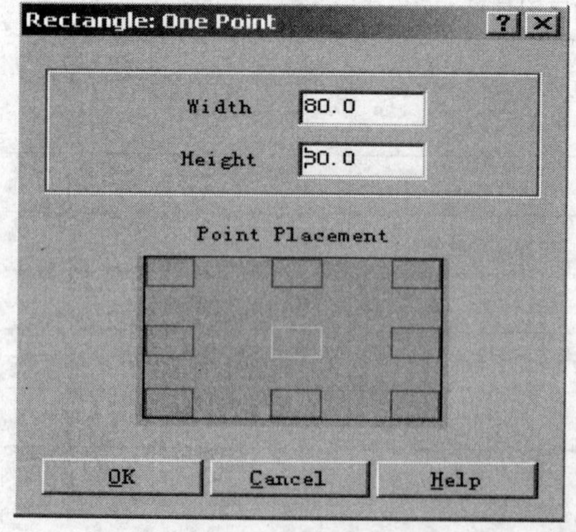

图 18-2 矩形绘制对话框

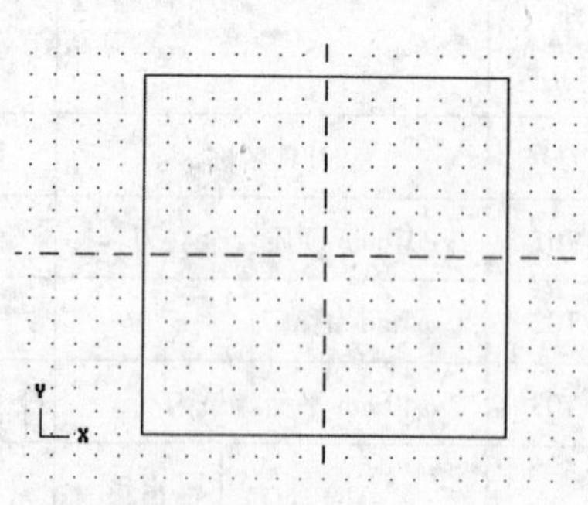

图 18-3 矩形绘制结果

（二）计算机建模与编程

1. 创建基本图形

（1）毛坯轮廓 选择主菜单【Main menu】→【create】→【rectangle】→【1 point】，按如图18-2所示设置参数→按【OK】后→【origin】，在绘图平面拾取矩形的中心→按Esc。操作结果，如图18-3所示。

（2）ϕ70mm 圆绘制 选择主菜单【Main menu】→【create】→【arc】→【circ pt + dia】→键入直径70后回车→【origin】，在绘图平面拾取圆的中心→按Esc。操作结果，如图18-4所示。

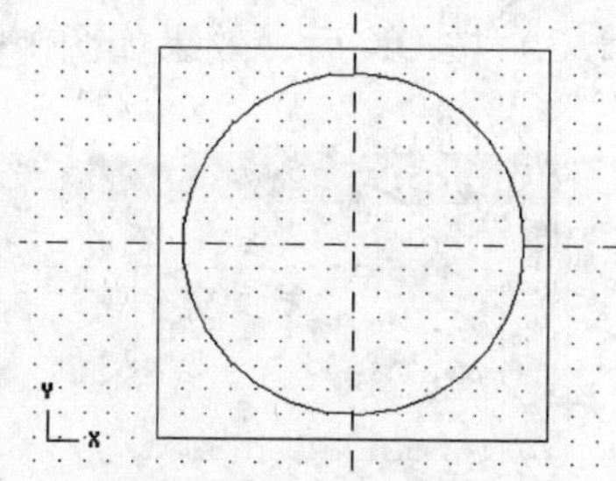

图18-4 ϕ70圆绘制结果

（3）圆角矩形绘制

1）选择主菜单【Main menu】→【create】→【rectangle】→【options】→按图18-5所示设置参数。

2）按OK→选【1 point】→按图18-6所示设置参数。

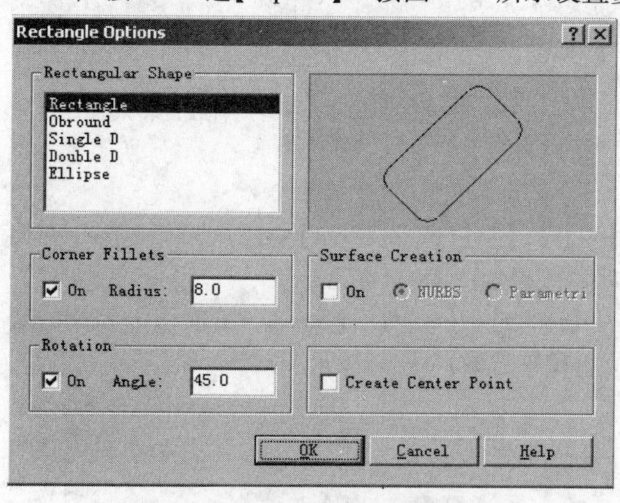

图18-5 圆角矩形绘制对话框

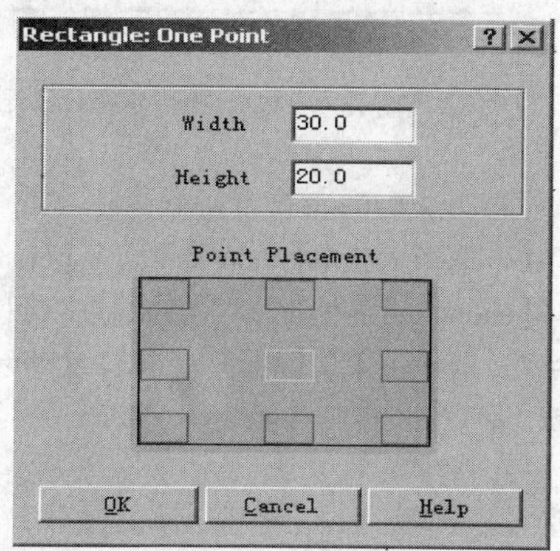

图18-6 圆角矩形参数设置对话框

3）按OK→选【origin】→按Esc，效果如图18-7所示。

（4）45°中心线绘制

1）选择主菜单【Main menu】→【create】→【line】→【polar】→【origin】→录入45（倾角）→录入60（极距）→回车后，效果如图18-8所示。

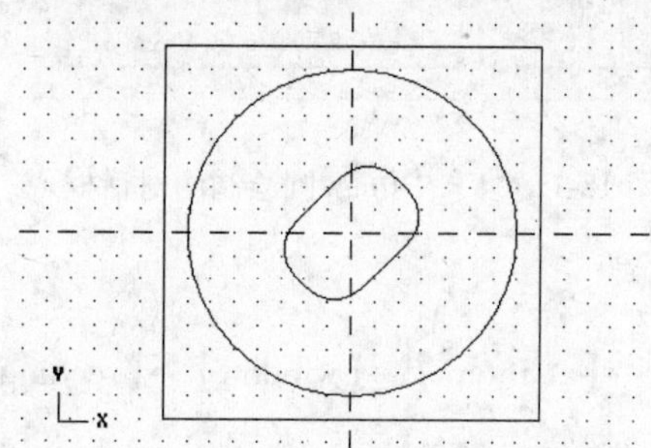

图18-7 圆角矩形绘制效果

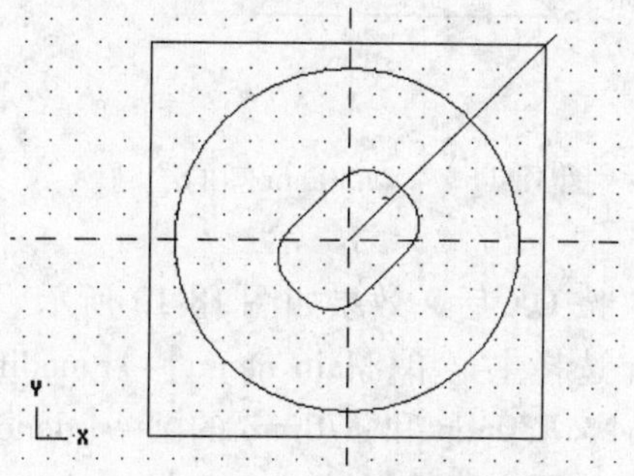

图18-8 45°中心线绘制效果

2）选择主菜单【Main menu】→【xform】→【rotate】→【only】→【origin】→【lines】→选择图 18-8 中的 45°对称线→按 Esc→【done】→【origin】→在绘图平面拾取旋转的中心→按图 18-9 所示设置参数。

3）按 OK 后，效果如图 18-10 所示。

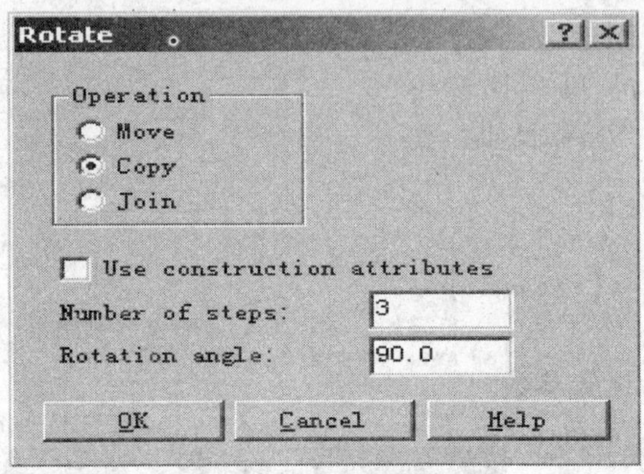

图 18-9 45°对称线旋转对话框

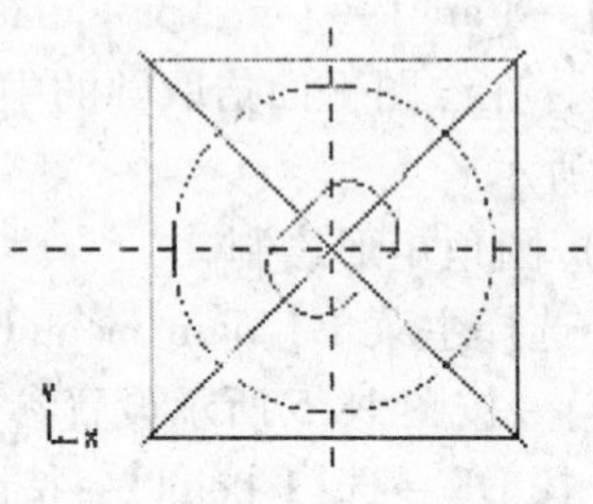

图 18-10 45°对称线旋转效果

（5）4 × *R*30mm 圆的绘制

1）选择主菜单【Main menu】→【create】→【arc】→【circ pt + rad】→录入半径 30mm 并回车→【endpoint】→捕捉 45°线的端点→回车后，效果如图 18-11 所示。

2）选择主菜单【Main menu】→【xform】→【rotate】→【only】→【arcs】→拾取图中 *R*30 的圆→按 Esc→【done】→【origin】→按图 18-12 所示设置参数。

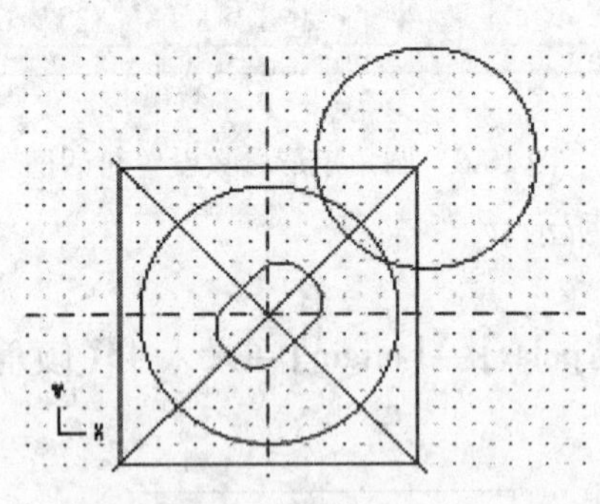

图 18-11 4 × *R*30mm 圆的绘制

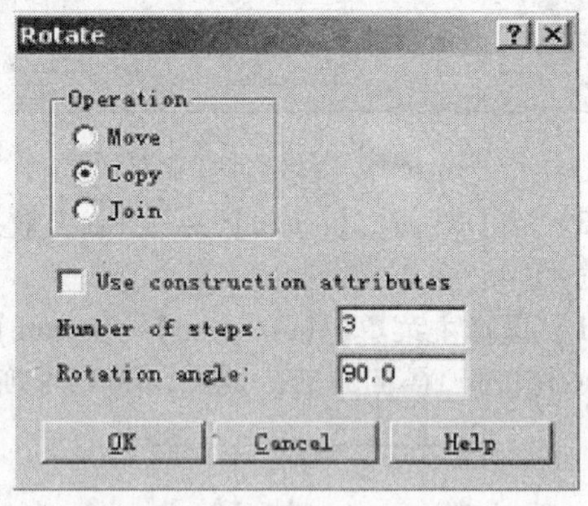

图 18-12 4 × *R*30mm 圆绘制的对话框

3）按 OK 后，效果如图 18-13 所示。

4）选择主菜单【Main menu】→【modify】→【break】→【at inters】→【window】→【rectangle】→选取 4 × *R*30mm 和 ϕ70mm 的圆→【done】。

5）选择主菜单【Main menu】→【delete】→【only】→【arcs】→选取被删掉的圆弧→按 Esc 后，效果如图 18-14 所示。

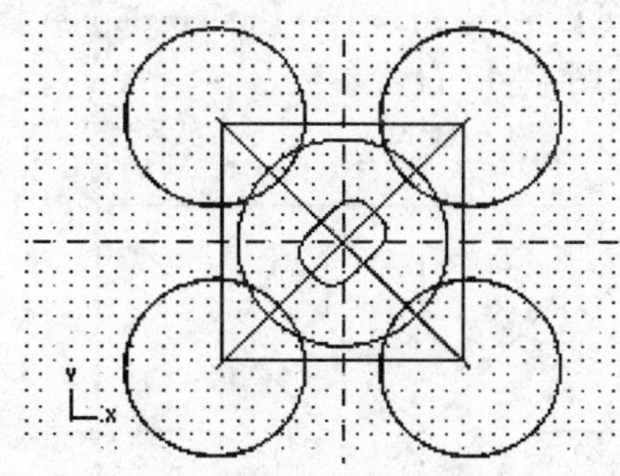
图 18-13　4×R30mm 圆绘制的效果

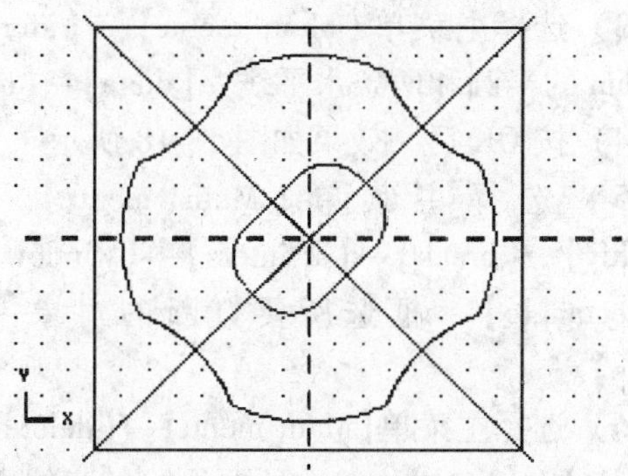
图 18-14　4×R30mm 圆修剪的效果

（6）ϕ14mm 开口槽的绘制

1）选择主菜单【Main menu】→【create】→【arc】→【3 points】→录入第一点坐标（25，7）并回车→录入第二点坐标（18，0）并回车→录入第三点坐标（25，－7）并回车→按 Esc 键后，效果如图 18-15 所示。

2）选择主菜单【Main menu】→【create】→【line】→【horizontal】→【endpoint】→拾取圆弧端点，先后绘制两条水平线→效果如图 18-16 所示。

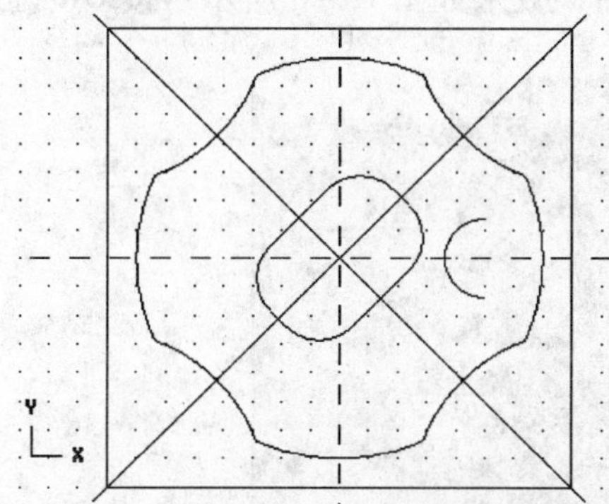
图 18-15　ϕ14mm 开口槽的圆弧绘制

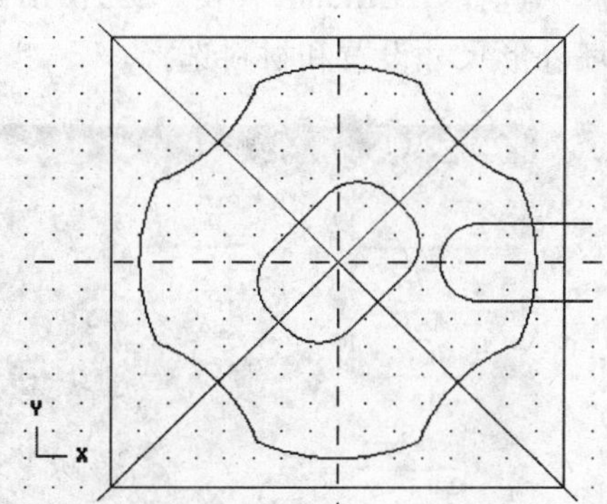
图 18-16　ϕ14mm 开口槽的直线绘制

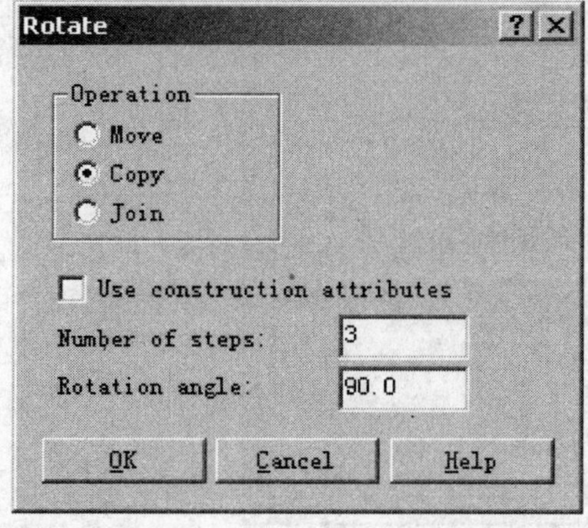

图 18-17　开口槽绘制旋转对话框

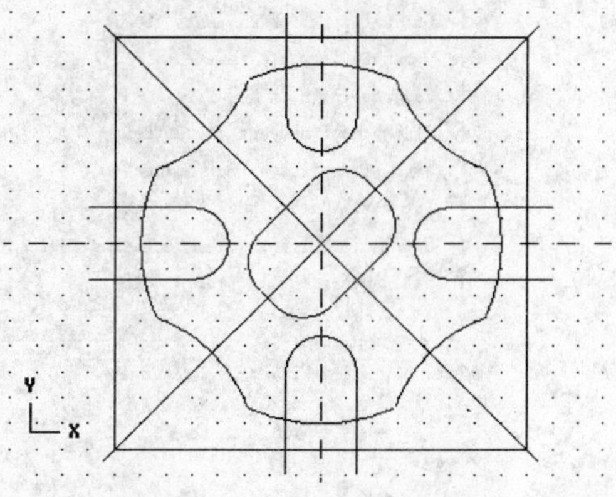
图 18-18　开口槽绘制旋转效果

3）选择主菜单【Main menu】→【xform】→【rotate】→【window】→【rectangle】→框选 ϕ14mm 的半圆和两条水平线→【done】→【origin】→按如图 18-17 设置参数。

4）按 OK 后，效果如图 18-18 所示。

5）选择主菜单【Main menu】→【modify】→【break】→【at inters】→【window】→【rectangle】→框选所要打断的对象→【done】。

6）选择主菜单【Main menu】→【delete】→【only】→【lines】→拾取所要删除的直线→按 Esc→【only】→【arcs】→拾取所要删除的圆弧→效果如图 18-19 所示。

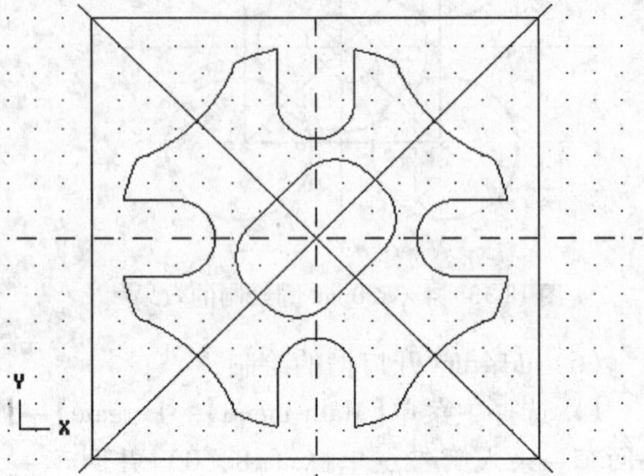

图 18-19 开口槽绘制修剪效果

2. 设置毛坯外形尺寸、选择材料

选择主菜单【Main menu】→【toolpaths】→【Job setup】→按如图 18-20 所示设置参数→在对话框的 material 中选择[...]，在弹出的材料库中选择 STEELmm—A2—225BHN→按 OK 键后，效果如图 18-20 所示→按 OK 键后，完成毛坯外形尺寸设置和材料选择。

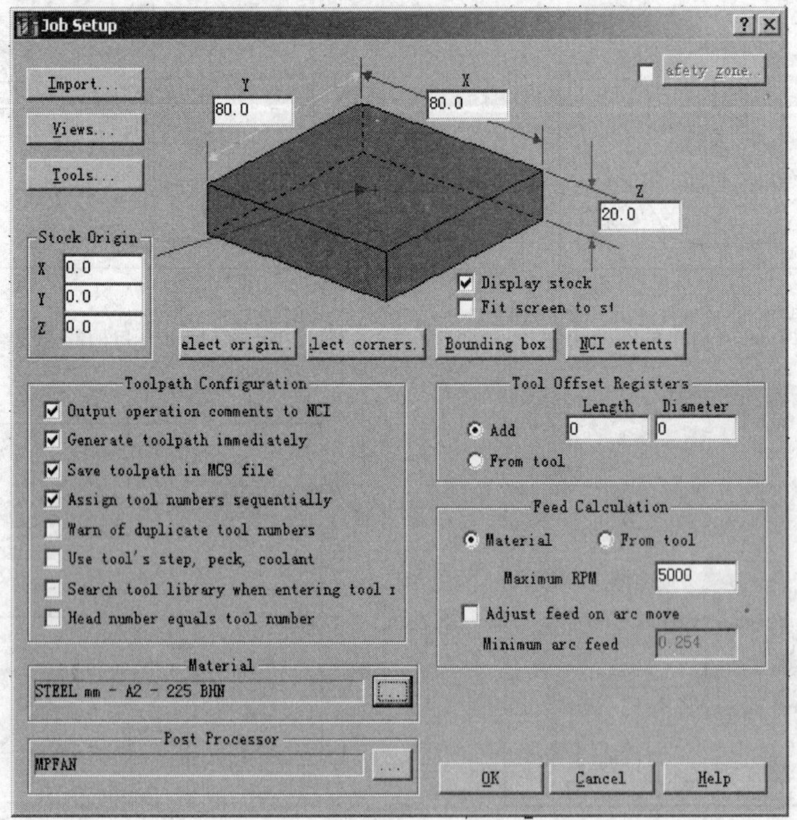

图 18-20 毛坯外形尺寸设置、选择材料对话框

3. 选择刀具、设置刀具参数和加工参数

（1）选择刀具

1）选择主菜单【Main menu】→【NC utils】→【def. tools】→【current】→在弹出的对话框中单击鼠标右键，效果如图 18-21 所示。

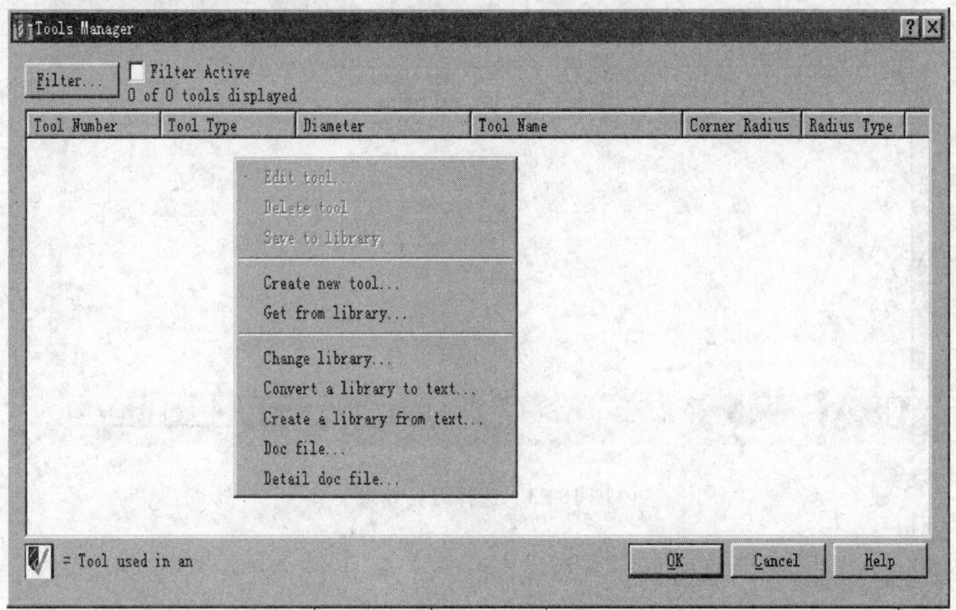

图 18-21 选择刀具对话框

2）选择【Get from library】→在刀具库中选择 Endmill flat 直径为 10mm(1 号)→效果如图 18-22 所示。

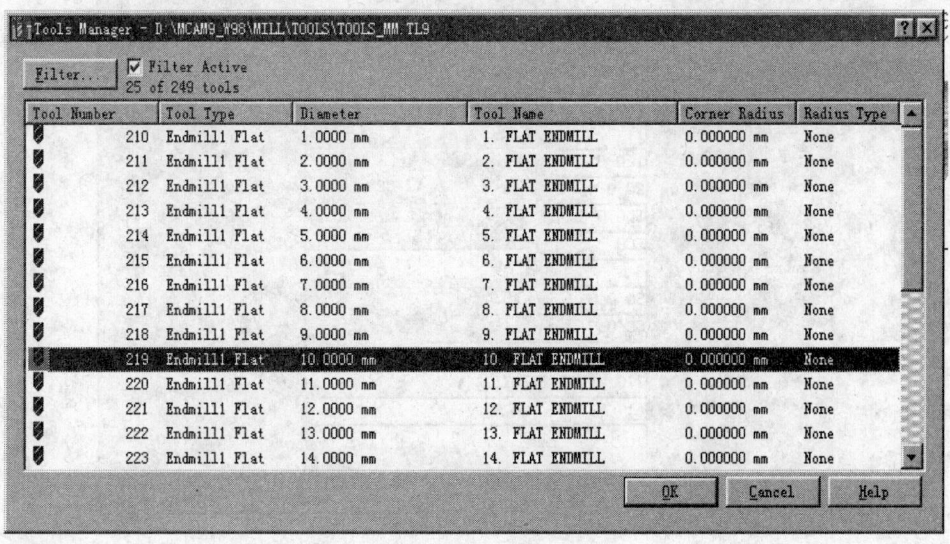

Tool Number	Tool Type	Diameter	Tool Name	Corner Radius	Radius Type
210	Endmill1 Flat	1.0000 mm	1. FLAT ENDMILL	0.000000 mm	None
211	Endmill1 Flat	2.0000 mm	2. FLAT ENDMILL	0.000000 mm	None
212	Endmill1 Flat	3.0000 mm	3. FLAT ENDMILL	0.000000 mm	None
213	Endmill1 Flat	4.0000 mm	4. FLAT ENDMILL	0.000000 mm	None
214	Endmill1 Flat	5.0000 mm	5. FLAT ENDMILL	0.000000 mm	None
215	Endmill1 Flat	6.0000 mm	6. FLAT ENDMILL	0.000000 mm	None
216	Endmill1 Flat	7.0000 mm	7. FLAT ENDMILL	0.000000 mm	None
217	Endmill1 Flat	8.0000 mm	8. FLAT ENDMILL	0.000000 mm	None
218	Endmill1 Flat	9.0000 mm	9. FLAT ENDMILL	0.000000 mm	None
219	Endmill1 Flat	10.0000 mm	10. FLAT ENDMILL	0.000000 mm	None
220	Endmill1 Flat	11.0000 mm	11. FLAT ENDMILL	0.000000 mm	None
221	Endmill1 Flat	12.0000 mm	12. FLAT ENDMILL	0.000000 mm	None
222	Endmill1 Flat	13.0000 mm	13. FLAT ENDMILL	0.000000 mm	None
223	Endmill1 Flat	14.0000 mm	14. FLAT ENDMILL	0.000000 mm	None

图 18-22 选择刀具

3）同样，在刀具库中再选择 Endmill flat 直径为5mm 的刀具(2 号)→Tools manager 的效果，如图 18-23 所示。

4）同样，在刀具库中再选择 Endmill flat 直径为40mm 的刀具（3 号）。

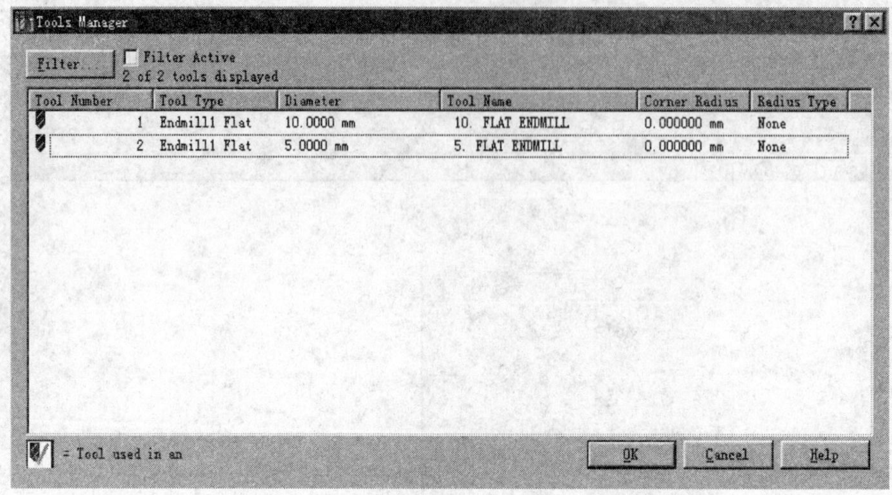

图 18-23 选择刀具效果

（2）设置刀具参数

1）在 Tools manager 中选择 1 号刀具，并单击鼠标右键→在弹出菜单中，选择【Edit tool】→在 Define tool 中选择 Parameters 标签→编辑参数，结果如图 18-24 所示。

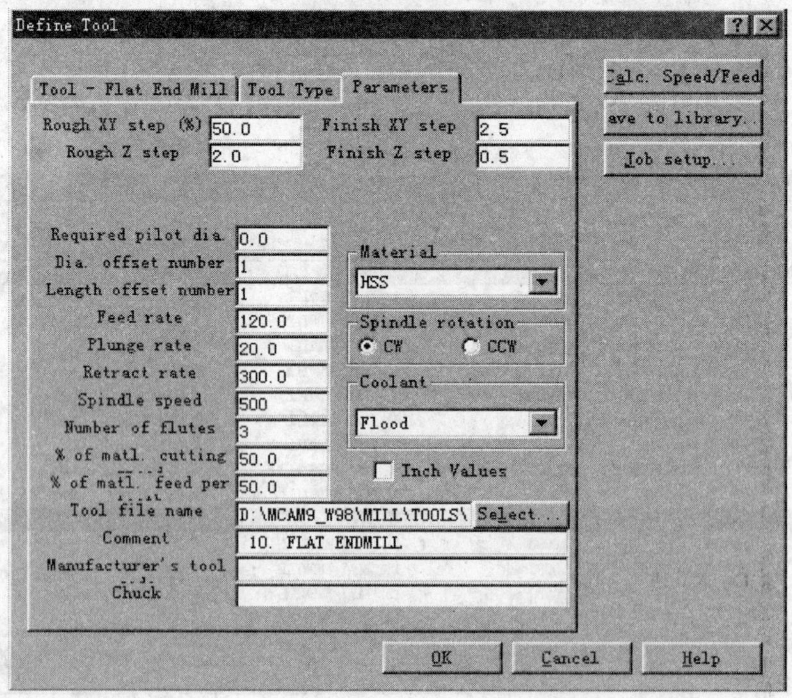

图 18-24 设置刀具参数

2）同样，对 2 号、3 号刀具参数设置。

（3）设置加工参数

1）轮廓加工。

①选择主菜单【Main menu】→【Toolpaths】→【Contour】→【Chain】→【Mode】→选择最外层的正方形→串联选择图形轮廓线→【Done】→按图 18-25 所示设置参数。

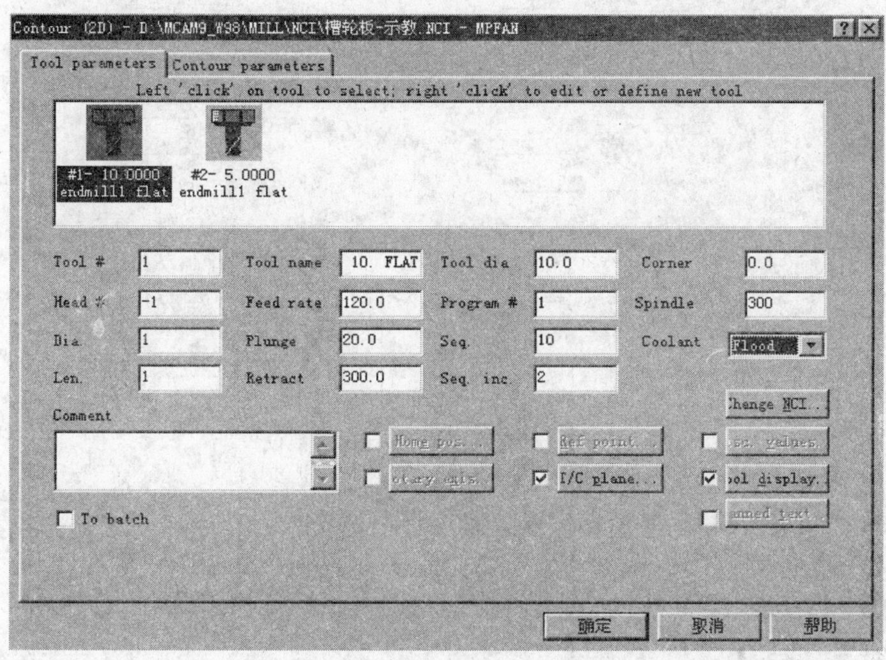

图 18-25　轮廓加工参数设置

②在图 18-25 中，选择 Contour parameters 页选项→选择【depth cuts】按钮→按图 18-26 所示设置参数。

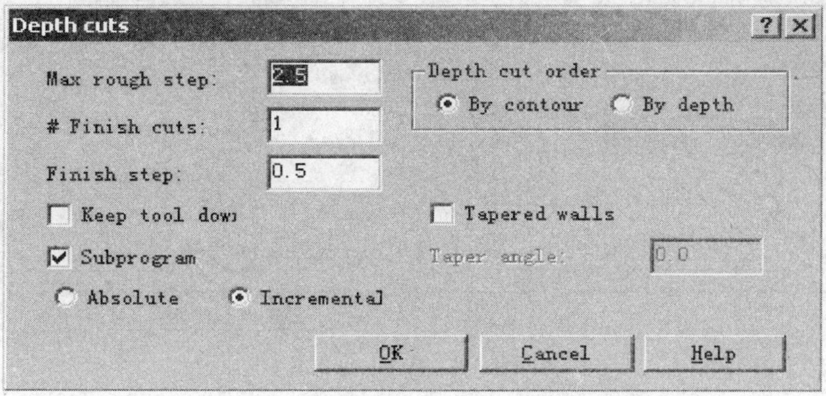

图 18-26　轮廓深度加工参数设置

③按 OK 按钮→选择【Lead in/out】按钮→按图 18-27 所示设置参数。

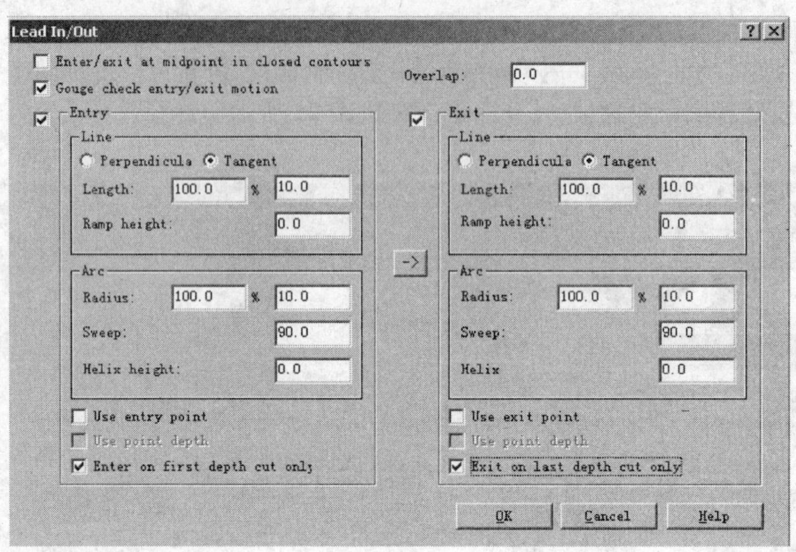

图 18-27 轮廓加工导入、导出参数设置

④按 OK 按钮→按图 18-28 所示设置参数。

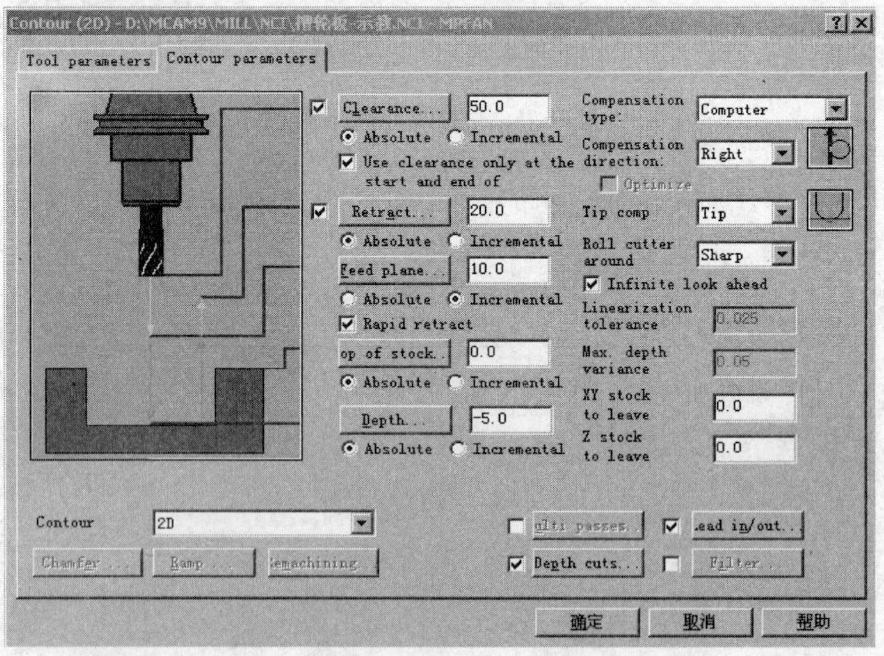

图 18-28 轮廓加工参数设置

⑤按【确定】按钮→刀轨生成，如图 18-29 所示。

图 18-29　轮廓加工刀轨效果

2）残料加工。

①选择主菜单【Main menu】→【Toolpaths】→【pocket】→【Chain】→【Mode】→串联选择如图 18-29 所示的四个小矩形→【done】→在 pocket 对话框中选择 pocketing parameters 标签→按如图 18-30 所示设置参数。

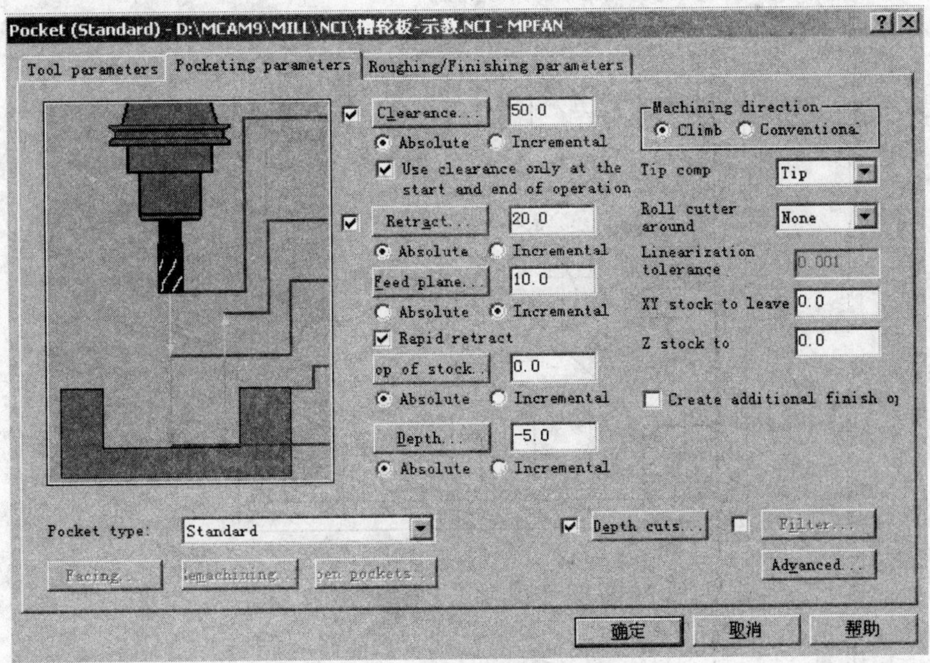

图 18-30　残料加工参数设置

②在 Pocket 对话框中选择 roughing/finishing parameters 标签→按如图 18-31 所示设置参数。

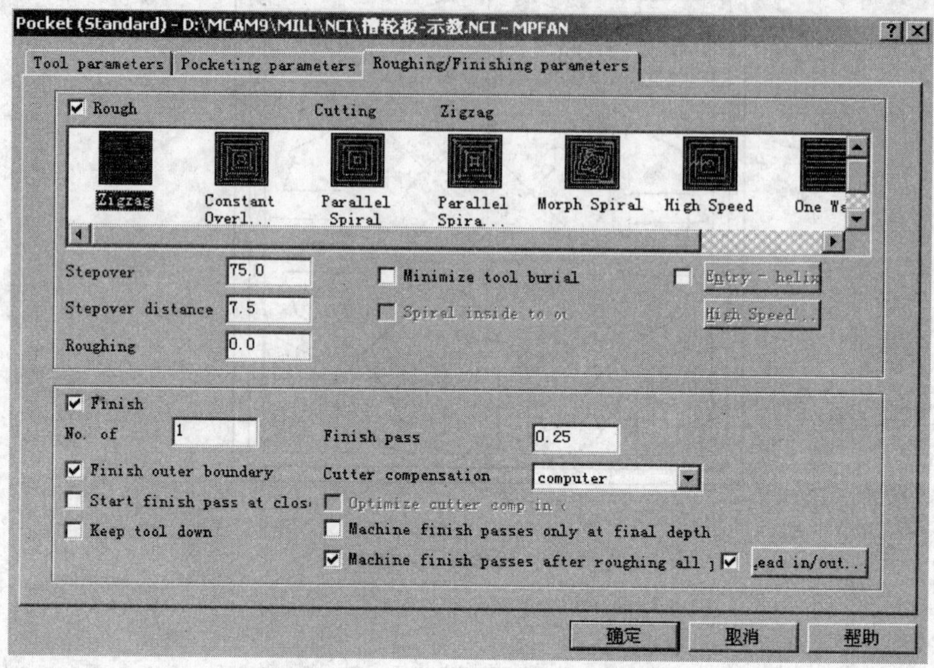

图 18-31 残料粗、精加工参数设置

③按【确定】后，生成刀轨如图 18-32 所示。

图 18-32 残料加工刀轨生成效果

3）矩形型腔加工。

①选择主菜单【Main menu】→【Toolpaths】→【pocket】→【Chain】→【Mode】→串联选择如

图 18-32 所示的 45°倾斜矩形→【done】→在 pocket 对话框中选择 2 号刀具→按如图 18-33 所示设置参数。

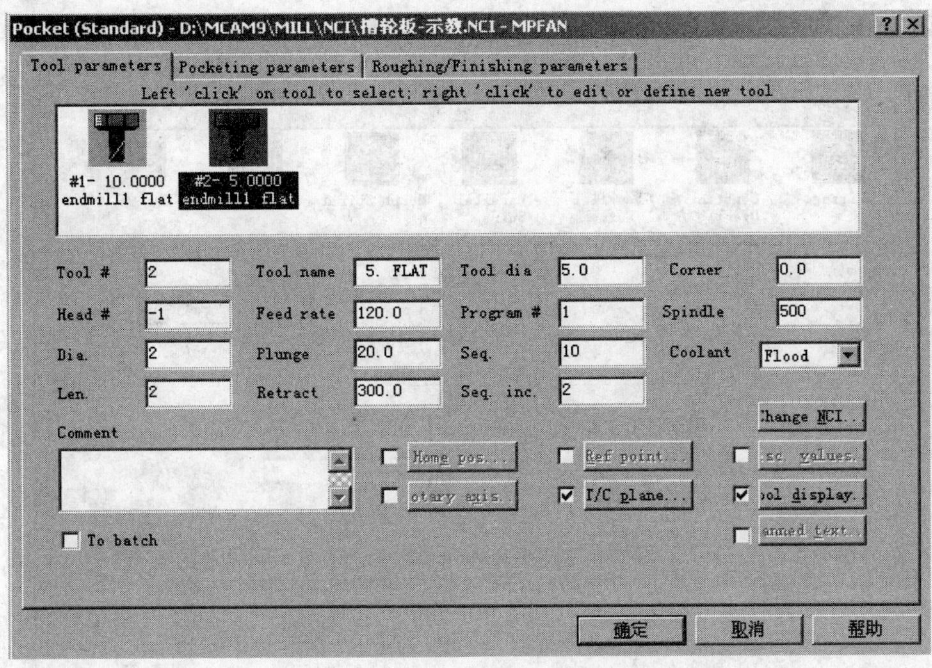

图 18-33　矩形型腔加工工艺参数设置

②在 pocket 对话框中选择 pocketing parameters 标签→按如图 18-34 所示设置参数。

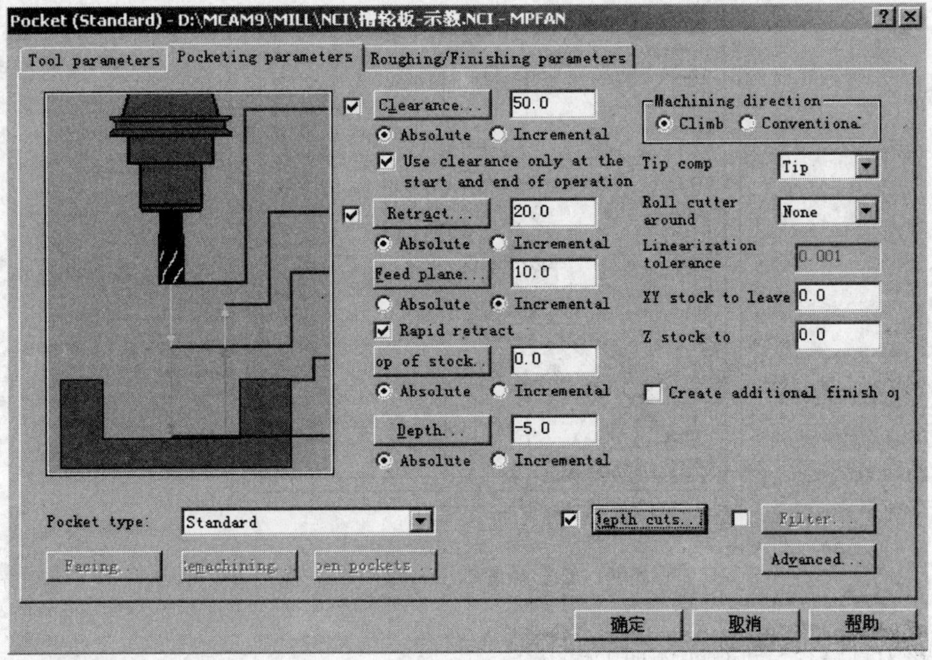

图 18-34　矩形型腔加工参数设置

③在 pocket 对话框中选择 roughing/finishing parameters 标签→按如图 18-35 所示设置参数。

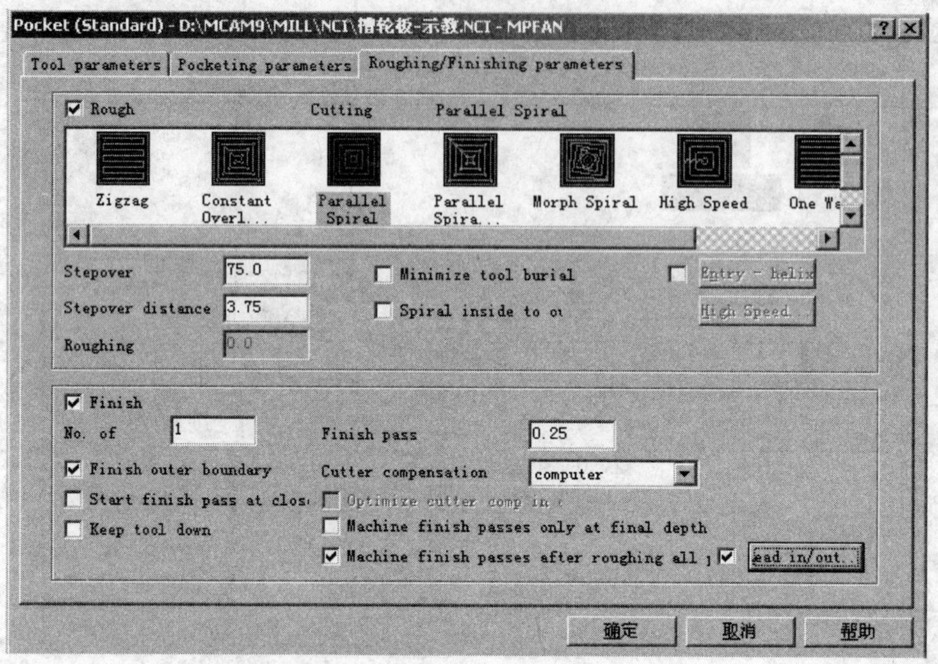

图 18-35 矩形型腔粗、精加工参数设置

④按【确定】后，生成刀轨如图 18-36 所示。

图 18-36 矩形型腔加工刀轨生成效果

4. 校核刀具路径、进行实体加工模拟

（1）校核刀具路径

1）选择主菜单【Main menu】→【Toolpaths】→【operations】→在 operations manager 中，如图 18-37 所示，按【select all】按钮，然后选择校核的刀具路径。

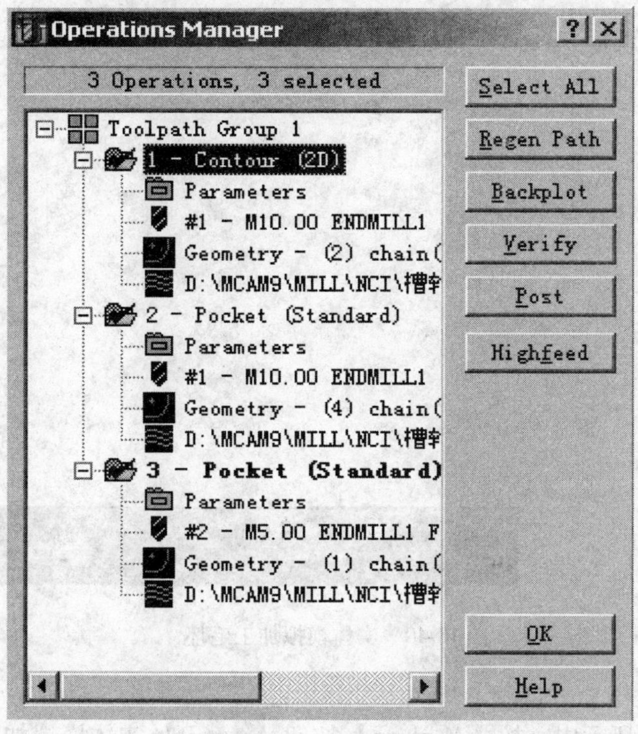

图 18-37　操作管理器

2）在 Operations manager 中，选择【Backplot】按钮→按如图 18-38 所示设置次菜单选项。

3）选择 Run 命令，运行效果，如图 18-39 所示。

图 18-38　刀轨模拟次菜单选项

图 18-39　刀轨模拟效果

（2）实体加工模拟

1）选择主菜单【Main menu】→【Toolpaths】→【operations】→在 operations manager 中，按【verify】按钮，效果如图 18-40 所示。

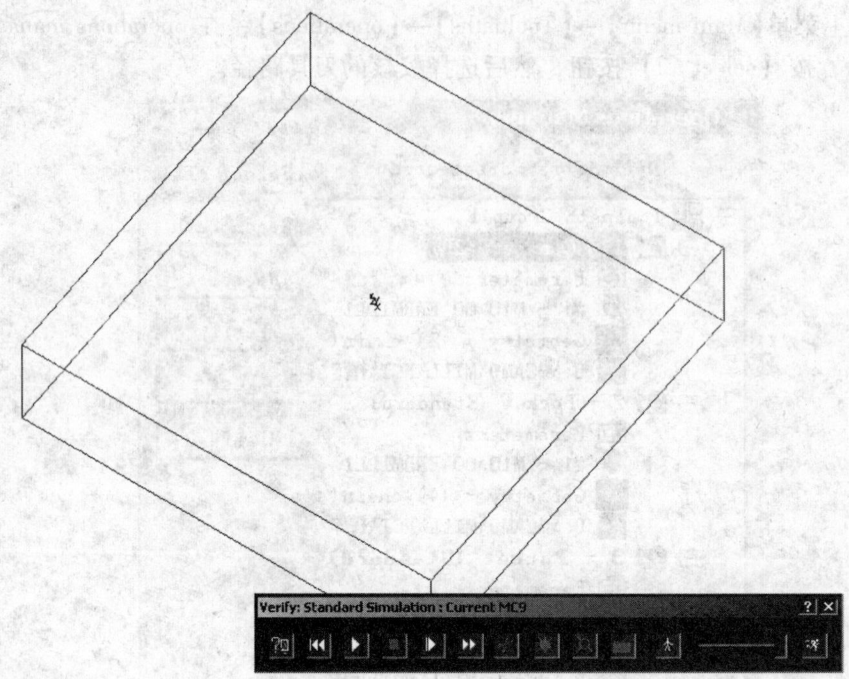

图 18-40 实体模拟加工毛坯

2）在如图 18-40 所示中，按【Machine】按钮，开始实体模拟加工→模拟效果，如图 18-41 所示。

图 18-41 实体模拟加工效果

5. 创建 NCI 文件和 NC 文件

1）选择主菜单【Main menu】→【Toolpaths】→【operations】→在 operations manager 中，按

【post】按钮，出现如图 18-42 所示对话框。

2）在 Post processing 对话框中，如图 18-43 所示设置创建 NCI 和 NC 文件的信息。

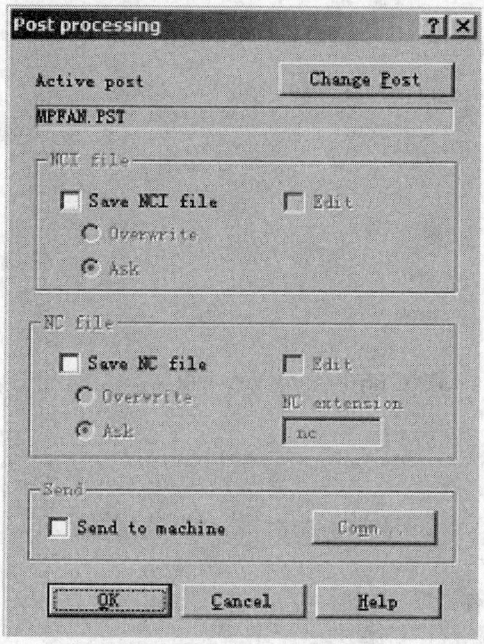

图 18-42　后处理设置前对话框 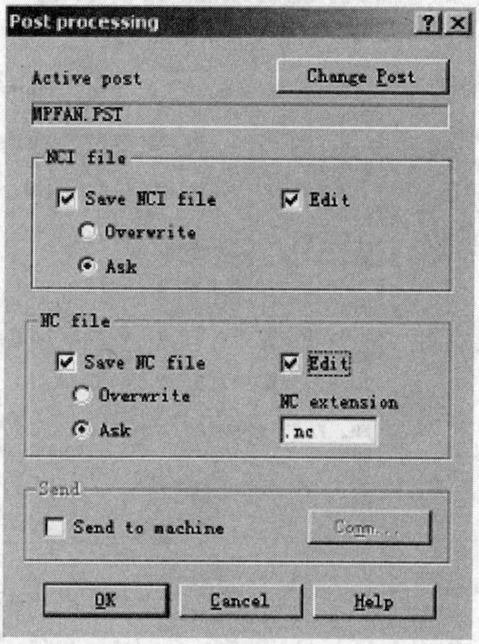　　图 18-43　后处理设置后对话框

3）在如图 18-43 所示中，按【OK】按钮，出现如图 18-44 所示对话框。

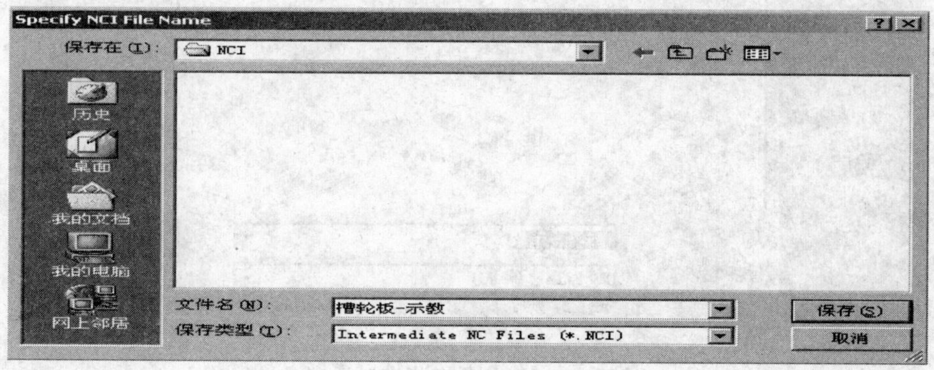

图 18-44　NCI 文件名指定对话框

4）指定 NCI 文件的名称，点击【保存】按钮，出现如图 18-45 所示的 NCI 文件。

5）指定 NC 文件的名称，如图 18-46 所示。

```
mill\nci\槽轮板-示教.nci
1050
9 34 26 12 2004 16 49 06 D:\数控铣床教材编写\CAM\槽轮板-示教.MC9
1011
0. 0. 0. 0. 0. 0. 0. 0. 0. 0.
1012
2 0 0 0 0 0 0 0 0 0 0
1013
0 10. 0. 1 1 0. 0. 0. 2 D:\MCAM9\MILL\TOOLS\FLATMILL.MC9
1014
1. 0. 0. 0. 1. 0. 0. 0. 1.
1016
1 10 1 1 0. 0. 0. 42 0 1 3 0 0. -1 1 1 0
1017
1. 0. 0. 0. 1. 0. 0. 0. 1.
1025
0 0 0 0 0 0 0 0 0 0 0 0
1027
1. 0. 0. 0. 1. 0. 0. 0. 1. 0. 0. 0.
1020
80. 80. 20. 0. 0. 0. 0 0. 0. 0. 0. 0 5000 STEEL mm - A2 - 225 BHN
20001
 10. FLAT ENDMILL
20002

20003
```

图 18-45 NCI 文件效果

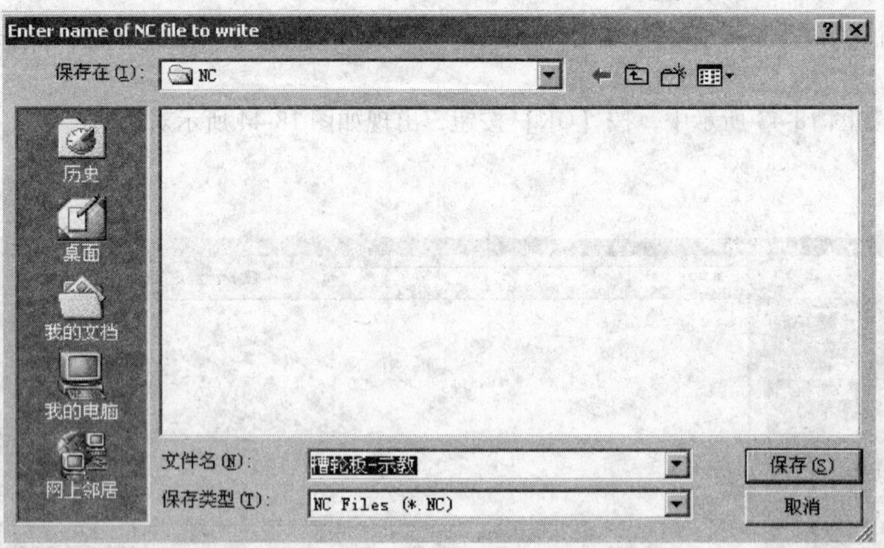

图 18-46 NC 文件名指定对话框

6）单击【保存】按钮，出现如图 18-47 所示的 NC 文件。

（三）传送 NC 文件到数控机床

1. Fanuc 0i—MA 系统机床

（1）设置通信参数 设置 RS232 通信参数，详见机床操作说明书。

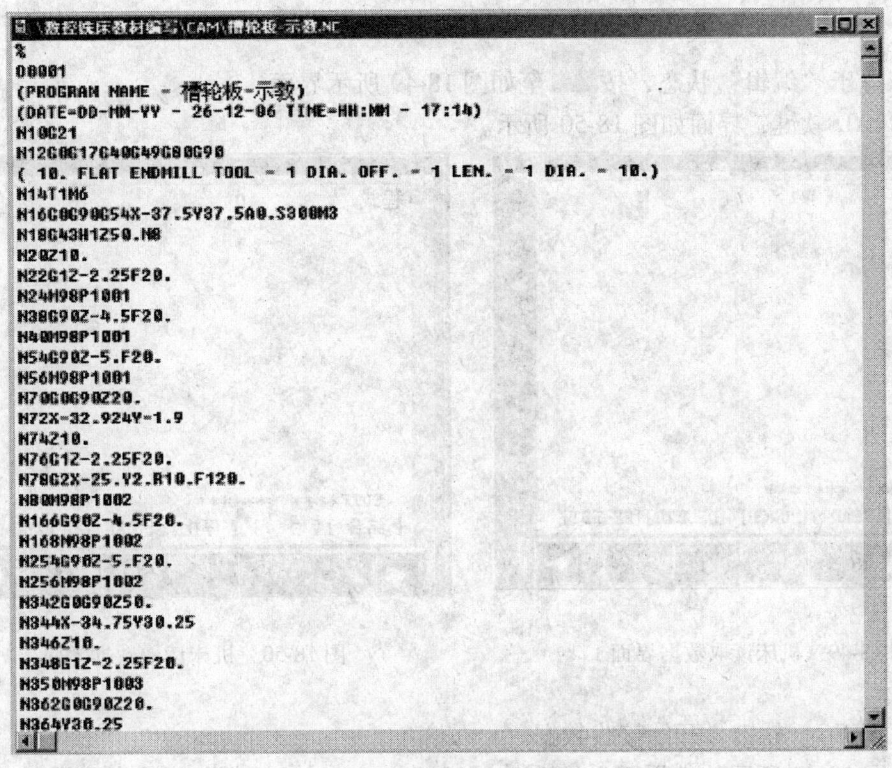

图 18-47　NC 文件效果

（2）接线　接好传输线。

（3）软件参数设置　设置 PC 机上传输软件的参数（实际参数值根据机床参数而定），如图 18-48 所示。

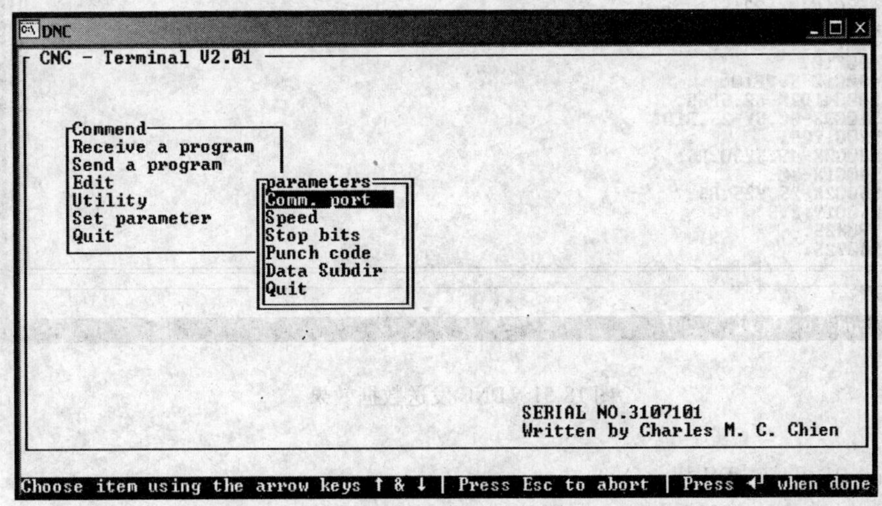

图 18-48　DNC 软件参数设置

(4) 传输数据

1) PC 机→Fanuc 0i—MA 机床。

①机床置于“编辑”状态，按▶至如图 18-49 所示界面。

②按 READ 软键，界面如图 18-50 所示。

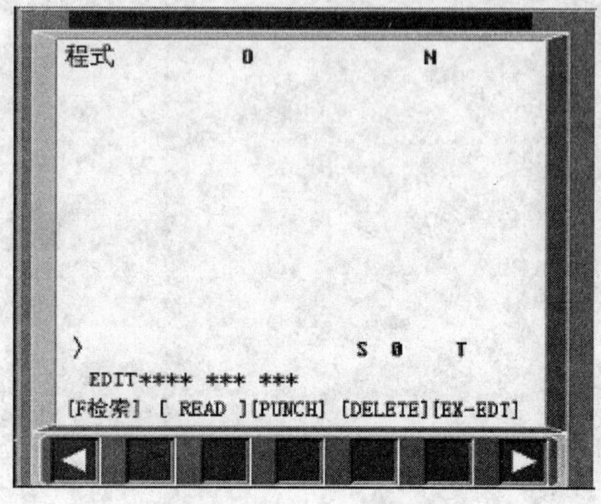

图 18-49 机床读取数据界面 1

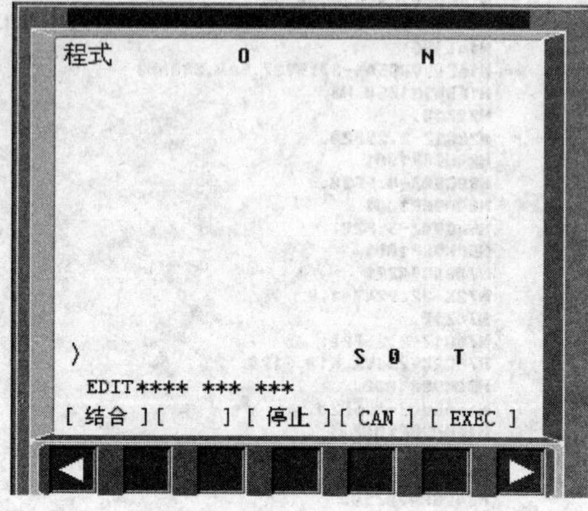

图 18-50 机床读取数据界面 2

③按【EXEC】软键，开始接收数据。

④在如图 18-48 所示软件界面上，选【Send a program】，选择发送文件，传输过程界面如图 18-51 所示。

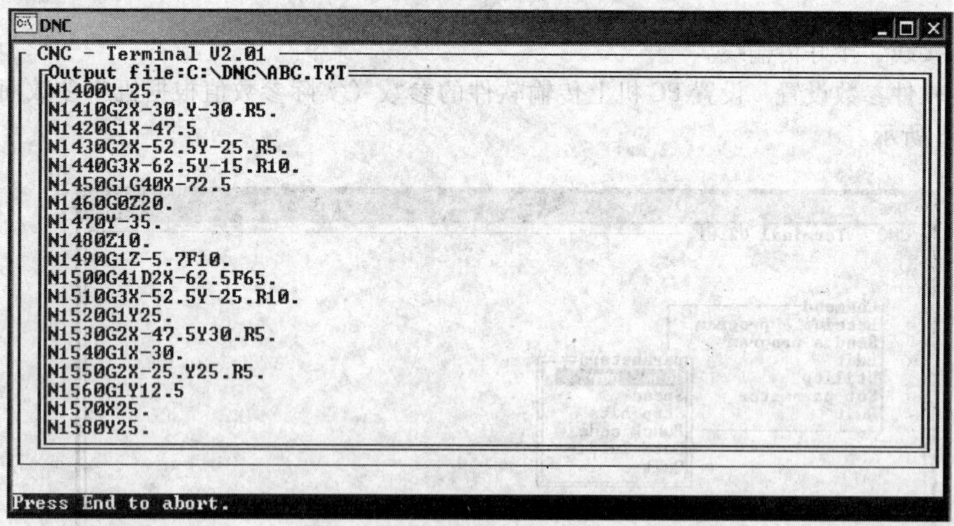

图 18-51 DNC 发送数据效果

2) Fanuc 0i 机床→PC 机。

①在图 18-48 所示软件界面上，选【Receive a program】，设置接收文件名。

②机床置于“编辑”状态，按软键至如图 18-52 所示界面。

③输入传出程序名 O0001，按【PUNCH】软键，界面如图 18-53 所示。

图 18-52　机床发送数据界面 1

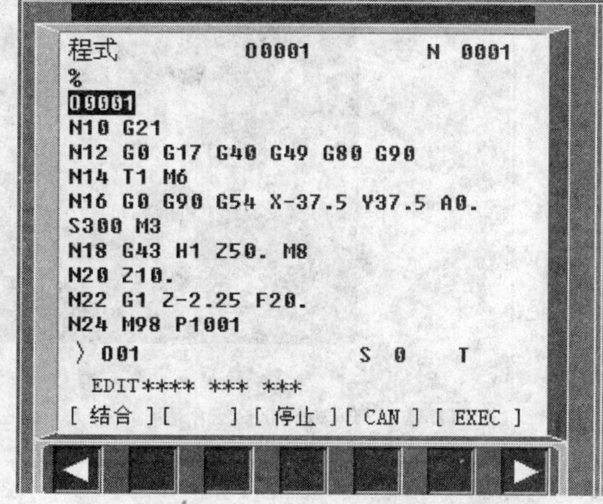

图 18-53　机床发送数据界面 2

④按【EXEC】软键，开始传出数据。

⑤PC 侧软键接收数据，如图 18-54 所示。

```
DNC
CNC - Terminal V2.01
Input file:c:\dnc\aaa
N1230G3X-52.5Y-25.R10.
N1240G1Y25.
N1250G2X-47.5Y30.R5.
N1260G1X-30.
N1270G2X-25.Y25.R5.
N1280G1Y12.5
N1290X25.
N1300Y25.
N1310G2X30.Y30.R5.
N1320G1X47.5
N1330G2X52.5Y25.R5.
N1340G1Y-25.
N1350G2X47.5Y-30.R5.
N1360G1X30.
N1370G2X25.Y-25.R5.
N1380G1Y-12.5
N1390X-25.
N1400Y-25.
N1410G2X-30.Y-30._
Press Esc to abort.
```

图 18-54　DNC 接收文件效果

2. Siemens 802D 系统机床

（1）设置通信参数　设置 RS232 通信参数，详见机床操作说明书。

（2）接线　接好传输线。

（3）打开传输软件　打开 PC 机的 WINPCIN 传输软件，软件界面如图 18-55 所示。

（4）软件参数设置　点击图 18-55 的【RS232 Config】按钮，设置 PC 机上传输软件的参数（实际参数值根据机床参数而定），如图 18-56 所示。

图 18-55 WINPCIN 传输软件界面

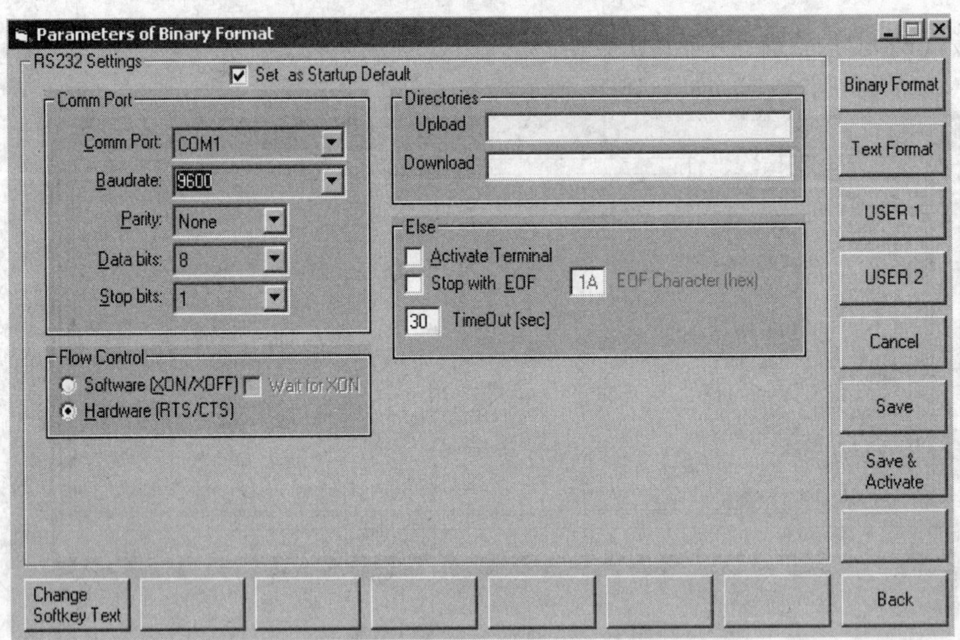

图 18-56 Siemens 802D 传输软件的参数设置

(5) 传输数据

1) PC 机→Siemens 802D 机床。

① 机床侧按【Program manager】按钮，如图 18-57 所示界面。

②按【读入】软键，准备接收数据。

③在图 18-55 传输软件界面上，按【Send Data】按钮，如图 18-58 所示选择发送文件。

图 18-57 Siemens 802D 程序管理器界面

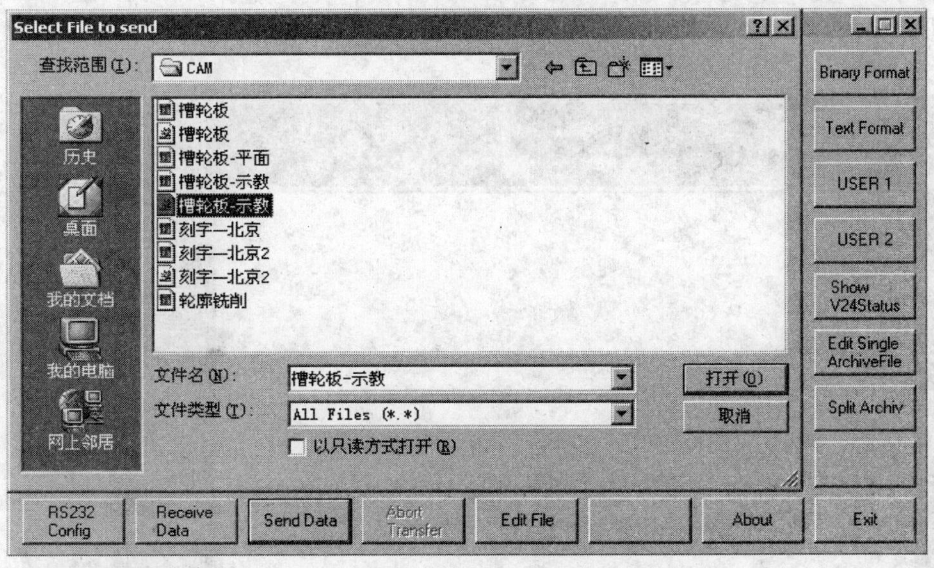

图 18-58 选择发送文件对话框

④在如图 18-58 所示界面上，按【打开】按钮，PC 侧开始发送数据。

2）Siemens 802D 机床→PC 机。

①在图 18-55 传输软件界面上，按【Receive data】按钮，出现如图 18-59 所示界面，设置接收文件名。

②录入文件名，按【保存】按钮。

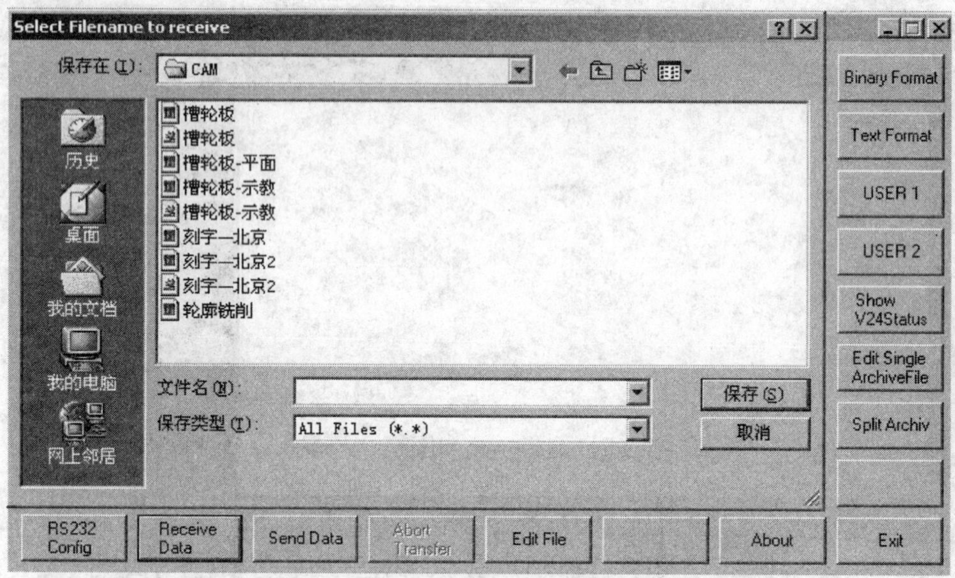

图 18-59 选择接收文件对话框

③机床侧按【Program manager】按钮，如图 18-60 所示界面。

图 18-60 Siemens 802D 程序管理器界面

④按【读出】软键，开始向 PC 侧传送数据。

（四）零件加工

关于机床操作的相关内容，参照前述章节，此处略。

四、评估反馈

1. 产品质量和效率分析

根据表 18-4 所示评分标准，完成计算机编程加工零件的检测评分，若发现问题，分析原因，进行方案优化，最终确定“最佳方案”，用于批量生产。

表 18-4　项目评估表

<table>
<tr><td colspan="2">班级</td><td></td><td>姓名</td><td colspan="2"></td><td>学号</td><td></td><td>日期</td><td></td></tr>
<tr><td colspan="2">项目课题</td><td colspan="5">槽轮板模型加工</td><td>零件图号</td><td colspan="2">图 18-1</td></tr>
<tr><td rowspan="6">基本检查</td><td></td><td>序号</td><td colspan="3">检测项目</td><td>配分</td><td>学生自评分</td><td colspan="2">教师评分</td></tr>
<tr><td rowspan="3">编程</td><td>1</td><td colspan="3">切削加工工艺制定正确</td><td>2</td><td></td><td colspan="2"></td></tr>
<tr><td>2</td><td colspan="3">切削用量选用合理</td><td>2</td><td></td><td colspan="2"></td></tr>
<tr><td>3</td><td colspan="3">程序正确、简单、明确且规范</td><td>6</td><td></td><td colspan="2"></td></tr>
<tr><td rowspan="2">操作</td><td>4</td><td colspan="3">设备的正确操作与维护保养</td><td>2</td><td></td><td colspan="2"></td></tr>
<tr><td>5</td><td colspan="3">安全、文明生产</td><td>3</td><td></td><td colspan="2"></td></tr>
<tr><td colspan="6">基本检查结果总计</td><td>15</td><td></td><td colspan="2"></td></tr>
<tr><td rowspan="15">尺寸检测</td><td rowspan="2">序号</td><td rowspan="2">图样尺寸/mm</td><td rowspan="2">允差/mm</td><td colspan="2">量具</td><td rowspan="2">配分</td><td colspan="2">实际尺寸</td><td rowspan="2">分数</td></tr>
<tr><td>名称</td><td>规格/mm</td><td>学生自测</td><td>教师检测</td></tr>
<tr><td>1</td><td>长 80</td><td></td><td>游标卡尺</td><td>0～125</td><td>5</td><td></td><td></td><td></td></tr>
<tr><td>2</td><td>宽 80</td><td></td><td>游标卡尺</td><td>0～125</td><td>5</td><td></td><td></td><td></td></tr>
<tr><td>3</td><td>高 20</td><td></td><td>游标卡尺</td><td>0～125</td><td>5</td><td></td><td></td><td></td></tr>
<tr><td>4</td><td>矩形槽长 30</td><td></td><td>游标卡尺</td><td>0～125</td><td>5</td><td></td><td></td><td></td></tr>
<tr><td>5</td><td>矩形槽宽 20</td><td></td><td>游标卡尺</td><td>0～125</td><td>5</td><td></td><td></td><td></td></tr>
<tr><td>6</td><td>矩形槽深 5</td><td></td><td>游标卡尺</td><td>0～125</td><td>5</td><td></td><td></td><td></td></tr>
<tr><td>7</td><td>R35 大圆</td><td></td><td>游标卡尺</td><td>0～125</td><td>5</td><td></td><td></td><td></td></tr>
<tr><td>8</td><td>长 36</td><td></td><td>游标卡尺</td><td>0～125</td><td>10</td><td></td><td></td><td></td></tr>
<tr><td>9</td><td>长 60</td><td></td><td>游标卡尺</td><td>0～125</td><td>10</td><td></td><td></td><td></td></tr>
<tr><td>10</td><td>4×14（槽宽）</td><td></td><td>半径规</td><td>$R14$</td><td>10</td><td></td><td></td><td></td></tr>
<tr><td>11</td><td>4×$R30$</td><td></td><td>半径规</td><td>$R30$</td><td>10</td><td></td><td></td><td></td></tr>
<tr><td>12</td><td>外轮廓深 5</td><td></td><td>游标卡尺</td><td>0～125</td><td>5</td><td></td><td></td><td></td></tr>
<tr><td>13</td><td>表面粗糙度</td><td>$R_a6.3\mu m$</td><td>表面粗糙度样板</td><td>$R_a6.3\mu m$</td><td>5</td><td></td><td></td><td></td></tr>
<tr><td colspan="6">尺寸检测结果总计</td><td>85</td><td colspan="3"></td></tr>
<tr><td colspan="2">所用方案</td><td>工序</td><td>加工时间</td><td colspan="2">基本检查结果</td><td colspan="3">尺寸检测结果</td><td>成绩</td></tr>
<tr><td colspan="2"></td><td></td><td></td><td colspan="2"></td><td colspan="3"></td><td></td></tr>
<tr><td colspan="3">学生签字</td><td colspan="3"></td><td colspan="2">实习老师签字</td><td colspan="2"></td></tr>
</table>

2. 实施方案对比分析

项目实施的各小组，根据项目实施的过程、产品质量和效率分析的结果，相互探讨，分析不同方案的优、缺点，进行方案优化，最终确定“最佳方案”，用于批量生产。

3. 个人总结

1）通过本项目的实施，你有哪些收获（可从学会、掌握、深层理解三个层次说明）?

2）通过本项目的实施，你尚有哪些问题（不懂或疑惑之处）?

项目二 CAXA 制造工程师 CAM 编程

一、项目实例

如图 18-61 所示的槽轮板模型，所用材料为 45 钢，毛坯尺寸为 80mm × 80mm × 21mm，现根据图样和生产要求，制定完成该产品生产的“最佳”计算机建模与加工编程方案。

二、项目分析

（一）图样分析

毛坯为 80mm × 80mm × 21mm 板材，毛坯六面已加工好，只需完成上表面和外轮廓及槽的加工，该零件的表面粗糙度值为 R_a6.3μm。

（二）定位和装夹方式

根据图样特点，单件产品时，可采用“精密平口台虎钳”装夹毛坯，毛坯伸出钳口 8mm（≥3mm），并借助角尺快速定位零件；批量生产时，为了提高生产效率，可考虑设计夹具，同时完成多件加工。

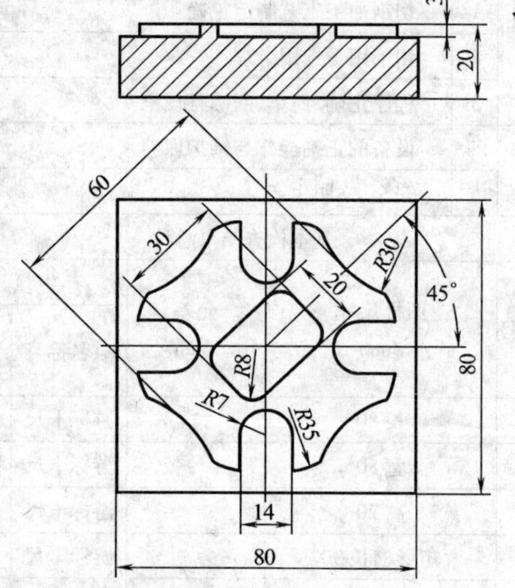

图 18-61 槽轮板模型图样

（三）设计和选择工艺装备

1. 工、量具选择

加工图样零件所用工、量具，见表 18-5。

表 18-5 工 量 具 表

序号	名称	规格	精度/mm	数量	备注
1	游标卡尺	0 ~ 125mm	0.02	1	
2	半径规	R5 ~ R14.5mm	0.5	1	
3	半径规	R15 ~ R35mm	0.5	1	
4	计算器	函数计算器		1	
5	表面粗糙度样板	R_a6.3μm		1	
6	磁性表座			1	
7	杠杆百分表	0 ~ 5mm	0.01	1	
8	千分表	0 ~ 5mm	0.01	1	

（续）

序号	名称	规格	精度/mm	数量	备注
9	其他辅具	1）标准垫铁若干、油石等			
10		2）其他加工中心常用工具			
11		3）常用的各种锉刀			
12	加工中心	北一机 714D	0.001	1	
13	数控系统	Siemens 802D	0.001	1	

2. 刀具选择

平面铣削采用 ϕ100mm 平面端铣刀；轮廓粗加工采用 ϕ12mm 高速钢立铣刀；轮廓精加工采用 ϕ12mm 硬质合金立铣刀；槽粗、精加工用 ϕ12mm 键槽刀，见表 18-6。

表 18-6　槽轮板加工刀具表

产品名称或代号				零件名称	槽轮板	零件图号	图 18-61	
序号	刀号	刀具名称		数量	加工内容	半径补偿	长度补偿	备　注
1	T01	ϕ100mm 平面端铣刀		1	粗、精加工平面			
2	T02	ϕ12mm 高速钢立铣刀		1	粗加工外轮廓	D02		
3	T03	ϕ12mm 硬质合金立刀		1	精加工外轮廓	D03		
4	T04	ϕ12mm 键槽刀		1	粗、精加工槽	D04		
编制			审核		批准	页数	第 1 页共 1 页	

3. 确定工艺方案及加工顺序

上表面用面铣刀铣削，因其表面粗糙度值为 R_a6.3μm，故采用粗铣→精铣方案；外轮廓及槽的加工均采用粗铣→精铣方案。具体加工顺序，见表 18-7。

表 18-7　数控加工工艺卡片

单位名称	实训中心		产品名称或代号	零件名称		零件图号	
				槽轮板		图 18-61	
工序号	程序编号		夹具名称	使用设备	数控系统		车间
			台虎钳	XK714D	Siemens 802D		数控车间
工步号	工步内容	刀具号	刀具规格	主轴转速 n/(r/min)	进给量 f/(mm/r)	背吃刀量 /mm	备注
1	粗铣坯料上表面，留余量 0.5mm	T01	ϕ100mm	300	70	0.8	
2	精铣上表面至尺寸	T01	ϕ100mm	350	50	0.2	
3	粗铣工件外轮廓，单边余量留 0.5mm	T02	ϕ12mm	600	80	2	
4	精铣工件外轮廓至尺寸要求	T03	ϕ12mm	900	50	0.2	
5	粗铣键槽	T04	ϕ12mm	450	60	2	
6	精铣键槽	T04	ϕ12mm	600	50	0.2	
编制	审核		批准	日期		共 1 页	第 1 页

三、项目实施

（一）加工方案

方案一：内、外轮廓都采用“轮廓线精加工”的加工方法，对于外轮廓可先加工出 $R36$mm、高为 3mm 的圆台，然后再加工槽轮。

方案二：外轮廓采用“轮廓线精加工”的加工方法，槽采用“区域式粗加工”的加工方法。

（二）计算机建模与编程

1. 槽轮板的几何造型

利用 CAXA 完成的槽轮板模型，如图 18-62 所示。限于篇幅，CAD 建模过程略，建模思路参照项目一。

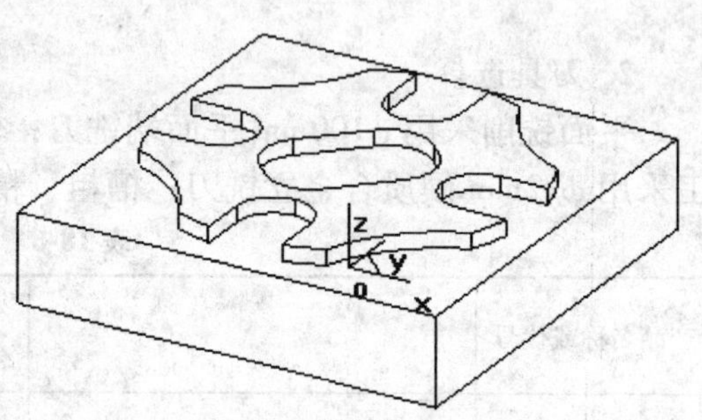

图 18-62 槽轮板三维模型

2. 设置加工方法参数

根据表 18-7 所示的加工工序卡片，零件的加工工序分为：表面加工、外形轮廓粗加工、外形轮廓精加工、矩形型腔粗加工、矩形型腔精加工。

（1）表面加工 上表面加工采用“平面区域加工”的加工方法，参数设置、代码生成略。

（2）轮廓加工 外形轮廓粗加工、精加工，采用“轮廓线精加工”的加工方法，通过改变刀补值（粗加工 D1 = 6.5mm、精加工 D2 = 6mm）实现外轮廓粗加工、精加工。

轮廓线精加工参数设置，如图 18-63 所示。

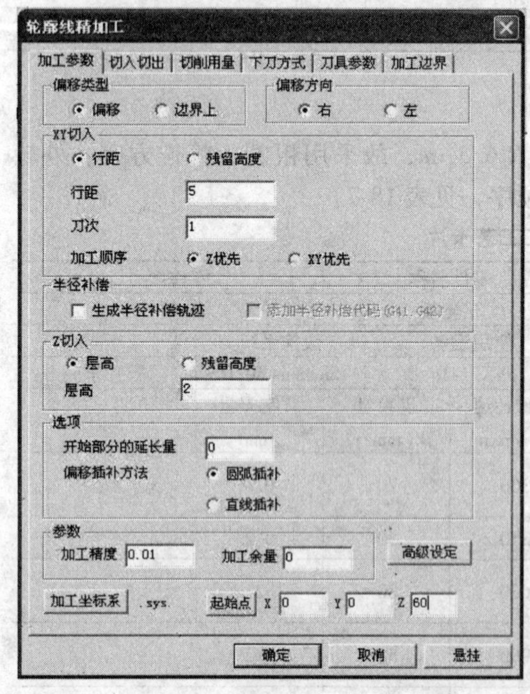

图 18-63 轮廓线精加工参数设置

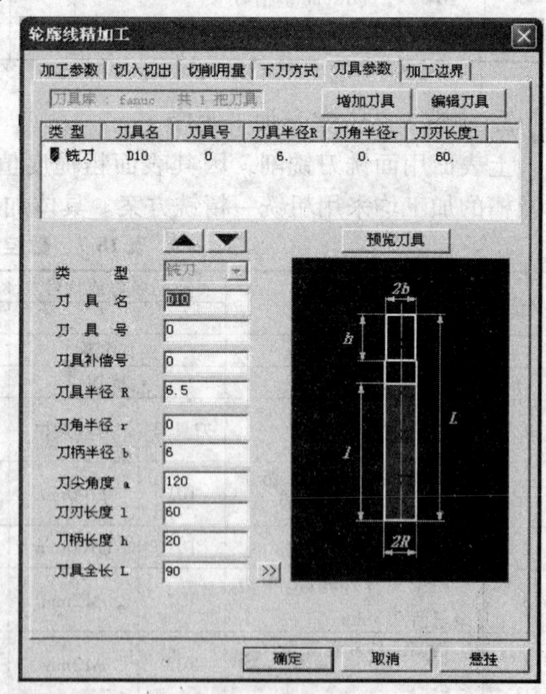

图 18-64 刀具参数设置

轮廓线精加工刀具参数设置，如图 18-64 所示；轮廓线精加工边界设置，如图 18-65 所示。

外轮廓粗加工刀具轨迹，如图 18-66 所示。

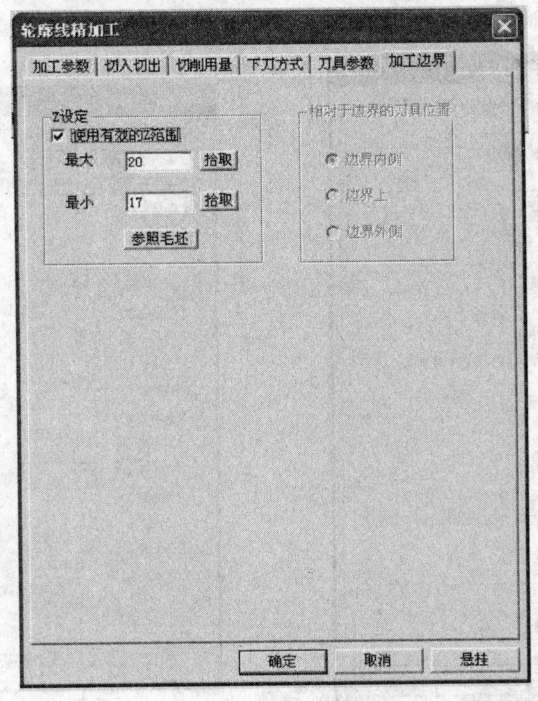

图 18-65　加工边界设置

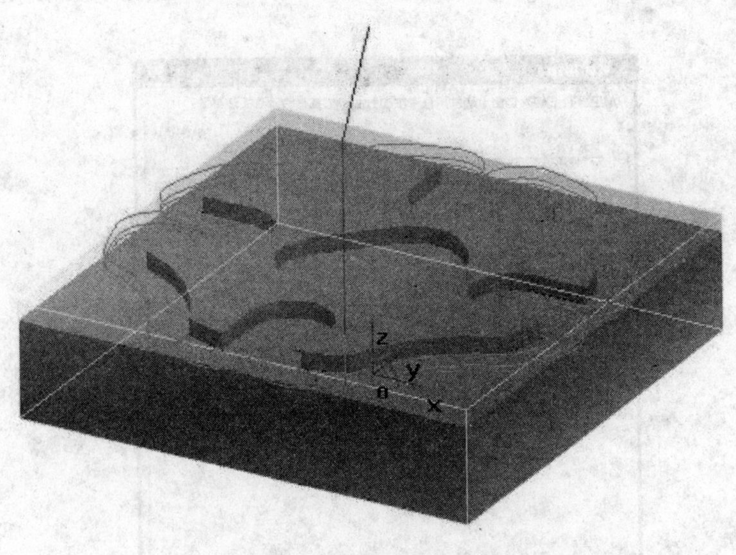

图 18-66　外轮廓粗加工刀具轨迹

（3）矩形型腔加工　矩形型腔的粗、精加工都采用“区域粗加工”方法。槽的周边余量采用改变刀补值的方法，而深度余量可采用设置“加工边界”来完成。

区域式粗加工参数设置，如图 18-67 所示。

区域式粗加工刀具参数设置，如图 18-68 所示；区域式粗加工边界设置，如图 18-69 所示。

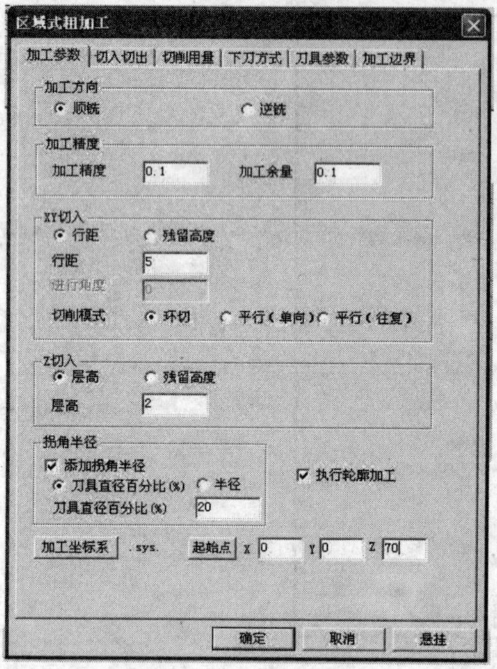

图 18-67 区域式粗加工参数设置

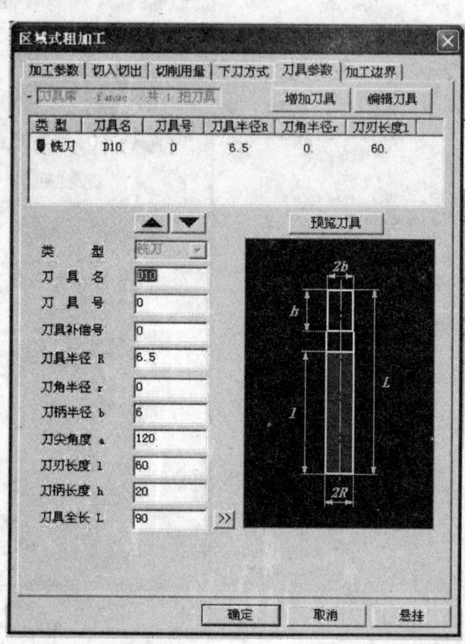

图 18-68 区域式粗加工刀具参数设置

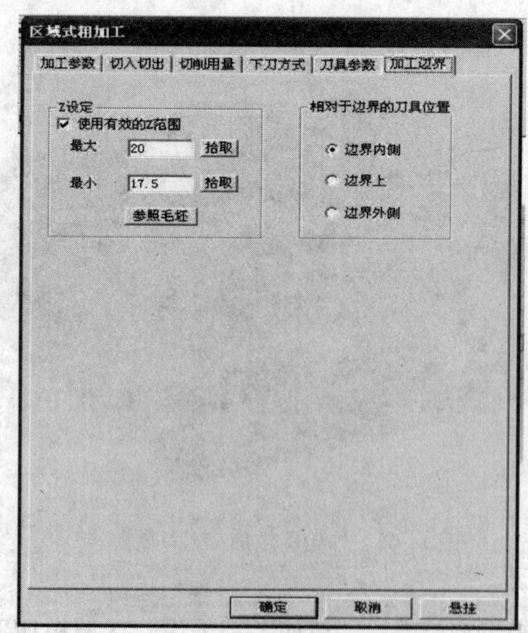

图 18-69 区域式粗加工边界设置

矩形型腔粗加工刀具轨迹，如图 18-70a、b 所示。

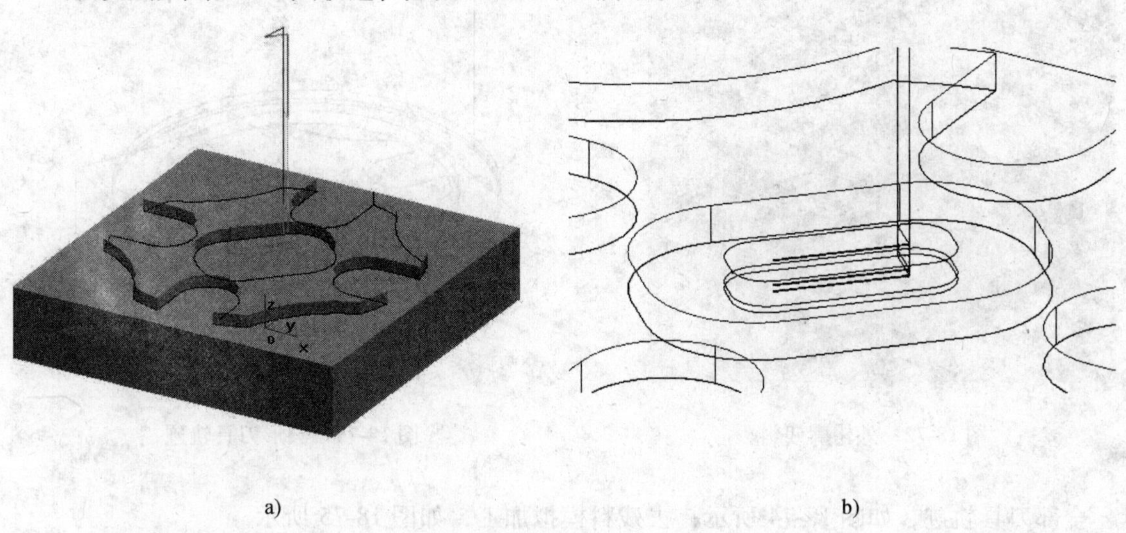

图 18-70　矩形型腔粗加工刀具轨迹

a）型腔粗加工刀具轨迹　b）局部放大

3. 生成刀具路径

工件外轮廓与型腔刀具轨迹，如图 18-71a、b 所示。

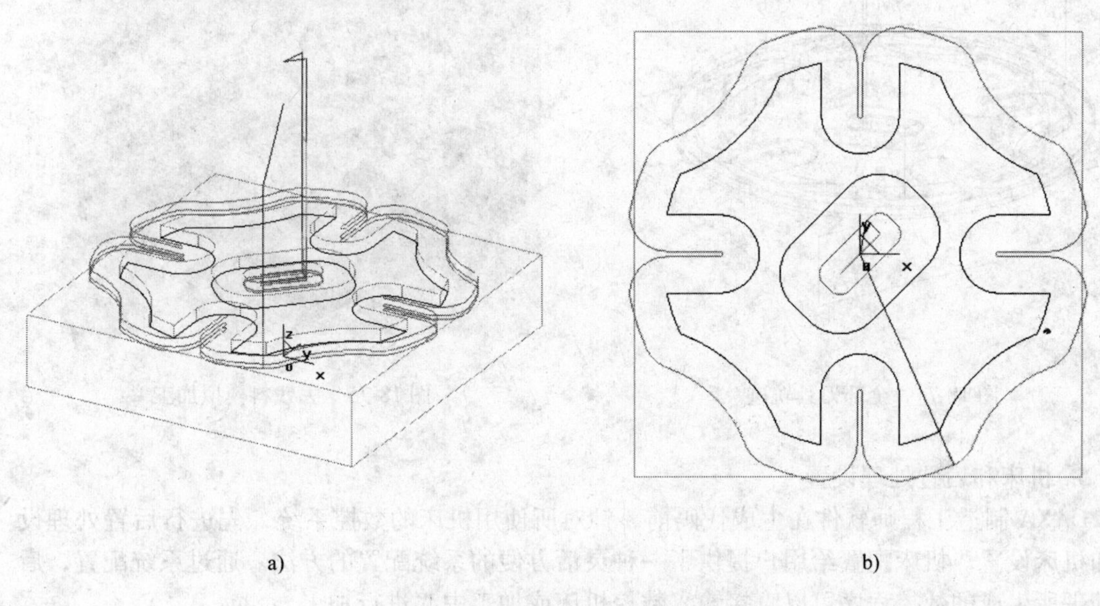

图 18-71　外轮廓与型腔刀具轨迹

a）三维图　b）二维图

4. 修改刀具路径

如图 18-72 所示，工件外形加工结束后，毛坯四角留余量，需要修改外形轮廓路径。采取的措施为：增加一个去除四角的圆形刀具轨迹，如图 18-73 所示（隐藏其他轨迹）。

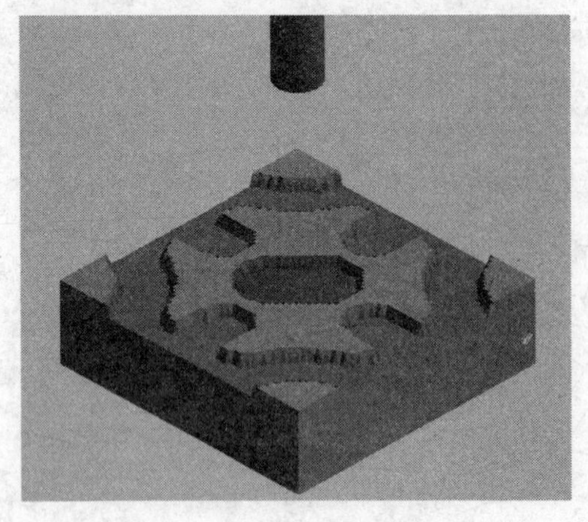

图 18-72 外轮廓残料

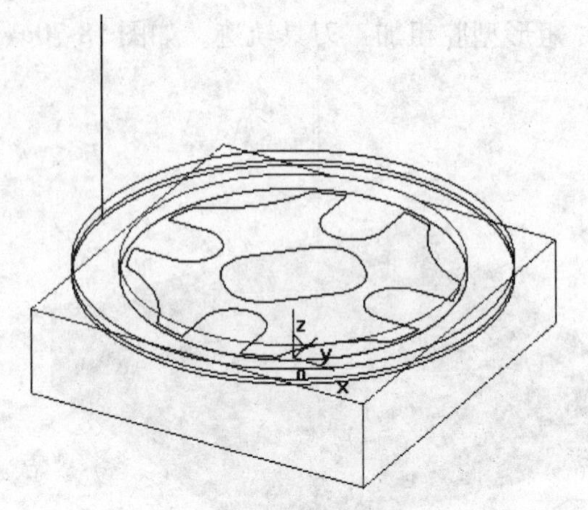

图 18-73 圆形刀具轨迹

全部刀具轨迹，如图 18-74 所示；去残料模拟加工，如图 18-75 所示。

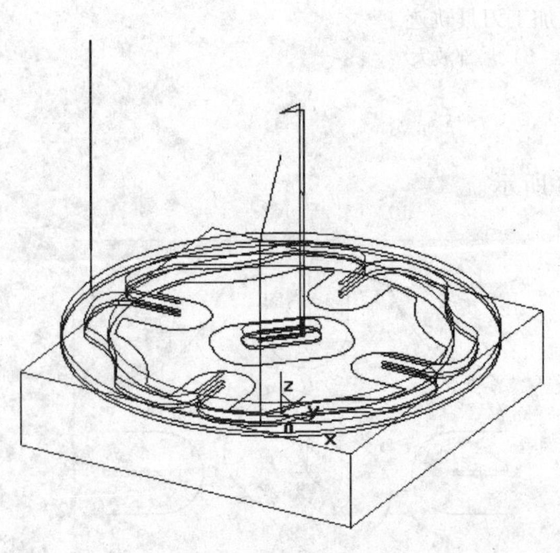

图 18-74 全部刀具轨迹

图 18-75 去残料模拟加工

5. 机床和后置处理设置

CAXA 制造工程师软件在生成代码前，针对所使用机床的数控系统，先进行后置处理设置和机床设置。机床配置给用户提供了一种灵活方便的系统配置的方法。通过系统配置，后置处理所生成的数控程序可以直接输入数控机床或加工中心进行加工。

Siemens 802D 系统的后置处理和机床设置要参照有关技术说明进行，机床配置的参数，如图 18-76 所示。

6. 生成 NC 代码

在 CAXA 制造工程师软件窗口中，选择【加工】→【后置处理】→【生成 G 代码】命令，弹出“选择后置文件”对话框，填写加工代码文件名“外轮廓粗加工 1”，单击“保存”。然后，只选中“外形轮廓轨迹”，按右键结束；生成“外形轮廓粗加工”程序，如图 18-77 所示。再依次生成“外形圆轨迹”、“内型腔轨迹”程序。最后，依据 Siemens 802D 系统说明书，检查程序，进行必要的修改。

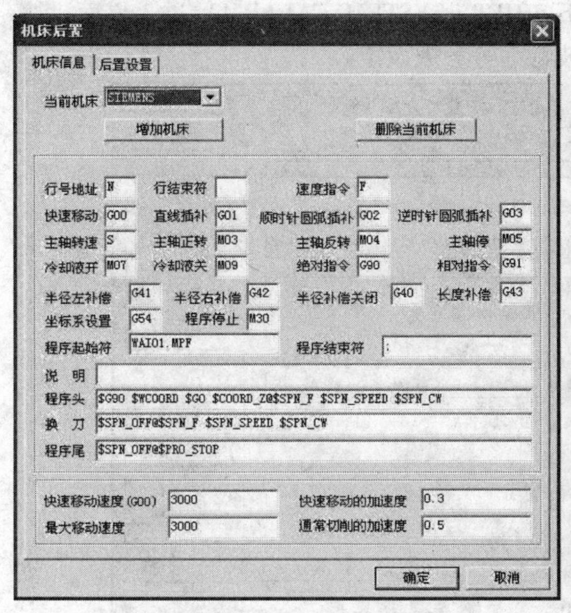

图 18-76 机床配置参数

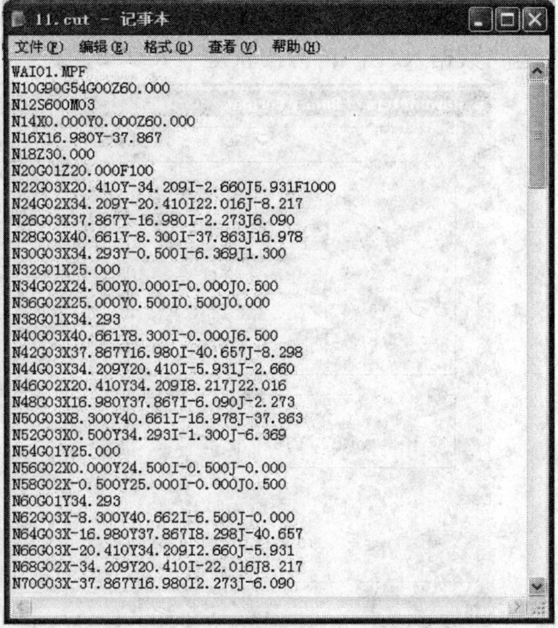

图 18-77 生成“外形轮廓粗加工”程序

（三）传送 NC 代码到机床数控系统

1）打开传输软件 WINPCIN，如图 18-78 所示（本项目采用的机床是北京第一机床厂 Siemens 802D 系统，WINPCIN 软件由厂家提供）。

图 18-78 WINPCIN 传输软件界面

2）接好传输线。

3）设置通信参数。

①设置 RS232 通信参数，如图 18-79 所示。

②设置机床通信参数：在机床面板上，按下 SHIFT + SYSTEM（ALARM）进入界面；按软键“数据入/出”；再按软键“RS232”进行波特率等参数设定。

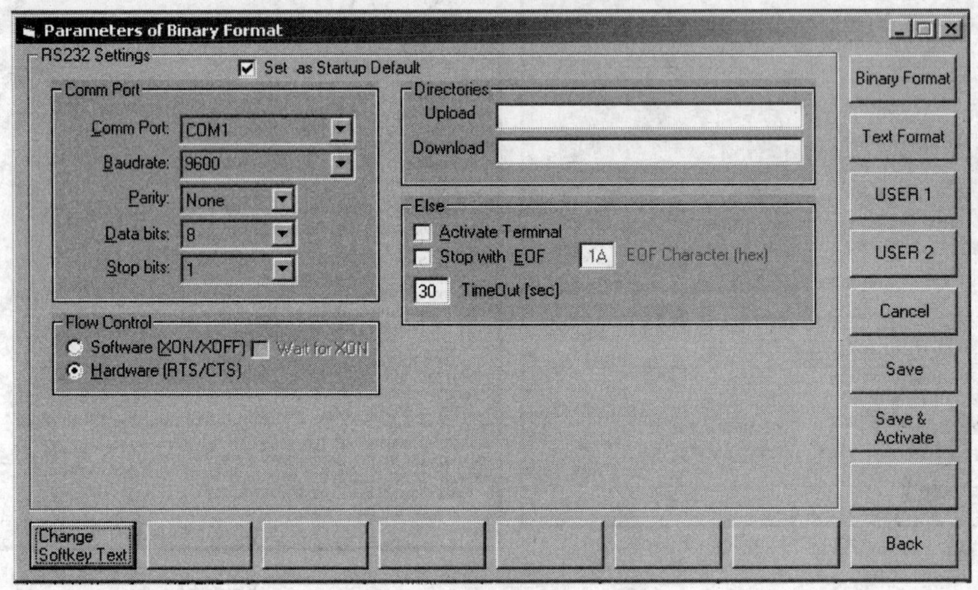

图 18-79 设置 RS232 通信参数

4）传输数据。

①在 Siemens 802D 系统面板上，按“Program manager”按钮，打开 NC 程序主目录界面，如图 18-80 所示。

程序管理

名称	类型	长度
EX6	MPF	560
LCY	MPF	164
LCYC95	MPF	166
L01	MPF	0
XY12	MPF	0

剩余NC内存：102323

执 行 / 新程序 / 复 制 / 打 开 / 删 除 / 重命名 / 读 出 / 读 入

循 环

图 18-80 NC 程序主目录界面

②按“读入”软键，准备接受数据。

③在 PC 机上，按【Send Data】按钮，选择发送文件，打开如图 18-81 所示对话框。

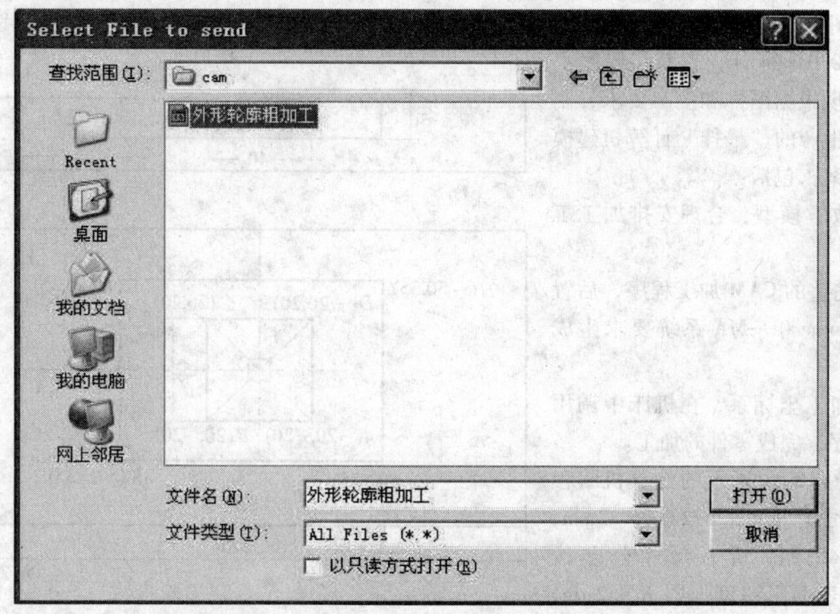

图 18-81　选择发送文件对话框

④按【打开】按钮，PC 机开始发送数据，即完成程序传输。

（四）零件加工

关于机床操作的相关内容，参照前述章节，此处略。

四、评估反馈

1. 产品质量和效率分析

根据表 18-4 所示评分标准，完成计算机编程加工零件的检测评分，若发现问题，分析原因，进行方案优化，最终确定“最佳方案”，用于批量生产。

2. 实施方案对比分析

项目实施的各小组，根据项目实施的过程、产品质量和效率分析的结果，相互探讨，分析不同方案的优、缺点，进行方案优化，最终确定“最佳方案”，用于批量生产。

3. 注意问题

1）本项目只完成了一个工步的 NC 代码生成过程，其他工步略。

2）本项目实施若用数控铣床加工时，要注意在更换刀具时，暂停机床。

3）对于计算机生成的程序，一定要认真检查程序中的刀具及切削参数的设置。

4）本项目中的槽虽可采用“区域式粗加工”或“轮廓线精加工”两种加工方法，考虑到生成的代码文件大小问题，可选用更小的“轮廓线精加工”方法。

4. 个人总结

1）通过本项目的实施，你有哪些收获（可从学会、掌握、深层理解三个层次说明）？

2）通过本项目的实施，你尚有哪些问题（不懂或疑惑之处）？

项目思考题

18-1 如图 18-82 所示的四棱台图样，毛坯尺寸为 200mm × 120mm × 30mm，所用材料为铝合金，所有尺寸公差按 ± 0.01mm 计，表面粗糙度上限 R_a3.2μm，现根据图样和生产要求，制定完成该产品生产的“最佳”计算机建模与加工编程方案，包括：

1）建立数学模型，合理安排加工工艺路线。

2）编制完整的 CAM 加工程序，后置处理格式按 Fanuc 0i—MA 系统要求生成 NC 程序。

3）建立加工坐标系，在机床中调用生成的 NC 程序，完成零件的加工。

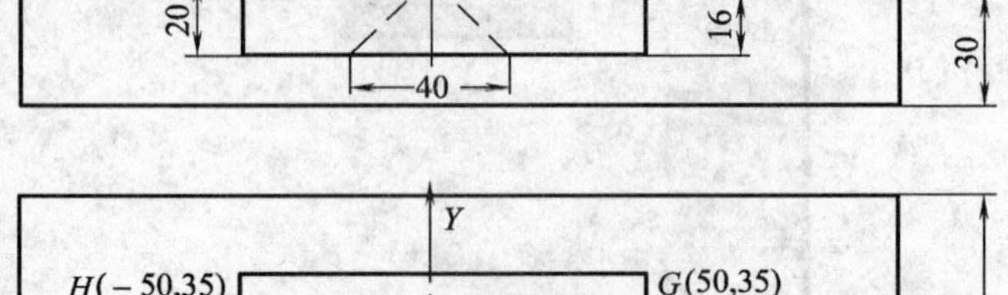

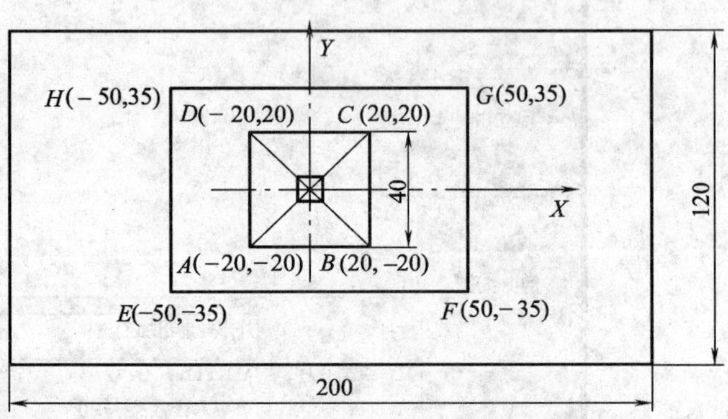

图 18-82 计算机编程项目习题图样 1

18-2 如图 18-83 所示的计算机编程图样，毛坯尺寸为 82mm × 72mm × 22mm，所用材料为 45 钢，所有尺寸公差按 ±0.01mm 计，表面粗糙度上限 R_a3.2μm，现根据图样和生产要求，制定完成该产品生产的“最佳”计算机建模与加工编程方案，包括：

1）建立数学模型，合理安排加工工艺路线。

2）编制完整的 CAM 加工程序，后置处理格式按 Siemens 802D 系统要求生成 NC 程序。

3）建立加工坐标系，在机床中调用生成的 NC 程序，完成零件的加工。

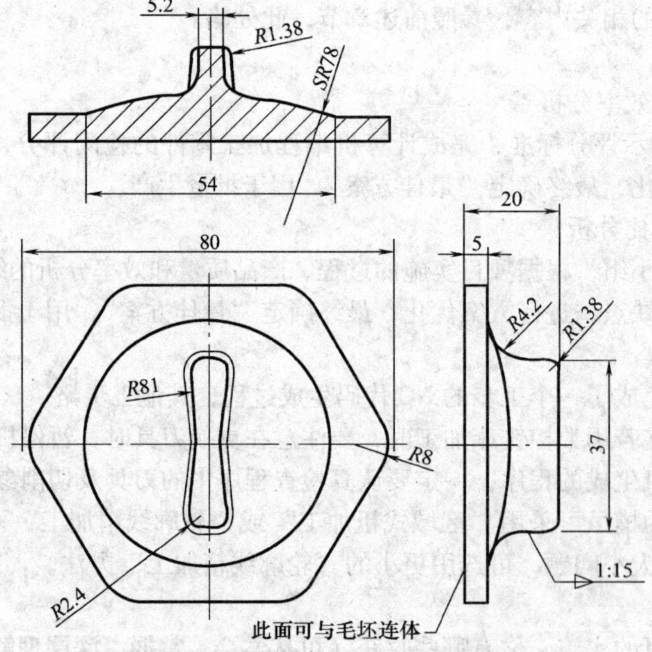

图 18-83 计算机编程项目习题图样 2